全国机械行业职业教育优质规划教材（高职高专）
经全国机械职业教育教学指导委员会审定
高职高专"十三五"机电类专业系列教材

电工电子技术

主　编　吴　宇　陈　涛
副主编　王振霞　赵东萍　闫　茹
参　编　孙长胜　王瑞峰　张　燕　宋馥莉

机械工业出版社

本书为全国机械行业职业教育优质规划教材（高职高专），经全国机械职业教育教学指导委员会审定。

本书共分为 11 章，分别是直流电路分析、正弦交流电路分析、磁路与变压器、三相异步电动机及其控制、常用半导体器件、基本放大电路分析、集成运放及其应用、直流稳压电源、逻辑门电路及组合逻辑电路、触发器及时序逻辑电路、技能实训，另外文后附录编入了半导体分立器件型号命名方法及常用半导体器件的参数。

本书可作为高等职业院校自动化类专业、电子信息类专业及相关专业的教材，也可供自动化领域相关工程技术人员参考。

本书配有电子课件、思考与习题答案、模拟试卷及答案等，凡选用本书作为教材的学校均可来电索取。咨询电话：010 - 88379375；电子邮箱：wangzongf@163.com。

图书在版编目（CIP）数据

电工电子技术/吴宇，陈涛主编．—北京：机械工业出版社，2019.5（2025.1 重印）

全国机械行业职业教育优质规划教材．高职高专　经全国机械职业教育教学指导委员会审定　高职高专"十三五"机电类专业系列教材

ISBN 978-7-111-62810-1

Ⅰ．①电⋯　Ⅱ．①吴⋯　②陈⋯　Ⅲ．①电工技术-高等职业教育-教材 ②电子技术-高等职业教育-教材　Ⅳ．①TM②TN

中国版本图书馆 CIP 数据核字（2019）第 094610 号

机械工业出版社（北京市百万庄大街22号　邮政编码100037）
策划编辑：王宗锋　责任编辑：王宗锋　李　慧
责任校对：李　伟　封面设计：鞠　杨
责任印制：郜　敏
北京富资园科技发展有限公司印刷
2025 年 1 月第 1 版第 9 次印刷
184mm×260mm　·　16 印张　·　396 千字
标准书号：ISBN 978-7-111-62810-1
定价：45.00 元

电话服务　　　　　　　　　　网络服务
客服电话：010-88361066　　　机 工 官 网：www.cmpbook.com
　　　　　010-88379833　　　机 工 官 博：weibo.com/cmp1952
　　　　　010-68326294　　　金　书　网：www.golden-book.com
封底无防伪标均为盗版　　　机工教育服务网：www.cmpedu.com

前 言
PREFACE

本书为全国机械行业职业教育优质规划教材（高职高专），经全国机械职业教育教学指导委员会审定。

近年来，高等职业教育以其鲜明的特色，在适应现代社会对人才的多样化需求，以及实施高等教育的大众化等方面做出了重大贡献，从而受到社会各界的重视，得到迅速发展。

本书为适应高等职业教育发展，在编写过程中充分考虑内容深度、理论性与应用性、学生的实践操作能力和职业技能能力的培养等方面，力求做到注重基础培养，降低理论难度，同时注意知识的完整性、系统性、新颖性和全面性。本书在编写过程中力求突出以下几方面的特点：

1. 理论内容与实践操作一体化，在内容选取上根据学生的实际知识水平和培养目标要求，结合学生在校学习与就业需要，从最基本的知识技能入手，由易到难、循序渐进；注重新知识、新技术的引入，力求取材新颖；内容描述简明、清楚、流畅，体现"教、学、做"一体化。

2. 内容的完整性与系统性，本书对基本概念、基本理论、工作原理、分析方法做了必要、适当、系统的阐述、解释，并将基本技能训练贯穿始终，通过技能训练与例题使理论与技能实践相结合。

3. 各章均设有本章概述、知识与能力目标、相关知识链接、本章小结和思考与习题等内容。

本书由潍坊职业学院吴宇、工业和信息化部教育与考试中心陈涛任主编，潍坊职业学院王振霞、潍坊职业学院赵东萍和内蒙古化工职业学院闫茹任副主编，参加编写的还有许昌职业技术学院孙长胜、内蒙古化工职业学院王瑞峰、内蒙古化工职业学院张燕和河南广播电视大学宋馥莉。

由于编者水平有限，书中难免有不妥之处，恳请广大读者批评指正。

编 者

目　录

CONTENTS

前　言

第1章　直流电路分析 1
   1.1　电路模型 1
   1.2　电路的基本物理量 2
   1.3　电路的基本元件 5
   1.4　电源及其等效变换 8
   1.5　基尔霍夫定律 12
   1.6　叠加原理 15
   1.7　戴维南定理和诺顿定理 16
   本章小结 18
   思考与习题 18

第2章　正弦交流电路分析 22
   2.1　正弦交流电的表示方法 22
   2.2　单一参数的正弦交流电路 28
   2.3　电阻、电感、电容元件串联电路 31
   2.4　阻抗的连接与功率 33
   2.5　谐振电路 36
   2.6　三相电路 38
   本章小结 45
   思考与习题 46

第3章　磁路与变压器 50
   3.1　磁场的基础知识 50
   3.2　铁心线圈与变压器 56
   本章小结 61
   思考与习题 62

第4章　三相异步电动机及其控制 64
   4.1　三相异步电动机的结构及工作原理 64
   4.2　三相异步电动机的起动、制动及调速 69
   4.3　常用低压控制电器 72
   4.4　三相异步电动机基本控制电路 79

本章小结 83
思考与习题 84

第 5 章　常用半导体器件 86
5.1　半导体及 PN 结 86
5.2　二极管 90
5.3　晶体管 94
本章小结 99
思考与习题 100

第 6 章　基本放大电路分析 102
6.1　共发射极放大电路 102
6.2　射极输出器 114
6.3　多级放大电路 117
6.4　放大电路中的负反馈 120
本章小结 125
思考与习题 125

第 7 章　集成运放及其应用 129
7.1　差动放大电路 129
7.2　集成运放简介 132
7.3　集成运放的应用 135
本章小结 143
思考与习题 144

第 8 章　直流稳压电源 147
8.1　整流电路 147
8.2　滤波电路 150
8.3　稳压电路 152
本章小结 155
思考与习题 155

第 9 章　逻辑门电路及组合逻辑电路 158
9.1　数字电路基础 158
9.2　门电路 172
9.3　组合逻辑电路的分析与设计 176
9.4　编码器 178
9.5　译码器 181
本章小结 186

思考与习题 ··· 186

第 10 章　触发器及时序逻辑电路 ··· 189

10.1　触发器 ··· 189
10.2　时序逻辑电路分析 ··· 198
10.3　寄存器 ··· 202
10.4　计数器 ··· 203
本章小结 ··· 208
思考与习题 ·· 208

第 11 章　技能实训 ·· 211

11.1　电路元件伏安特性的测定 ··· 211
11.2　基尔霍夫定律的验证 ·· 213
11.3　验证戴维南定理及电路最大功率传输定理 ··· 215
11.4　荧光灯电路及功率因数的提高 ·· 217
11.5　*RLC* 串联谐振电路特性 ··· 218
11.6　三相交流电路的测量 ·· 221
11.7　低压控制电器的识别和电动机的点动、长动控制 ···································· 224
11.8　三相笼型异步电动机的正反转控制 ··· 226
11.9　单管共射极放大电路的测试 ··· 227
11.10　运算放大器基本电路测试 ·· 228
11.11　集成稳压器测试 ·· 230
11.12　基本逻辑门功能测试及使用 ··· 232
11.13　译码器及其应用 ·· 234
11.14　触发器特性测试 ·· 235
11.15　计数器测试 ··· 237
11.16　中规模集成计数器与译码、显示电路 ··· 239

附录 ·· 243

附录 A　半导体分立器件型号命名方法 ·· 243
附录 B　常用半导体器件的参数 ··· 246

参考文献 ·· 250

第1章 直流电路分析

[本章概述]

主要介绍直流电路的组成、作用及电路模型；电路的基本物理量；电路中的基本元件；电压源、电流源的概念及其等效变换；运用基尔霍夫定律、叠加定理、戴维南定理和诺顿定理对直流电路进行分析和计算的方法。

[知识与能力目标]

1. 了解电路的基本组成及电路模型，掌握电流、电位、电压、电动势、功率、电能等主要物理量的概念及其相互关系。
2. 掌握电阻、电感、电容等电器元件的电压与电流的关系。
3. 理解电压源和电流源的概念及其等效变换。掌握对多电源电路的等效变换电路分析法。
4. 掌握基尔霍夫定律及其应用，了解叠加定理、戴维南定理及诺顿定理的主要内容，掌握对复杂直流电路进行分析与计算的方法。

[相关知识链接]

1.1 电路模型

1.1.1 电路组成及其作用

电路是为了实现和完成人们的某种需求，通过电源、导线、开关、负载等电气设备或元件按一定的方式组合在一起，使电流流通的整体。简单地说，电路就是电流的通路。

电路由电源、负载、导线和控制设备四部分组成。电源是将其他形式的能转换为电能的装置，为外电路提供电能；负载是将电能转换为其他形式能的装置，实现人们某种需求的功能；导线起到连接各电气元件的作用；控制设备是按照人们需要使电路导通或断开而实现对电路的控制。

电路的主要作用：一是实现电能的传输、分配和转换，例如发电机将其他形式的能源转换为电能，再通过变压器和输电线路将电能输送给工厂、企业和千家万户的用电设备，这些用电设备再将电能转换为机械能、热能、光能等其他形式的能量。其次是实现信息的处理、传递和储存，例如电视接收天线将含有声音和图像的高频电视信号通过高频传输线送到电视机中，这些信号经过选择、变频、放大和检波等一系列处理，再恢复出原来的声音和图像信息，在扬声器中发出声音并在屏幕上呈现图像。

1.1.2 实际电路及电路模型

由电阻器、电容器、电感线圈、变压器、晶体管、放大器、发电机、电动机、电池和信号发生器等电气器件和设备连接而成的电路,称为实际电路。

实际电路中发生的物理过程是十分复杂的,在电路的分析计算中,可将实际的电路元件,根据其电和磁的性质,进行抽象化处理为理想电路元件,如电源、电阻、电容和电感等。用理想电路元件模拟实际电路中的各个电气器件和设备,再根据这些器件和设备的连接方式,用理想导线将这些理想电路元件连接起来,就得到该电路的电路模型。如手电筒实际电路及电路模型分别如图1-1a、b所示。

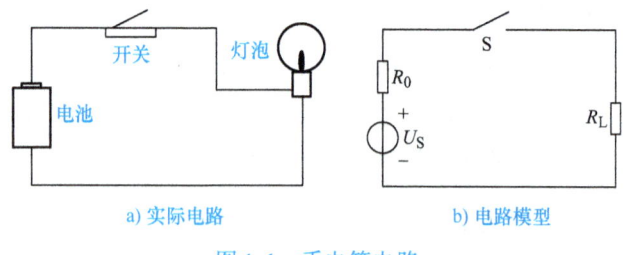

a) 实际电路   b) 电路模型

图1-1 手电筒电路

1.2 电路的基本物理量

1.2.1 电流

在电场力的作用下,电荷有规则的定向移动形成电流。规定正电荷的运动方向为电流的方向。

单位时间内通过导体某一截面的电荷[量]称为电流强度,是衡量电流强弱的物理量。在电工技术中,常把电流强度简称为电流,用 $i[I]$ 表示。设在时间 dt 内通过导体截面的电荷为 dq,则电流表示为

$$i = \frac{dq}{dt} \tag{1-1}$$

将大小和方向都不随时间变化的电流称为直流电流,简称直流,用大写字母 I 表示。将大小和方向随时间变化的电流称为交流电流,用小写字母 i 表示。

电流的方向可用箭头表示(如图1-2所示),也可用字母的双下标表示,如 i_{ab}。

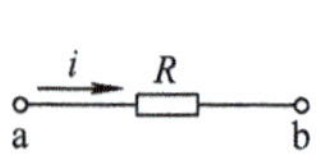

图1-2 电流的方向

国际单位制(SI)中电流的单位为安培(A),简称安。

电流是一个标量,它只有大小,没有方向,但在实际计算过程中,通常将它进行矢量化处理,其方向与电流的方向相同,即正电荷的定向移动方向。在电路的分析计算中,流过某一段电路或某一元件的电流的实际方向往往不知道,我们可以任意假定一个电流方向,当计算结果为正 ($i>0$) 时,说明假定的电流方向与实际电流方向一致,如图1-3a所示;相反当计算结果为负 ($i<0$) 时,说明假定的电流方向与实际电流方向相反,如图1-3b所示。假定的电流方向称为电流的参考方向。实际方向用虚线表示,参考方向用实线表示,如图1-3所示。

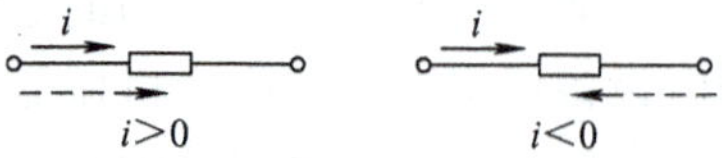

图1-3 电流的参考方向

1.2.2 电位与电压

电场力把单位正电荷从电路中某一点移到另一点（参考点）所做的功，称为<u>该点的电位</u>，用大写字母 V 表示。规定参考点的电位为零，用符号 ⊥ 表示（如图1-4中的d点）。电位也可理解为单位正电荷在该点（相对于参考点）所具有的位能。电位的单位是伏特（V），简称伏。

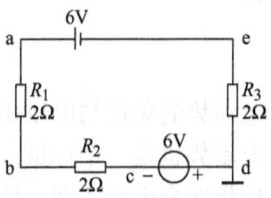

图1-4 电位的表示

电路中任意两点之间电位的差值称为<u>电位差</u>，其数学表达式为

$$U_{ab} = V_a - V_b \tag{1-2}$$

在电工电子技术中，电位差也称为<u>电压</u>。

电路中任一点的电位是指该点对参考点的电压降，它与参考点的选取有关，一般选大地或电路的公共端点为参考零电位点，因此电位具有相对性。当电位比参考点电位高时，称为<u>高电位</u>，记为"+"；当电位比参考点电位低时，称为<u>低电位</u>，记为"-"。

例如，在图1-4中，若设c点为参考点，则各点的电位为：$V_a = 8V$，$V_b = 4V$，$V_c = 0V$，$V_d = 6V$，$V_e = 2V$；a、b两点间的电压：$U_{ab} = V_a - V_b = 4V$。若设d点为参考点，则各点的电位为：$V_a = 2V$，$V_b = -2V$，$V_c = -6V$，$V_d = 0V$，$V_e = -4V$；a、b两点间的电压：$U_{ab} = V_a - V_b = 4V$。

可见，参考点改变时，各点的电位也随之改变，但两点之间的电位差（电压）并不改变。即电压具有绝对性。

<u>电压是反映电场力做功本领的物理量</u>。电场力把单位正电荷从电场中的a点移到b点所做的功称为a、b间的电压，用 $u_{ab}(U_{ab})$ 表示。

$$u_{ab} = \frac{dw}{dq} \tag{1-3}$$

国际单位制中电压的单位与电位的单位相同，也是伏特（V）。

电压也是一个标量，为方便计算，通常也将电压进行矢量化处理，一般规定电压的方向由高电位指向低电位，即电压（电位）降低的方向。可用字母的双下标表示，也可用箭头表示，如图1-5所示。

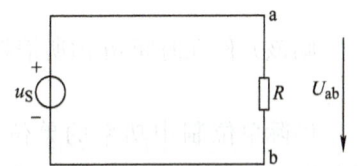

图1-5 电压方向的表示

与电流一样，各元件电压的实际方向往往也是难以事先判断出来的，所以在电路分析过程中先设定参考方向。<u>电压的实际方向是通过计算结果确定，若结果值为正，说明实际方向与参考方向相同，否则相反</u>。

参考方向可任意设定，但为了计算方便，对同一电路的电气元件往往将电流、电压设定相同的参考方向，即所谓关联的参考方向。若电流、电压的参考方向不同，则为非关联参考方向。本书不加特别说明时是指参考方向关联。

1.2.3 电动势

电动势是表示电源做功大小的物理量，是指非电场力（即局外力）将单位正电荷在电源内部由电源的负极b端移到电源正极a端所做的功，称为<u>电源的电动势</u>，用字母 $e(E)$ 表

示，即

$$e = \frac{dw}{dq} \tag{1-4}$$

电动势的单位与电压相同，也是伏特（V）。

电动势也是一个标量，在计算过程中为便于计算也对其进行矢量化处理，其方向规定由低电位指向高电位，即电位升高的方向。电动势的表示与处理方法类同于电压。

图 1-6 中，电压 u_{ab} 是电场力把单位正电荷由外电路从 a 点移到 b 点所做的功，由高电位指向低电位。而电动势 $e_S(t)$ 是非电场力在电源内部把单位正电荷克服电场阻力，从 b 点移到 a 点所做的功，是由低电位指向高电位。图 1-7 所示的直流电源在没有与外电路连接的情况下，电动势 E 与两端电压 U 大小相等方向相反。

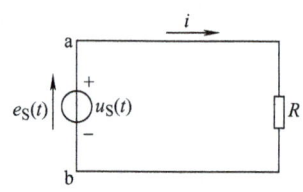

图 1-6 电压与电动势

在闭合电路中，电源内部（内电路）电流从低电位流向高电位，而电源外部（外电路）电流从高电位流向低电位，从而形成一闭合回路。这样在简单电路中，电流、电压、电动势的实际方向较易判定，但在多电源的复杂电路中，就难以判定，需设定参考方向，再从分析计算的结果中得到实际方向。在电路分析中，电流、电压、电动势都要标明方向。

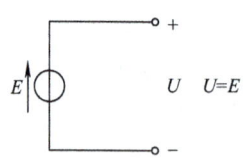

图 1-7 开路电压与电动势

1.2.4 电功率

电场力在单位时间内所做的功称为电功率，简称为功率，即电能量对时间的变化率。

$$p = \frac{dw}{dt} \tag{1-5}$$

电工技术中，某元件的电功率等于该元件两端的电压 u 与流过该元件电流 i 的乘积，即

$$p = ui \tag{1-6}$$

则该元件在时间 dt 内所消耗的电能为

$$dw = pdt = uidt \tag{1-7}$$

国际单位制中功率的单位为瓦特（W），简称瓦，常用单位为千瓦（kW），1kW = 1000W。电能的单位是焦耳（J），简称焦，常用单位为千瓦时（kW·h），1kW·h = 1kW × 1h = 3.6×10^6 J，1 千瓦时俗称 1 度。

当 $p = ui > 0$ 时，说明电压与电流的实际方向相同，表明该元件是负载性元件，将电能转换成其他形式的能，通常称为吸收功率。

当 $p = ui < 0$ 时，说明电压与电流的实际方向相反，表明该元件是电源性元件，将其他形式的能转换成电能，通常称为放出（发出）功率。

【例 1-1】 试判断图 1-8a、b 是发出还是吸收功率。

【解】 图 1-8a 中电压、电流方向相同，$P = UI = 10W > 0$，元件吸收功率。

图 1-8b 中电压、电流方向相反，$P = UI = -10W < 0$，元件发出功率。

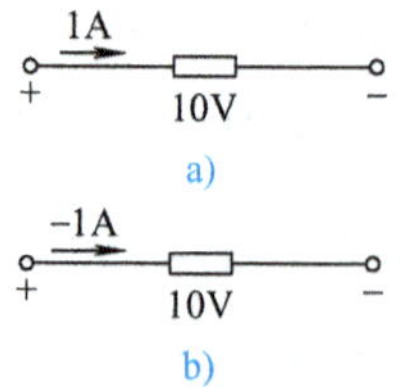

图 1-8 【例 1-1】图

【例 1-2】 求图 1-9 中各元件消耗的功率。

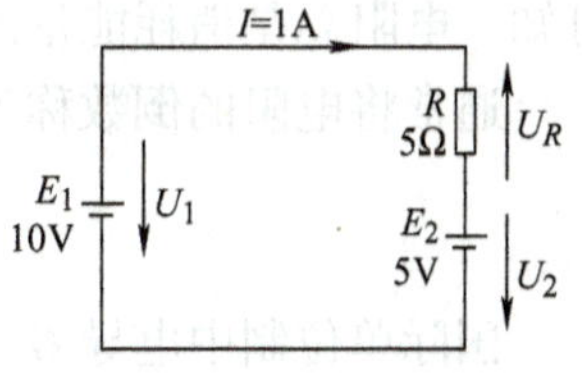

【解】 电源 E_1 消耗的功率为

$$P_{E_1} = U_1 I_1 = U_1(-I) = 10\text{V} \times (-1)\text{A} = -10\text{W} < 0$$

电源 E_2 消耗的功率为

$$P_{E_2} = U_2 I_2 = U_1 I = 5\text{V} \times 1\text{A} = 5\text{W} > 0$$

电阻 R 消耗的功率为

$$U_R = -IR = -1\text{A} \times 5\Omega = -5\text{V}$$

$$P_R = U_R I_R = U_R(-I) = -5\text{V} \times (-1)\text{A} = 5\text{W} > 0$$

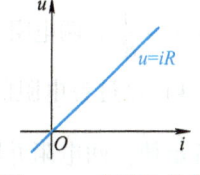

图 1-9 【例 1-2】图

结果表明：电源 E_1 消耗的功率为 -10W，即发出功率，是电源元件；电源 E_2 消耗的功率为 5W，即吸收功率，是负载元件；电阻 R 消耗的功率 5W，即吸收功率，也是负载元件。

可得出以下结论：

1) 发出功率为 10W，吸收功率为 5W + 5W = 10W，即为功率平衡。

2) 电阻上消耗的功率总是大于 0，$P = UI = I^2R = \dfrac{U^2}{R} > 0$，说明电阻是一个消耗电能的元件。

1.3 电路的基本元件

1.3.1 电阻元件

1. 电阻的 VCR 关系式

电阻元件一般是反映实际电路中的耗能元件，如电炉、白炽灯等，图形符号如图 1-10 所示，用字母 R 表示，国际单位制中电阻的单位为欧姆（Ω），简称欧。根据欧姆定律（OL）可得电压与电流之间的关系式——VCR 关系式为

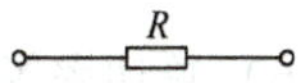

图 1-10 电阻的符号

$$u = iR \qquad (1\text{-}8)$$

此式表明：电阻 R 两端的电压与流过的电流成正比。而根据电阻定律知

$$R = \rho \dfrac{L}{S} \qquad (1\text{-}9)$$

式中，ρ 为电阻率；L 为导体长度；S 为导体横截面积。一般可认为电阻 R 为常数。

根据电阻 VCR 关系式可画出电阻的伏安特性曲线，如图 1-11 所示，是一条过原点的直线，则电阻是一个线性元件。

图 1-11 电阻的伏安特性曲线

2. 电阻的功率

电阻的功率为

$$P = ui = i^2 R = \dfrac{u^2}{R} \geq 0$$

可知：电阻总是消耗能量的，因此电阻是一个耗能元件。

通常将电阻的倒数称为电导，用 G 表示，即

$$G = \frac{1}{R} \tag{1-10}$$

国际单位制中电导 G 的单位是西门子（S）。

同样，电阻率的倒数称为电导率，用 δ 表示，$\delta = \frac{1}{\rho}$。

3. 电阻的连接

在电路中，电阻的连接形式很多，大致分为以下几种：串联、并联、混联、星形（Y）联结、三角形（△）联结、桥式连接等形式。在电路分析与计算中，各种连接经等效变换后可用一个等效电阻来替代。本书在这里主要介绍电阻的串、并联电路。

若几个电阻按顺序连接在同一条支路上，则称这几个电阻串联，如图1-12所示。电阻串联电路的特点如下：

1）通过各电阻的电流相等，即 $I_1 = I_2 = \cdots = I$。

2）总电压等于各分电压之和，即 $U = U_1 + U_2 + \cdots + U_n$。

3）总电阻等于各分电阻之和，即 $R = R_1 + R_2 + \cdots + R_n$。

4）各电阻的电压与其阻值成正比，即 $\frac{U_1}{R_1} = \frac{U_2}{R_2} = \cdots = \frac{U}{R}$，此式称为串联电阻的分压定律。

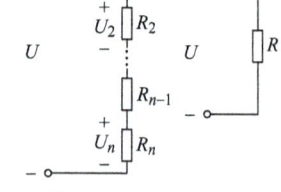

图1-12 电阻的串联

某一电阻 R_i 两端的电压 U_i 为 $U_i = \frac{R_i}{R} U$。

5）各电阻所消耗的功率与其阻值成正比，即 $\frac{P_1}{R_1} = \frac{P_2}{R_2} = \cdots = \frac{P}{R}$。

6）总功率等于各分功率之和，即 $P = P_1 + P_2 + \cdots + P_n$。

若几个电阻并列地连接在不同的支路上，则称这几个电阻并联，如图1-13所示。电阻并联电路的特点如下：

1）各电阻两端的电压相等，即 $U_1 = U_2 = \cdots = U$。

2）总电流等于各分电流之和，即 $I = I_1 + I_2 + \cdots + I_n$。

3）总电阻的倒数等于各分电阻倒数之和，即 $\frac{1}{R} = \frac{1}{R_1} +$

$\frac{1}{R_2} + \cdots + \frac{1}{R_n}$。两电阻并联时，有 $R = \frac{R_1 R_2}{R_1 + R_2}$。

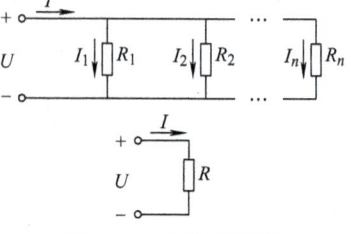

图1-13 电阻的并联

4）流过各电阻的电流与其阻值成反比，即 $I_1 R_1 = I_2 R_2 = \cdots = IR$，此式称为并联电阻的分流定律。两电阻并联时，有 $I_1 = \frac{R_2}{R_1 + R_2} I$。

5）各电阻所消耗的功率与其阻值成反比，如 $\frac{P_1}{P_2} = \frac{R_2}{R_1}$。

6）总功率等于各分功率之和，即 $P = P_1 + P_2 + \cdots + P_n$。

1.3.2 电感元件

图 1-14 是实际的线圈,假定绕制线圈的导线电阻很小,可忽略不计,线圈有 N 匝,当线圈通以电流 i 时,在线圈内部将产生磁通 Φ_L,若磁通 Φ_L 与线圈 N 匝都交链,则磁链 $\Psi_L = N\Phi_L$。

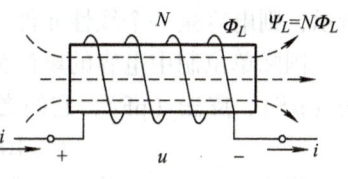

图 1-14　线圈

在电路中用图 1-15 表示实际线圈,并用字母 L 表示,称为电感元件。磁通 Φ_L 与磁链 Ψ_L 都是由线圈本身电流而产生的,称为<u>自感磁通</u>和<u>自感磁链</u>。

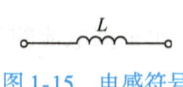

图 1-15　电感符号

根据法拉第电磁感应定律可得

$$\Psi_L = Li \tag{1-11}$$

式中,L 为线圈的<u>自感系数</u>,简称为<u>自感</u>或<u>电感</u>。

国际单位制中磁通和磁通链的单位是韦伯(Wb),简称韦,自感 L 的单位是亨利(H),简称亨。

当 L 为常数时,根据式(1-11)可得韦安特性曲线是通过原点的一条直线,如图 1-16 所示。因此,电感元件也是一线性元件。

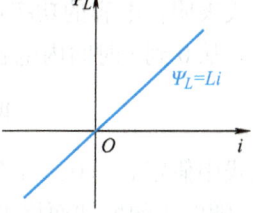

图 1-16　韦安特性曲线

同样根据法拉第电磁感应定律知

$$u = \frac{d\Psi_L}{dt}$$

可得电感两端电压与流过电流之间的关系式,也称 VCR 关系式。将式(1-11)代入得

$$u = L\frac{di}{dt} \tag{1-12}$$

此式表明:在任意时刻,电感两端的电压与该时刻电流的变化率成正比。当电流不随时间变化时(直流电流),则电感两端的电压为零,这时电感元件相当于两端短接。

电感的功率为

$$p = ui = Li\frac{di}{dt} \tag{1-13}$$

此式表明:电感的功率可能大于零,也可能小于零,因此电感是一个储能元件。

从 0 到 t 时间内电感元件所吸收的能量为

$$W_L = \int_0^t p\,dt = L\int_0^t i\frac{di}{dt}dt = L\int_{i_0}^{i_t} i\,di = \frac{1}{2}Li_t^2 \tag{1-14}$$

此式中假定 $i_0 = 0$,可看出:电感元件能储存磁场能量,且当电感 L 一定时,磁场的能量 W_L 随电流的增加而增加。

1.3.3 电容元件

图 1-17 所示是电容符号,电容两端的电量 q 与其两端电压 u 成正比,即

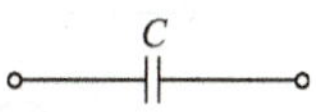

图 1-17　电容符号

$$q = Cu \tag{1-15}$$

式中,C 为电容,当 C 为常数时,可得库伏特性曲线,是通过原点的一条直线,如图 1-18

所示，则电容是一个线性元件。

国际单位制中电容的单位为法拉（F），简称法，常用单位有微法（μF）、皮法（pF），它们之间的换算关系是

$$1F = 10^6 \mu F = 10^{12} pF$$

将式（1-15）两边对时间求导，可得

$$\frac{dq}{dt} = C\frac{du}{dt}$$

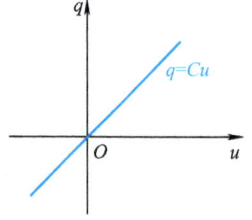

图 1-18　库伏特性曲线

再根据电流的定义式（1-1）得

$$i = C\frac{du}{dt} \tag{1-16}$$

此式称为电容元件的 VCR 关系式。

电容的功率为

$$p = ui = Cu\frac{du}{dt} \tag{1-17}$$

此式表明：电容的功率可能大于零，也可能小于零，因此电容也是一个储能元件。

从 0 到 t 时间内电容元件所吸收的能量为

$$W_C = \int_0^t p\,dt = C\int_0^t u\frac{du}{dt}dt = C\int_{u_0}^{u_t} u\,du = \frac{1}{2}Cu_t^2 \tag{1-18}$$

此式中假定 $u_0 = 0$，可看出：电容元件能储存电场能量，且当电容 C 一定时，电场的能量 W_C 随电压的增加而增加。

1.4　电源及其等效变换

为了维持电路中持续的电流，必须有能够提供电能的装置——电源，根据电源为外电路提供电压或电流的情况，将电源分为电压源和电流源。

1.4.1　电压源

1. 恒压源

当电源为外电路提供的电压 $u_S(t)$ 恒定不变或随时间按周期性规律变化，与流过的电流无关，则该电源称为恒压源，如图 1-19 所示。当两端电压 $u_S(t)$ 不变时，则 $u_S(t)$ 为恒定直流电源，即：$u_S(t) = U$，如图 1-20 所示。当两端电压 $u_S(t)$ 随时间按周期性规律变化时，则 $u_S(t)$ 为恒定交流电压源，如图 1-21 所示。

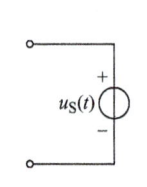

图 1-19　电压源

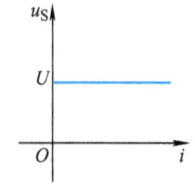

图 1-20　直流电压源

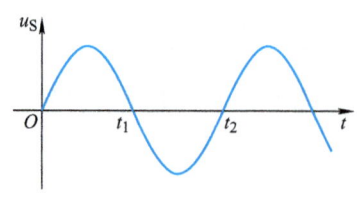

图 1-21　正弦交流电压源

如图 1-22 所示，恒压源两端的电压不随外电路的改变而改变，是一种理想化的电路模型，因此恒压源也称为理想电压源。直流恒压源也可用图 1-23 中的符号表示，长线表示电源正极（高电位），短线表示电源负极（低电位）。

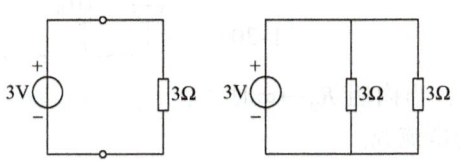

图 1-22　恒压源两端电压与外电路关系

图 1-23　直流恒压源符号

2. 实际电压源

实际中的恒压源是不存在的，电源内部总有一定的电阻。实际电压源可用恒压源 $u_S(t)$ 与电源内阻 R_0 串联的电路模型来表示，这个模型称为电压源，如图 1-24 所示。由电路模型可得

$$u = u_S - iR_0 \qquad (1-19)$$

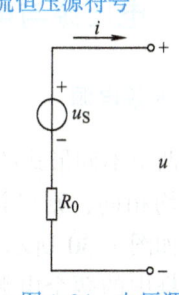

图 1-24　电压源

根据式（1-19）可画出电压源的伏安特性曲线如图 1-25 所示，其端电压 u 随电流 i 增大而降低，内阻越小，电压源越接近于恒压源，当内阻 $R_0 = 0$ 时，电压源就成为恒压源。

当电流流过电压源时，若从低电位流向高电位，则电压源向外提供电能。若从高电位流向低电位，则电压源吸收电能，此时电压源实际上是一个负载，如手机电池充电的过程。

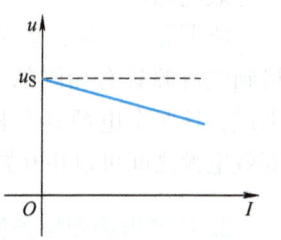

图 1-25　电压源的伏安特性

1.4.2　电流源

1. 恒流源

当电源为外电路提供的电流 $i_S(t)$ 恒定不变或随时间按周期性规律变化，与电源两端的电压无关，则该电源称为恒流源，如图 1-26 所示。当 $i_S(t)$ 恒定不变，即 $i_S(t) = I$ 时称为直流恒流源。直流恒流源的伏安特性如图 1-27 所示。

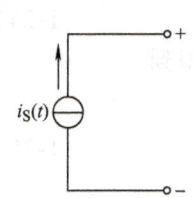

图 1-26　电流源　　图 1-27　直流恒流源的伏安特性　　

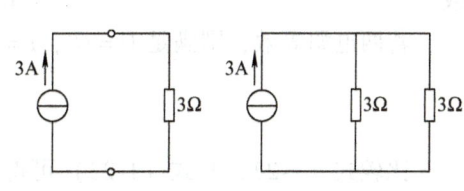

图 1-28　恒流源的电流与外电路的关系

如图 1-28 所示，恒流源发出的电流不随外电路的改变而改变，是一种理想化的电路模型，因此，恒流源也称为理想电流源。

2. 实际电流源

在实际电路中，恒流源是不存在的，实际电流源可用恒流源与内阻 R_0 并联的电路模型来表示，称为<u>电流源</u>，如图1-29所示，由电路模型可得

$$i = i_S - \frac{u}{R_0} \tag{1-20}$$

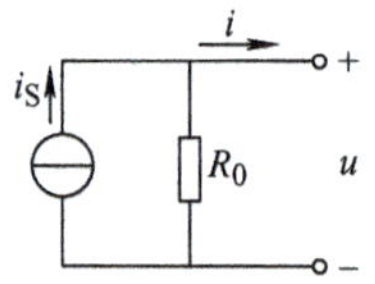

内阻越大，其电流就越接近于恒流源的电流，当内阻 $R_0 \to \infty$ 时，电流源就成了恒流源，即实际的电流源就成了理想电流源。

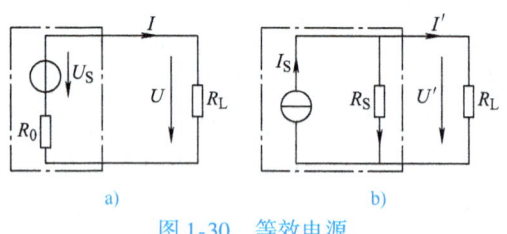

图1-29 电流源模型

1.4.3 电压源与电流源的等效变换

1. 等效电源

将两个不同形式的电源分别接在同一负载上，若得到的响应相同，即通过负载的电流和端电压均相同，则可认为这两个电源为等效电源。如图1-30所示，若 $U = U'$, $I = I'$，则点画线框中的两个电源——电压源与电流源，是等效电源。

所谓<u>等效变换</u>，就是指 R_L 接在电压源与接到电流源具有相同的工作状态，因此对 R_L 来说，这两个电源具有相同的作用，即等效。等效电源之间可以相互置换。

图1-30 等效电源

2. 等效电源变换条件

由图1-30a可得电压源的外特性方程为

$$U = U_S - IR_0 \tag{1-21}$$

或

$$I = \frac{U_S}{R_0} - \frac{U}{R_0} \tag{1-22}$$

由图1-30b可得电流源的外特性方程为

$$I' = I_S - U'/R_S \tag{1-23}$$

或

$$U' = I_S R_S - I'R_S \tag{1-24}$$

若两电源等效，则满足 $U = U'$, $I = I'$，比较式（1-21）和式（1-24）得到

$$U_S = I_S R_S$$
$$R_0 = R_S \tag{1-25}$$

比较式（1-22）和式（1-23）可得

$$I_S = \frac{U_S}{R_S}$$
$$R_S = R_0 \tag{1-26}$$

<u>以上两式为电压源与电流源的等效变换条件</u>。其中式（1-25）为已知电流源变换为电压源的计算公式；式（1-26）为已知电流源变换为电压源的计算公式。电压源与电流源进

行等效变换的主要目的是为了简化电路,在进行多电源的复杂电路分析与计算时,往往会带来很大方便。

1.4.4 多电源电路的等效变换分析法

对多电源电路进行分析计算时,应根据电压源和电流源在电路中的连接方式不同,进行电压源与电流源的等效变换,使多电源电路变为简单的单电源电路。

1) 当多个电源串联时,先将这几个电源等效变换为电压源,再等效为一个总电压源。其中总电压源的电压为各分电压源电压的代数和;总电压源内阻为各分电压源内阻之和。

2) 当多个电源并联时,先将这几个电源等效变换为电流源,再等效为一个总电流源。其中总电流源电流为各分电流源电流的代数和;总电流源内阻倒数为各分电流源内阻倒数之和。

电压源与电流源作等效变换时应注意的问题:

1) 电压源与电流源的参考方向在变换前后应保持对外电路一致性,即在变换前后对外电路来说电压或电流的方向保持不变。

2) 电源等效变换中的等效是对外电路而言的,对电源内部来说不是等效的。例如电压源开路时,电源的电流及功率均为零;而电流源开路时,电源内阻有电流,也有功率损耗。所以,对电源内部进行计算时,不能进行等效变换,一定要在外电路中进行。

3) 恒压源与恒流源不能进行等效变换。因为恒压源的电流可为任意值,而恒流源的电压可为任意值,二者不具备等效条件,不能互相置换。

【例1-3】 用电源等效变换分析法求图1-31a所示电路中的电流I。

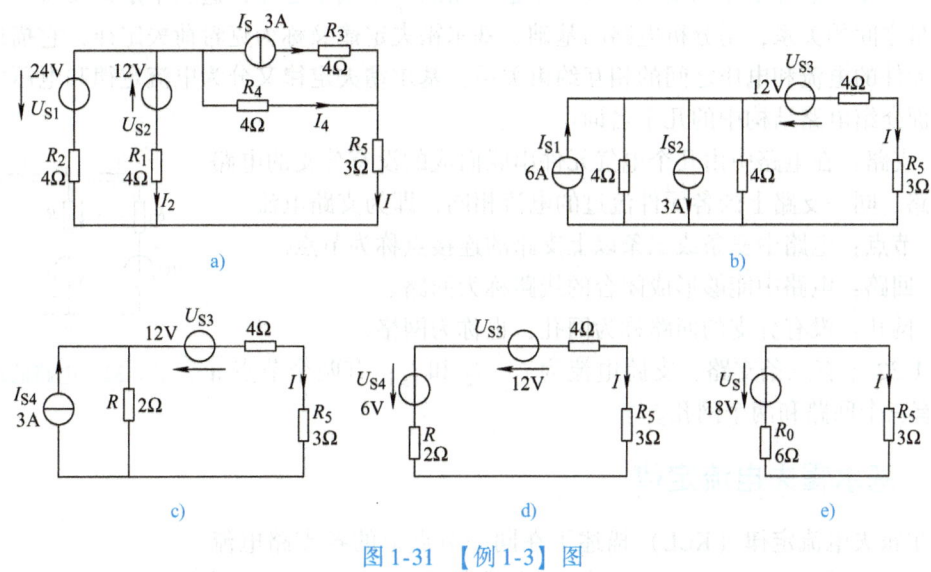

图1-31 【例1-3】图

【解】 用电源等效变换法将图1-31a中电路进行化简,化简后如图1-31b所示,将两个电压源变换成电流源,则有

$$I_{S1} = \frac{U_{S1}}{R_1} = \frac{24}{4}\text{A} = 6\text{A}$$

$$I_{S2} = \frac{U_{S2}}{R_2} = \frac{12}{4}A = 3A$$

R_1、R_2 分别与 I_{S1}、I_{S2} 并联；

将电流源变换成电压源：（恒流源 I_S 内阻为无穷大，因此与 R_3 串联后电阻可认为仍然是一个恒流源）

$$U_{S3} = I_S R_4 = 3 \times 4V = 12V$$

图 1-31b→图 1-31c，将两个电流源合并为一个电流源，即

$$I_{S4} = I_{S1} - I_{S2} = 6A - 3A = 3A$$

$$R = \frac{4 \times 4}{4+4}\Omega = 2\Omega$$

图 1-31c→图 1-31d，将合并后的电流源等效变换成电压源，即

$$U_{S4} = I_{S4}R = 3 \times 2V = 6V$$

图 1-31d→图 1-31e，将两个串联电压源合并成一个电压源：

$$U_S = 12V + 6V = 18V$$

$$R_0 = 2\Omega + 4\Omega = 6\Omega$$

则

$$I = \frac{18}{6+3}A = 2A$$

1.5 基尔霍夫定律

欧姆定律、焦耳定律和基尔霍夫定律是电路的三个基本定律，这三个定律反映了电路中各物理量之间的关系，是分析电路的基础。基尔霍夫定律又称为克希荷夫定律，它描述了电路中各元件的电流和电压之间的相互约束关系，基尔霍夫定律又分为电流定律和电压定律。

下面介绍电路结构中的几个名词：

1) 支路：在电路中由几个电气元件串联而成的没有分支的电路称为支路。同一支路上的各元件流过的电流相同，即为支路电流。

2) 节点：电路中三条或三条以上支路的连接点称为节点。

3) 回路：电路中能够形成闭合的线路称为回路。

4) 网孔：没有分支的回路称为网孔，也称为网格。

图 1-32 中有三条支路，支路电流为 i_1、i_2 和 i_3；有两个节点 a 和 b；有三个回路和两个网孔。

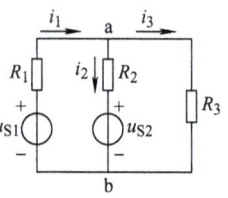

图 1-32 电路的结构

1.5.1 基尔霍夫电流定律

基尔霍夫电流定律（KCL）描述了在同一节点上的各支路电流之间的约束关系，反映了电流的连续性，即在任意时刻，对任一节点流入的电流之和等于流出的电流之和。或叙述为：在任意时刻，对任一节点所有电流的代数和等于零。表达式为

$$\Sigma i_入 = \Sigma i_出 \quad 或 \quad \Sigma i = 0 \tag{1-27}$$

式中规定：流入节点的电流为正，流出节点的电流为负。

基尔霍夫电流定律不仅适用于电路的节点，还可推广应用于电路中任一假设的封闭面。

例如，在图 1-33 所示电路中，用封闭面所包围的电路可看成一个广义的节点，则流入此封闭面的电流代数和等于零，即

$$i_1 + i_2 + i_3 = 0 \tag{1-28}$$

1.5.2 基尔霍夫电压定律

基尔霍夫电压定律（KVL）描述了闭合回路中各元件电压之间的约束关系。基尔霍夫电压定律指出：在任意时刻，沿闭合回路绕行一周，电位升高之和与电位降低之和相等。也可表述为：在任意时刻，沿任一闭合回路所有电气元件电压的代数和为零。表达式为

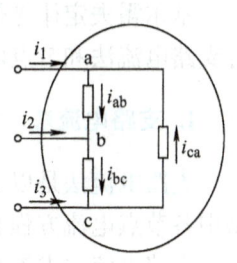

图 1-33 基尔霍夫定律的推广应用

$$\Sigma u_升 = \Sigma u_降 \quad 或 \quad \Sigma u = 0 \tag{1-29}$$

式中规定：电压降为"+"，升为"－"，即各元件的电压参考方向与环绕方向一致时取"+"，与环绕方向相反时取"－"。

基尔霍夫电压定律不仅适用于闭合回路，还可推广应用于求电路中任两点之间的电压：a、b 两点间电压 U_{ab} 等于从 a 点到 b 点的沿任意路径上各元件电压的代数和。

$$u_{ab} = \Sigma u_i \tag{1-30}$$

【例 1-4】 如图 1-34 所示电路中，已知 $U_{S1} = 2V$、$U_{S2} = 6V$、$U_{S3} = 5V$、$R_1 = 3\Omega$、$R_2 = 1\Omega$、$R_3 = 2\Omega$。按图示电流参考方向，若 $I_1 = 1A$、$I_2 = -3A$，试求电流 I_3、电压 U_{ac} 和 U_{cd}。

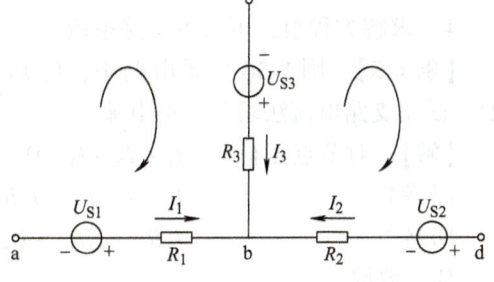

图 1-34 【例 1-4】图

【解】 对于节点 b，根据 KCL 定律有

$$I_1 + I_2 + I_3 = 0$$

所以

$$I_3 = -I_1 - I_2 = -1A - (-3)A = 2A$$

由 KVL 定律有

$$U_{ac} = -U_{S1} + I_1 R_1 - I_3 R_3 + U_{S3} = -2V + 1 \times 3V - 2 \times 2V + 5V = 2V$$

$$U_{cd} = -U_{S3} + I_3 R_3 - I_2 R_2 - U_{S2} = -5V + 2 \times 2V - (-3) \times 1V - 6V = -4V$$

1.5.3 基尔霍夫定律的应用

电路的结构多种多样，那些不能用串、并联等效变换化简成单一回路再进行计算的电路，称为复杂电路。如图 1-35 所示，电桥电路和具有两个以上含源支路的电路都是复杂电路。

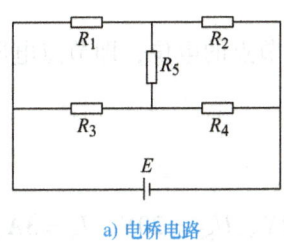

a) 电桥电路

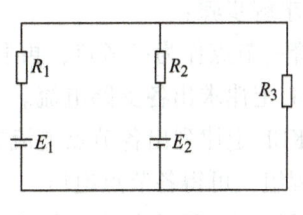

b) 双电源电路

图 1-35 复杂电路

基尔霍夫定律是分析和计算复杂电路最基本的一种方法，在基尔霍夫定律的应用中主要有支路电流法和节点电压法。

1. 支路电流法

支路电流法是以支路电流作为未知量的电路分析方法。运用基尔霍夫定律，直接列出电路中各节点电流方程和回路电压方程，联立求解方程组，即可得出各支路电流。

支路电流法求解步骤：

1）首先，假设各支路电流，并在图中标出各支路电流的参考方向。

2）根据 KCL 定律列出各节点电流方程。对于有 n 个节点的电路运用 KCL 定律时只能列出 $(n-1)$ 个独立节点电流方程。

3）根据 KVL 定律列出回路电压方程。在列回路电压方程时，一般选择列网孔电压方程，这样可保证方程的独立性。

若电路的支路数为 b，则需要列出 b 个方程组成的方程组，其中，节点方程数为 $(n-1)$ 个，回路方程数为 $b-(n-1)$ 个。

4）求解方程组，可得各支路电流。

【例 1-5】 图 1-36 所示电路中，已知 $U_{S1}=8V$、$U_{S2}=10V$、$R_1=4\Omega$、$R_2=2\Omega$、$R_3=8\Omega$，试用支路电流法求各支路电流。

【解】 对节点 a 有　　$I_1 + I_2 - I_3 = 0$

回路 1　　　　　　$U_{S2} - I_2 R_2 + I_1 R_1 - U_{S1} = 0$

回路 2　　　　　　$I_3 R_3 + I_2 R_2 - U_{S2} = 0$

代入数据

$$\begin{cases} I_1 + I_2 - I_3 = 0 \\ 10 - 2I_2 + 4I_1 - 8 = 0 \\ 8I_3 + 2I_2 - 10 = 0 \end{cases}$$

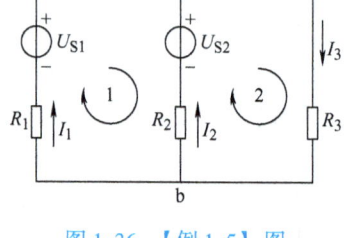

图 1-36 【例 1-5】图

解方程组可得　　$I_1 = 0A, \ I_2 = 1A, \ I_3 = 1A$

2. 节点电压法

节点电压法是以电路中节点电压作为未知量的电路分析方法。所谓节点电压，是指任意两节点之间的电压。为方便分析，先在电路中选定一个节点作为参考点，其他各节点电压就是节点相对于参考点的电位。将各支路电流用节点电压表示，再运用 KVL 定律列出回路方程，最后求解得到各节点电压。

节点电压法求解步骤：

1）首先选择一节点作为参考点，再假设其他各节点的电位，即节点电压。

2）根据 KVL 定律求出各支路电流。

3）再根据 KCL 定律列出各节点电流方程组。

4）求解方程组，可得各节点电压。

【例 1-6】 图 1-37 所示电路中，已知 $U_{S1}=12V$、$U_{S2}=20V$、$I_S=3A$、$R_1=R_4=4\Omega$、$R_2=R_3=8\Omega$，试用节点电压法求电流 I_1。

【解】 选取 B 点为参考零电位点，设 A 点的电位为 U_A，即 A 点的电压为 $U_{AB} = U_A - U_B = U_A$

根据 KVL 得

$I_1 = \dfrac{U_{S1} - U_A}{R_1}$ （或 $U_A = U_{S1} - I_1 R_1$）

$I_2 = \dfrac{U_{S2} + U_A}{R_2}$ （或 $U_A = I_2 R_2 - U_{S2}$）

$I_3 = \dfrac{U_A}{R_3}$ （或 $U_A = I_3 R_3$）

$I_4 = I_S$

图 1-37 【例 1-6】图

根据 KCL 得 $I_1 - I_2 - I_3 + I_S = 0$

则有

$$\dfrac{U_{S1} - U_A}{R_1} - \dfrac{U_{S2} + U_A}{R_2} - \dfrac{U_A}{R_3} + I_S = 0$$

$$U_A = \dfrac{\dfrac{U_{S1}}{R_1} - \dfrac{U_{S2}}{R_2} + I_S}{\dfrac{1}{R_1} + \dfrac{1}{R_2} + \dfrac{1}{R_3}} = \dfrac{\dfrac{12}{4} - \dfrac{20}{8} + 3}{\dfrac{1}{4} + \dfrac{1}{8} + \dfrac{1}{8}}\text{V} = 7\text{V}$$

$$I_1 = \dfrac{U_{S1} - U_A}{R_1} = \dfrac{12 - 7}{4}\text{A} = 1.25\text{A}$$

1.6 叠加原理

叠加原理是线性、多电源电路的一条重要原理。

叠加原理是指在多个电源同时作用的线性电路中，任一支路的电流（或电压）都等于每一个独立电源分别单独作用下在此支路中产生的电流（或电压）的代数和。

每个独立电源单独作用是指该电源作用时，其他电源不起作用（或作用为零），即其他电源不对电路提供电流或电压。也就是说其他电压源视为短路，其他电流源视为开路。用叠加原理分析计算复杂电路，就是先把一个多电源的线性复杂电路化为几个单电源简单电路后，再进行分析计算。

叠加原理的解题步骤：

1) 将有多个电源同时作用的电路分解成每个电源单独作用的分电路。
2) 在分电路中标注电流或电压的参考方向，求出相应的电流或电压。
3) 再将分电路的电流或电压进行叠加求代数和。

【例 1-7】 用叠加原理求图 1-38 所示电路中流过 4Ω 电阻的电流。

【解】 先画出电压源和电流源分别单独作用时电路图，如图 1-39 所示。

当电压源单独作用时，电流源开路；当电流源单独作用时，电压源短路。

$$I' = \dfrac{10}{6 + 4}\text{A} = 1\text{A}$$

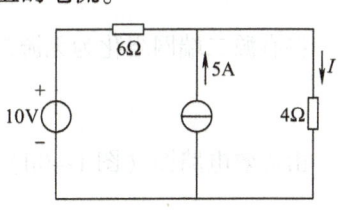

图 1-38 【例 1-7】图（一）

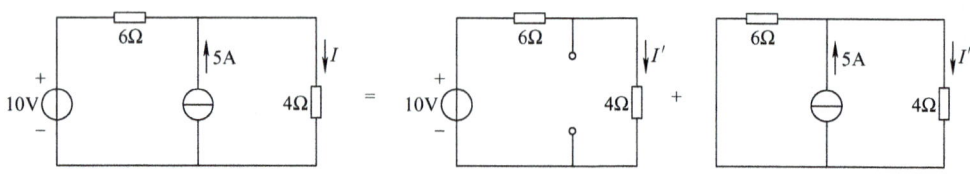

图 1-39 【例 1-7】图（二）

$$I'' = 5 \times \frac{6}{6+4}\text{A} = 3\text{A}$$

根据叠加原理得 $I = I' + I'' = 1\text{A} + 3\text{A} = 4\text{A}$

1.7 戴维南定理和诺顿定理

在电路分析中，经常遇到只需要计算电路中某一支路的电流或电压。从该支路的二端来看，电路的其余部分是一个具有两个端点的网络。我们将具有两个端点的网络称为二端网络，含有电源的二端网络称为有源二端网络，不含有电源的二端网络称为无源二端网络，若二端网络中所有元件都是线性元件则称其为二端线性网络。

无源线性二端网络可等效为一个负载性元件（如电阻等），有源线性二端网络可等效为一个电源，若等效为一个电压源则运用戴维南定理进行分析，若等效为一个电流源则运用诺顿定理进行分析。

1.7.1 戴维南定理

戴维南定理是指任何一个有源线性二端网络，对其外部而言，都可等效为一个电压源，该电压源的电压等于有源线性二端网络的开路电压，该电压源的内阻等于有源线性二端网络化成无源二端网络的等效电阻。

戴维南定理的解题步骤：
1）画出将待求支路从电路中移去的有源线性二端网络。
2）求有源二端线性网络的开路电压 U_{OC}。
3）使有源线性二端网络内的所有独立电源作用为零（电压源短路，电流源开路），化成无源线性二端网络，求出此无源二端网络的等效电阻 R_0。
4）画出将待求支路连接起来的等效电路，求出待求量。

【例 1-8】 用戴维南定理求图 1-40a 所示电路中电阻 R_L 上的电流 I。

【解】 将 R_L 支路断开，得到图 1-40b 所示的有源二端网络，其开路电压 U_{OC} 为

$$U_{OC} = -8\text{V} + 6 \times \frac{10+8}{6+3}\text{V} = 4\text{V}$$

将有源二端网络化为无源二端网络，如图 1-40c 所示，则其等效电阻 R_0 为

$$R_0 = \frac{3 \times 6}{3+6}\Omega = 2\Omega$$

由等效电路图（图 1-40d）可求 R_L 上的电流 I 为

$$I = \frac{4}{2+2}\text{A} = 1\text{A}$$

第1章 直流电路分析

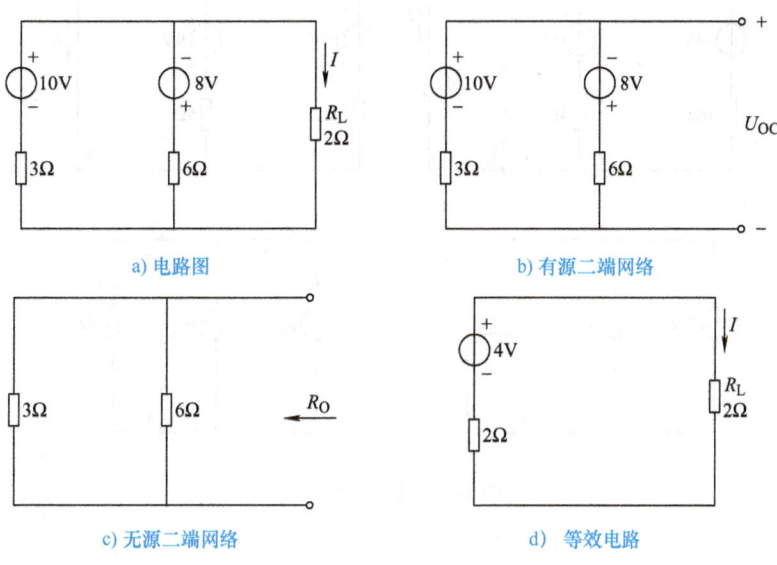

图 1-40 【例 1-8】图

1.7.2 诺顿定理

诺顿定理是指任何一个有源线性二端网络，对其外部而言，都可等效为一个电流源，该电流源的电流等于有源线性二端网络短路时的短路电流，该电流源的内阻等于有源线性二端网络化成无源二端网络的等效电阻。

诺顿定理的解题步骤：

1) 画出将待求支路短路时的有源线性二端网络。

2) 求有源线性二端网络的短路电流 I_{SC}。

3) 使有源线性二端网络内的所有独立电源作用为零（电压源短路，电流源开路），化成无源线性二端网络，求出此无源二端网络的等效电阻 R_O。

4) 画出将待求支路连接起来的等效电路，求出待求量。

【例 1-9】 试计算图 1-41a 所示电路中的电流 I。

【解】 画出待求支路短路时的有源线性二端网络（图 1-41b），求短路电流 I_{SC}。

$$I_{SC} = \frac{14}{20}A + \frac{9}{5}A = 2.5A$$

画出无源二端网络（图 1-41c），求等效电阻。

$$R_O = \frac{20 \times 5}{20 + 5}\Omega = 4\Omega$$

画出等效电路（图 1-41d），可得

$$I = 2.5 \times \frac{4}{4+6}A = 1A$$

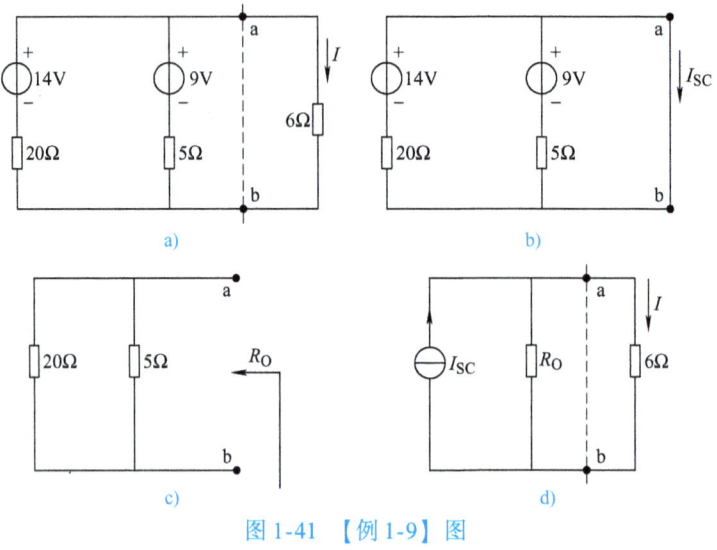

图 1-41 【例 1-9】图

本 章 小 结

1. 电路是由电源、负载、导线和控制设备四部分组成的电流通道，它的作用是用来实现电能的输送、分配和转换，信息的处理、传递和储存。

2. 电流、电位、电压、电动势、电功率是电路的基本物理量。电流、电压的实际方向只有两种可能性。但在实际电路分析、计算时，须引入电压和电流的参考方向，其参考方向可标注在电路图上，参考方向可任意设定，经设定后，电压和电流就有了确定的关系。

3. 电路中某点的电压，等于该点与参考点之间的电压。若参考点改变，则各点的电位相应改变，但任意两点间的电位差（电压）不变。

4. 实际电源的电压源模型与电流源模型可进行等效变换。

5. 欧姆定律、焦耳定律和基尔霍夫定律是电路的三个基本定律，是电路分析和计算的基本依据。支路电流法和节点电压法是基尔霍夫定律的具体应用，也是分析和计算电路的最基本的方法。

6. 叠加原理仅适用于线性多电源电路。

7. 戴维南定理和诺顿定理表明：任一个线性有源二端网络，都可以用一个理想电压源 U_{OC} 和电阻 R_O 串联的电压源来等效替代。任一个线性有源二端网络，都可以用一个理想电流源 I_{SC} 和电阻 R_O 并联的电流源来等效替代。

思考与习题

1-1 电路由哪几部分组成？电路的作用有哪些？请举出两个生活中常见的实际电路。

1-2 求图 1-42a、b、c 中的电压 u；求图 1-42d、e、f 中的电流 I。

1-3 在一个额定值为 200Ω、1W 的电阻两端加上 20V 电压，电阻能否正常工作？要将同样电压加在两个这样的电阻分别串联和并联的电路上又会怎样呢？

第1章 直流电路分析

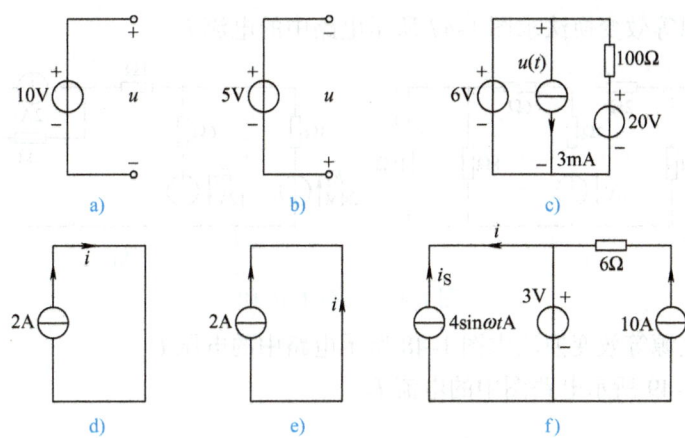

图 1-42 习题 1-2 图

1-4 有一可变电阻器，允许通过的最大电流为 0.3A，电阻值为 2kΩ。求电阻器两端允许加的最大电压。此时消耗的功率是多少？

1-5 某楼内有 100W、220V 的灯泡 100 只，平均每天使用 3h。计算每月（30 天）消耗的电能是多少。

1-6 求图 1-43 所示电路的等效电阻。

1-7 求图 1-44 所示电路在开关 S 打开和闭合时的电流 I。

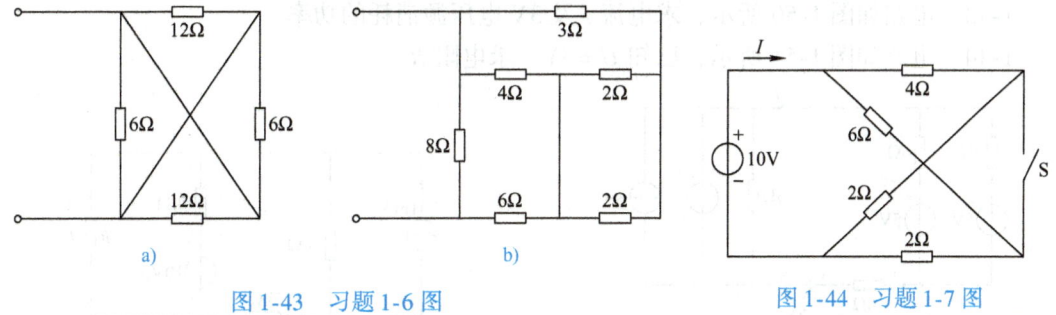

图 1-43 习题 1-6 图　　　　　　　　　图 1-44 习题 1-7 图

1-8 电路如图 1-45 所示。（1）求图 1-45a 中 A 点的电位；（2）图 1-45b 中，求开关 S 断开和闭合两种情况下 A 点的电位。

1-9 电路如图 1-46 所示。（1）求图 1-46a 中 A 点的电位。（2）图 1-46b 中，已知：$I=2A$、$I_S=1A$、$E=2V$、$R_1=R_2=R_3=2Ω$、A 点电位 $V_A=10V$。求 C 点的电位。

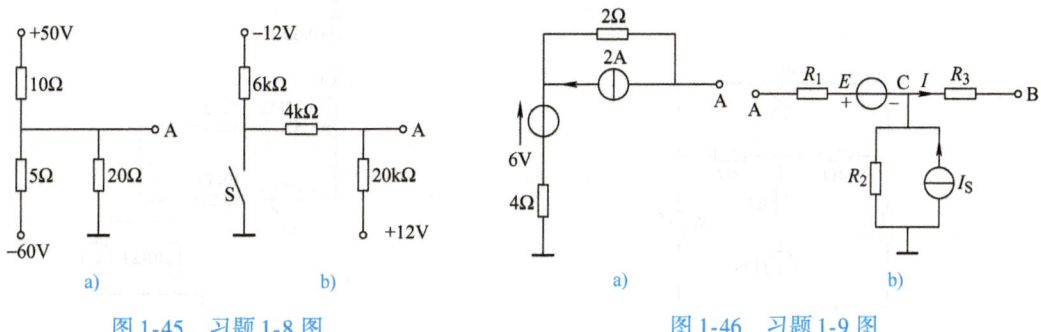

图 1-45 习题 1-8 图　　　　　　　　　图 1-46 习题 1-9 图

1-10 用电源等效变换法求图 1-47 所示电路中的电流 I。

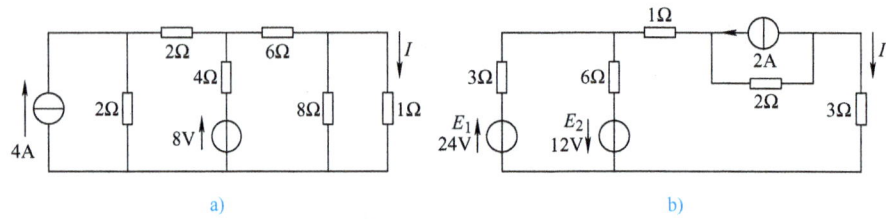

图 1-47 习题 1-10 图

1-11 利用电源等效变换法求图 1-48 所示电路中的电压 U。

1-12 求图 1-49 所示电路图中的电流 I。

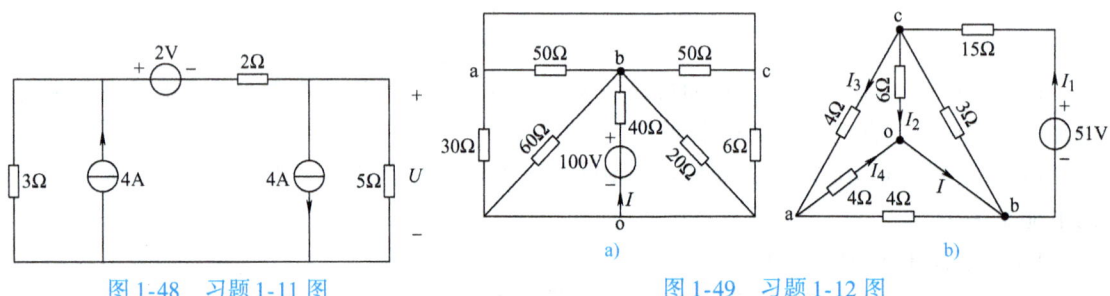

图 1-48 习题 1-11 图　　　　图 1-49 习题 1-12 图

1-13 电路如图 1-50 所示，求电流 I 及 3V 电压源消耗的功率。

1-14 电路如图 1-51 所示，已知 $U=3\text{V}$，求电阻 R。

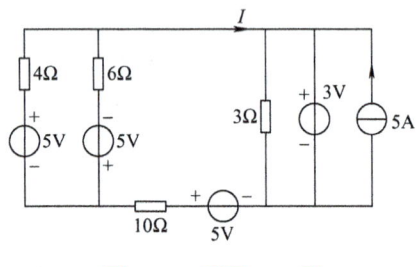
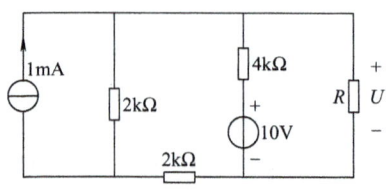

图 1-50 习题 1-13 图　　　　图 1-51 习题 1-14 图

1-15 电路如图 1-52 所示，负载电阻 R_L 为可变电阻，问当 R_L 为多大时，其获得的功率最大，并求出该最大功率。

1-16 如图 1-53 所示直流电路中，已知电压表的计数为 30V，求：

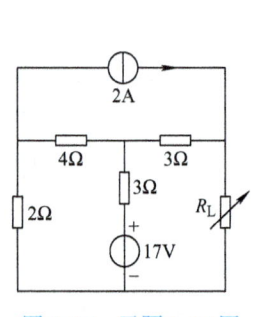
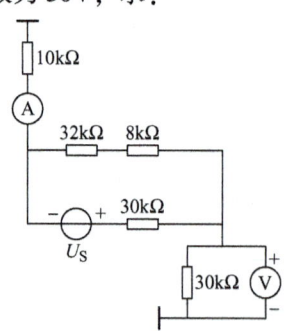

图 1-52 习题 1-15 图　　　　图 1-53 习题 1-16 图

(1) 电流表的计数为多少？并标明电流表的极性。
(2) 电源 U_S 所示产生的功率为多大？（忽略电流表、电压表内阻的影响）

1-17 电路如图 1-54 所示，求电流 I_1、I_2 及 I。

1-18 分别用支路电流法和节点电压法求图 1-55 所示电路中的电流 I。

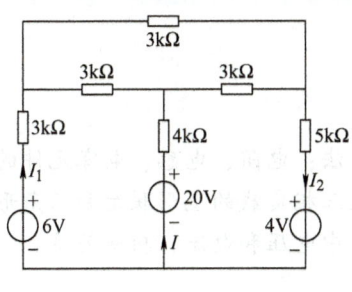

图 1-54 习题 1-17 图

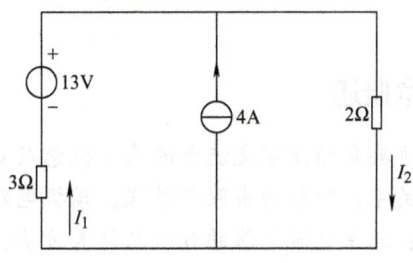

图 1-55 习题 1-18 图

1-19 用叠加原理求图 1-56 所示电路中的电压 U 和电流 I。

1-20 用叠加原理求图 1-57 所示电路中的电流 I。

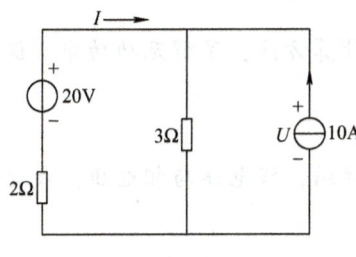

图 1-56 习题 1-19 图

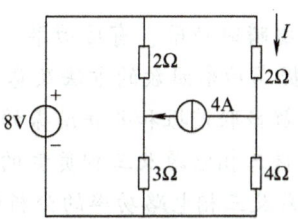

图 1-57 习题 1-20 图

1-21 用戴维南定理求图 1-58 所示电路的等效电路。

1-22 用诺顿定理求图 1-59 所示电路的等效电路。

1-23 用戴维南定理求图 1-60 所示电路中的电压 U。

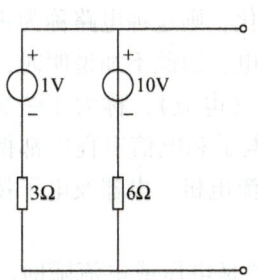

图 1-58 习题 1-21 图

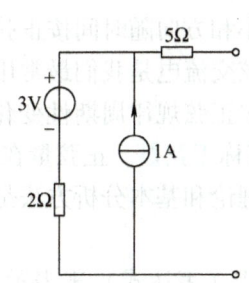

图 1-59 习题 1-22 图

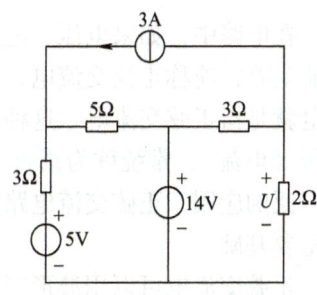

图 1-60 习题 1-23 图

第 2 章 正弦交流电路分析

[本章概述]

主要介绍正弦交流电的基本概念及正弦量的表示方法；电阻、电感、电容元件的电压与电流关系；阻抗的串联与并联；谐振电路；三相电源及三相负载的星形联结和三角形联结的特点；正弦交流电路的分析与计算方法，确定交流电路中电压和电流、功率关系。

[知识与能力目标]

1. 理解正弦交流电的三要素，掌握正弦量的表示方法。
2. 掌握电阻、电感、电容元件的电压与电流关系，理解复阻抗的概念，掌握阻抗的连接。
3. 掌握瞬时功率、有功功率、功率因数的概念和计算方法，了解无功功率、视在功率的概念和提高功率因数的方法及意义。
4. 理解串联谐振和并联谐振的条件和特征。
5. 掌握三相电源及三相负载的星形联结和三角形联结，线电压与相电压，线电流与相电流的关系及三相电路功率的分析计算。

[相关知识链接]

2.1 正弦交流电的表示方法

在电路中，如果电压、电流的大小和方向随时间按正弦规律变化，则这种电路称为正弦交流电路，简称正弦交流电。由于正弦交流电是我们最常用的交流电，因此不加说明时，交流电就是指正弦交流电。这种随时间按正弦规律周期性变化的电压（电流），称为正弦交流电压（电流），常统称为正弦电量，简称正弦量。正弦量在电力、电子和电信工程中都得到了广泛的应用。正弦交流电路的基本理论和基本分析方法是学习交流电机、电器及电子技术的重要基础。

正弦交流电可以用波形图和解析式（表达式）来表示。波形图是电压或电流随时间变化的关系图形。表达式是用数学函数描述其电压或电流随时间变化的关系式，有瞬时值（即时值）表达式和相量两种表示方法。

2.1.1 正弦量的瞬时值表示法

正弦量在任意瞬时的值称为瞬时值，用小写字母 e、u、i 分别表示正弦交流电的电动势、电压和电流的瞬时值。正弦交流电的电动势、电压和电流的瞬时值表达式为

$$e = E_m\sin(\omega t + \varphi_e)$$
$$u = U_m\sin(\omega t + \varphi_u) \quad (2\text{-}1)$$
$$i = I_m\sin(\omega t + \varphi_i)$$

式中，E_m、U_m、I_m 分别为电动势、电压和电流的振幅；ω 为角频率；φ_e、φ_u、φ_i 分别为电动势、电压和电流的初相。正弦量的变化取决于这三个量，通常将振幅、角频率和初相称为<u>正弦量的三要素</u>。

下面以电压为例说明正弦交流电的三要素。如果电压 u 随时间按正弦规律变化，则 $u = U_m\sin(\omega t + \varphi_u)$，其波形如图 2-1 所示。

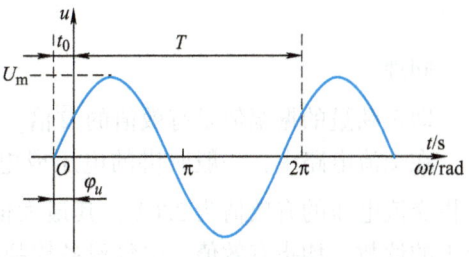

图 2-1　正弦电压波形图

1. 周期、频率和角频率

波形图中 T 为电压 u 变化一周所用的时间，称为<u>周期</u>，单位为秒（s）。电压 u 每秒变化的周期数称为频率，用 f 表示，单位为赫兹（Hz）。我国和大多数国家都采用 50Hz 作为电力系统的标准供电频率，有些国家（如美国、日本等）采用 60Hz，这种频率习惯上称为<u>工频</u>。

周期与频率的关系是互为倒数关系，即

$$Tf = 1 \quad (2\text{-}2)$$

ω 是角频率，单位是弧度每秒（rad/s），与周期和频率的关系为

$$\omega = \frac{2\pi}{T} = 2\pi f \quad (2\text{-}3)$$

2. 最大值（幅值）和有效值

正弦量在变化过程中出现的最大瞬时值称为<u>最大值</u>，也称<u>振幅值</u>，简称振幅，常用大写字母加下标 m 表示，如 E_m、U_m、I_m 分别表示电动势、电压、电流的振幅。

在工程技术中，一般不用瞬时值，而是用有效值来表示。有效值是从能量的角度来进行等效定义的。若分别用交流电和直流电通过同一个电阻，在相同的时间内产生的热量相等，则直流电的电压值或电流值称为交流电的电压有效值或电流有效值。

图 2-2 中有两个相同电阻 R，其中一个电阻通一周期为 T 的交流电流 i，另一个电阻通一直流电流 I，在一个周期内电阻所消耗的电能分别为

图 2-2　有效值

$$W_\sim = \int_0^T Ri^2 dt \qquad W_- = RI^2 T$$

若两电阻消耗的电能相等，即 $W_\sim = W_-$，则

$$RI^2 T = \int_0^T Ri^2 dt$$

$$I = \sqrt{\frac{1}{T}\int_0^T i^2 dt} \quad (2\text{-}4)$$

式中，I 为交流电流 i 的有效值，又称<u>方均根值</u>。

若电流 $i = I_m \sin(\omega t + \varphi_i)$，代入式（2-4），则有

$$I = \sqrt{\frac{1}{T}\int_0^T i^2 \mathrm{d}t} = \sqrt{\frac{1}{T}\int_0^T I_m^2 \sin^2(\omega t + \varphi_i)\mathrm{d}t} = \frac{I_m}{\sqrt{2}}$$

$$I_m = \sqrt{2} I \quad (2\text{-}5)$$

同理

$$U_m = \sqrt{2} U \quad (2\text{-}6)$$

即正弦量的振幅值是有效值的 $\sqrt{2}$ 倍。

在交流电路中，一般所讲的电压或电流的大小都指的是有效值。例如交流电压220V，是指交流电压的有效值为220V，其最大值为 $220\sqrt{2}$ V = 310V。一般情况下交流电压表或电流表的读数，均指有效值。电气设备铭牌标注的额定值都是指有效值。电气设备的击穿电压或绝缘耐压是指最大值。电容器的额定电压值指最大值（振幅）。

3. 相位、初相位、相位差

电流为

$$i = I_m \sin(\omega t + \varphi_i)$$

式中，$\omega t + \varphi_i$ 叫作**相位角**，也称**相位**，简称**相**，用 φ 表示，即 $\varphi = \omega t + \varphi_i$，它反映了正弦量随时间变化的进程。当 $t = 0$ 时，$\varphi = \varphi_i$ 称为**初相位**，常用 φ_0 表示。

两个相位之间的差值称为**相位差**，用 $\Delta\varphi$ 表示，即

$$\Delta\varphi = \varphi_2 - \varphi_1 \quad (2\text{-}7)$$

设两个相同频率的正弦量 u、i 分别为

$$u = U_m \sin(\omega t + \varphi_u)$$

$$i = I_m \sin(\omega t + \varphi_i)$$

则它们的相位差为

$$\Delta\varphi = (\omega t + \varphi_u) - (\omega t + \varphi_i) = \varphi_u - \varphi_i$$

上式表明：两个相同频率的正弦量的相位差为其初相位之差，是一个与时间无关的定数。本书我们只讨论相同频率正弦量的相位差。

当 $\Delta\varphi > 0$ 时，说明电压 u 的相位超前电流 i 的相位，简称电压超前电流。如图2-3a 所示。

当 $\Delta\varphi < 0$ 时，说明电压 u 滞后电流 i。

当 $\Delta\varphi = 0$ 时，说明电压 u 与电流 i 同相。如图2-3b 所示。

当 $\Delta\varphi = \dfrac{\pi}{2}$ 时，说明电压 u 与电流 i 正交。如图2-3c 所示。

当 $\Delta\varphi = \pi$ 时，说明电压 u 与电流 i 反相。如图2-3d 所示。

【例2-1】 已知正弦量电流 i 的最大值 $I_m = 10A$，频率 $f = 50Hz$，初相位 $\varphi_0 = -45°$。（1）求此电流的周期和角频率；（2）写出电流 i 瞬时值表达式，并画出波形图。

【解】（1）周期 $T = \dfrac{1}{f} = \dfrac{1}{50}\text{s} = 0.02\text{s}$

角频率 $\omega = 2\pi f = 2 \times 3.14 \times 50 \text{rad/s} = 314 \text{rad/s}$

瞬时值表达式 $i = I_m \sin(\omega t + \varphi_0) = 10\sin(314t - 45°)\text{A}$

电流的波形图如图2-4 所示。

第2章 正弦交流电路分析

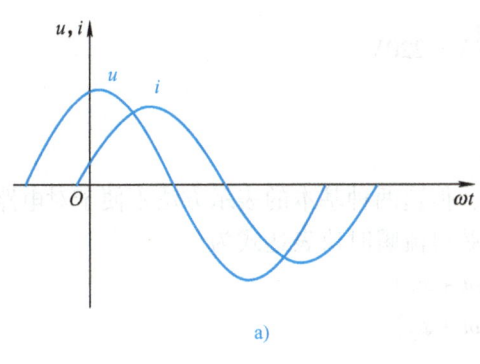

a)

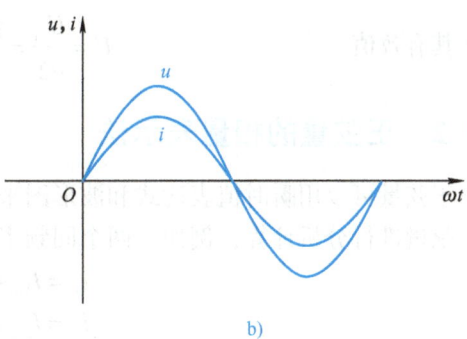

b)

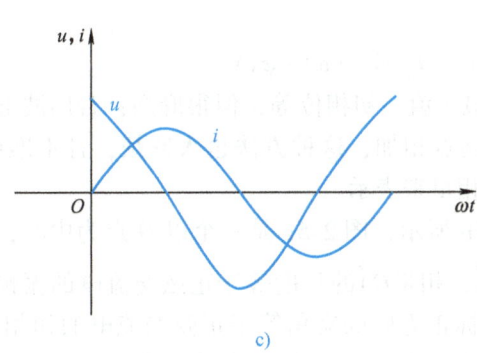

c)

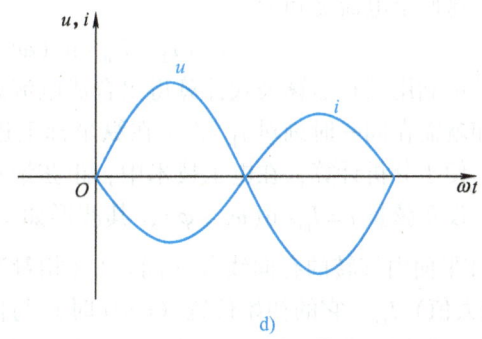

d)

图 2-3 相位关系

【例 2-2】 某电路中，电流、电压的表达式分别为 $i = 8\cos(\omega t + 30°)\text{A}$、$u_1 = 120\sin(\omega t + 60°)\text{V}$、$u_2 = 90\sin(\omega t + 45°)\text{V}$，（1）求 i 与 u_1 及 i 与 u_2 的相位关系；（2）如果选择 i 为参考正弦量，写出 i、u_1 与 u_2 的瞬时值表达式。

【解】 $i = 8\cos(\omega t + 30°)\text{A} = 8\sin(\omega t + 30° + 90°)\text{A} = 8\sin(\omega t + 120°)\text{A}$

（1）i 与 u_1 的相位差 $\Delta\varphi_1 = 120° - 60° = 60°$

则 i 超前 u_1 $60°$。

i 与 u_2 的相位差 $\Delta\varphi_2 = 120° - 45° = 75°$

则 i 超前 u_2 $75°$。

图 2-4 【例 2-1】电流波形图

（2）设 i 为参考正弦量，即 $\varphi_i = 0°$，则 $\varphi_{u1} = -60°$、$\varphi_{u2} = -75°$

所以 $i = 8\sin\omega t\,\text{A}$

$u_1 = 120\sin(\omega t - 60°)\text{V}$

$u_2 = 90\sin(\omega t - 75°)\text{V}$

【例 2-3】 已知某正弦交流电压在 $t = 0$ 时，其值 $u(0) = 110\sqrt{2}\,\text{V}$，初相为 $\varphi_0 = 30°$，求电压的有效值。

【解】 交流电压的瞬时值表达式为 $u = U_m\sin(\omega t + 30°)\text{V}$

当 $t = 0$ 时，$u(0) = U_m\sin 30°$

则 $U_m = \dfrac{u_{(0)}}{\sin 30°} = \dfrac{110\sqrt{2}}{\dfrac{1}{2}}\text{V} = 220\sqrt{2}\,\text{V}$

其有效值 $$U = \frac{U_m}{\sqrt{2}} = \frac{220\sqrt{2}}{\sqrt{2}}\text{V} = 220\text{V}$$

2.1.2 正弦量的相量表示法

正弦量可以用瞬时值表达式和波形图来表示,但这两种基本的表示方法不便于对电路中的正弦量进行分析计算,例如,两个同频率的正弦电流瞬时值表达式为

$$i_1 = I_{1m}\sin(\omega t + \varphi_1)$$
$$i_2 = I_{2m}\sin(\omega t + \varphi_2)$$

这两个电流之和为

$$i = i_1 + i_2 = I_{1m}\sin(\omega t + \varphi_1) + I_{2m}\sin(\omega t + \varphi_2)$$

可利用三角运算公式计算得出合成电流 i 的最大值、初相位等,但很麻烦;若用波形图求和就需在同一时刻对 i_1 和 i_2 在纵坐标上进行逐点相加,这种方法也太麻烦,且不准确。为了便于分析计算,在电工技术中,正弦量常用相量来表示。

设正弦量 $i = I_m\sin(\omega t + \varphi)$,其波形如图 2-5b 所示,图 2-5a 是一个以 O 点为中心,在 $X-Y$ 平面内旋转的有向线段(向量)(相量)$\overrightarrow{OA}$,相量 $\overrightarrow{OA}$ 的长度等于正弦交流电的振幅值(最大值)I_m,它的初始位置($t=0$ 时)与横坐标正方向的夹角等于正弦交流电的初相 φ,并以角频率 ω 做逆时针方向旋转。这样,这个旋转相量在纵坐标轴上的投影是一个随时间按正弦规律变化的,于是正弦量就可由此旋转相量来表示。例如:当 $t=0$ 时,$i_{(0)} = I_m\sin\varphi$;当 $t = t_1$ 时,$i_{(t1)} = I_m\sin(\omega t_1 + \varphi)$。

图 2-5 用旋转向量表示正弦量

用旋转相量表示正弦量时,可以对图 2-5a 进行简化,通常只用初始位置 $t=0$ 时的相量,如图 2-6 所示,图中 $\dot{I}_m$ 表示电流的最大值(幅值)相量,$\dot{I}$ 表示电流的有效值相量。其数学表达式为

幅值相量: $\dot{I}_m = I_m \underline{/\varphi}$

有效值相量: $\dot{I} = I \underline{/\varphi}$

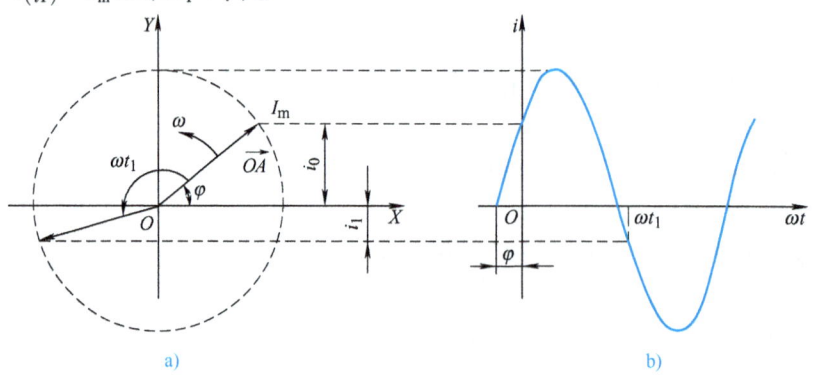

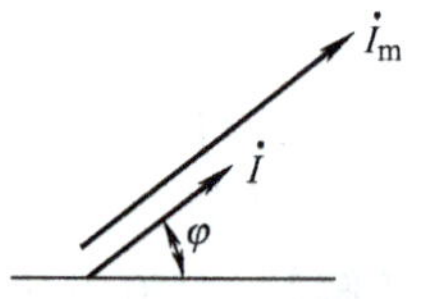

图 2-6 正弦量的相量表示

几个相同频率的正弦量相量可以画在同一个图上,这样的图称为<u>相量图</u>。在相量图中能清晰地看出各正弦量的大小和相互之间的相位关系。逆时针方向

为超前，顺时针方向为滞后，作相量图时应注意，当正弦量的初相位为正时，相量应逆时针方向旋转一个角度；初相位为负时，相量应顺时针方向旋转一个角度。如图 2-7 所示，$\dot{U}_m$ 和 $\dot{I}_m$ 分别是电压 $u = U_m\sin(\omega t + 45°)$ V 和电流 $i = I_m\sin(\omega t - 20°)$ A 的相量，电压 u 超前电流 i 65°角。

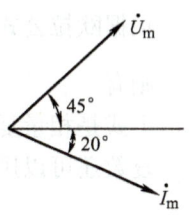

图 2-7 相量图

值得注意的是：只有正弦量才能用相量表示，相量不能表示非正弦量；相量仅是正弦量的一种表示方法，并不等于正弦量；且只有同频率正弦量的相量才能画在同一图上；在同一相量图上可进行相量的加减运算。

【例 2-4】 已知 $i_1 = 8\sin\left(314t + \dfrac{\pi}{3}\right)$ A，$i_2 = 6\sin\left(314t - \dfrac{\pi}{6}\right)$ A，求 $i = i_1 + i_2$。

【解】 画出 i_1 的相量 $\dot{I}_{1m}$ 和 i_2 的相量 $\dot{I}_{2m}$（如图 2-8 所示），以这两个相量为邻边，作出平行四边形，即为一矩形，连接从原点出发的对角线，则为两相量之和，也就是总电流的相量 $\dot{I}_m$，其幅值

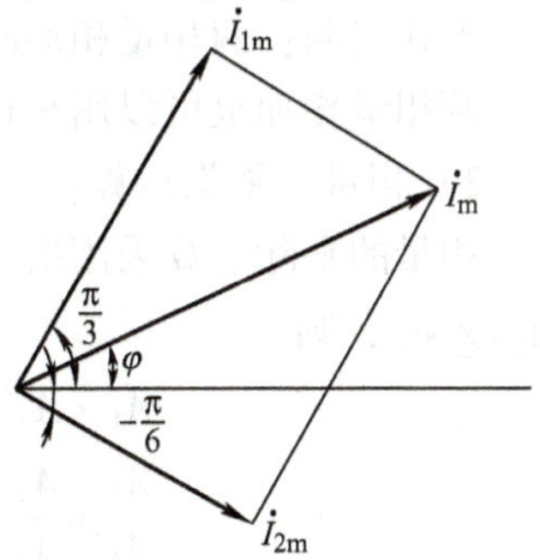

$$I_m = \sqrt{I_{1m}^2 + I_{2m}^2} = \sqrt{8^2 + 6^2}\,\text{A} = 10\,\text{A}$$

总电流的初相位 φ 为

图 2-8 【例 2-4】相量图

$$\varphi = \arctan\dfrac{I_{1m}\sin\dfrac{\pi}{3} - I_{2m}\sin\dfrac{\pi}{6}}{I_{1m}\cos\dfrac{\pi}{3} + I_{2m}\cos\dfrac{\pi}{6}} = \arctan\dfrac{8\times 0.866 - 6\times 0.5}{8\times 0.5 + 6\times 0.866} \approx \arctan 0.427 = 23.1°$$

所以总电流的瞬时值表达式为

$$i = 10\sin(314t + 23.1°)\,\text{A}$$

正弦量可以用相量来表示，而相量又可以用复数表示，因而正弦量可以用复数表示，用复数表示正弦量的方法称为<u>正弦量的复数表示法</u>。正弦量用复数表示后，对交流电路的分析计算就变为复数运算。

在复平面内有一相量 $\dot{A}$，在实轴上的投影即为实部 a，在虚轴上的投影即为虚部 b，如图 2-9 所示，于是有

$$\dot{A} = a + b\text{j} \tag{2-8}$$

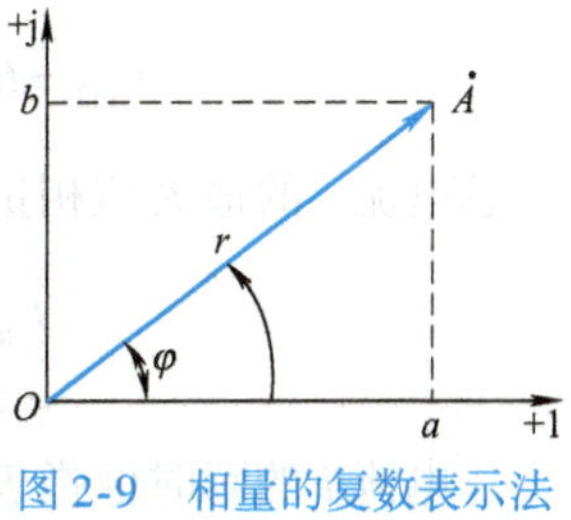

图 2-9 相量的复数表示法

该复数的模，即相量的大小为

$$|A| = \sqrt{a^2 + b^2}$$

它代表正弦量振幅值或有效值，该相量与实轴夹角 φ 就是正弦量的初相位 $\varphi = \arctan\dfrac{b}{a}$。

因为 $a = |A|\cos\varphi$
      $b = |A|\sin\varphi$

于是有 $\dot{A} = |A|\cos\varphi + \text{j}|A|\sin\varphi = |A|(\cos\varphi + \text{j}\sin\varphi)$ (2-9)

式 (2-8)、式 (2-9) 分别是<u>相量复数的代数式和三角式</u>。

根据欧拉公式：
$$\cos\varphi + j\sin\varphi = e^{j\varphi}$$

则有
$$\dot{A} = |A|e^{j\varphi} \tag{2-10}$$

上式是相量复数的指数式。

复数还可以用极坐标形式表示为
$$\dot{A} = |A|\underline{/\varphi} \tag{2-11}$$

在交流电路中，相量的加、减运算用代数式，相量的乘、除运算用指数式或极坐标式。

1) 相量的加减运算：

设有两个相量 $A_1 = a_1 + jb_1$，$A_2 = a_2 + jb_2$，则两相量的加减运算为
$$A = A_1 \pm A_2 = (a_1 \pm a_2) + j(b_1 \pm b_2)$$

上式表明：两相量相加减为同方向的量相加减。

两相量相加也可以用平行四边形法则进行。

2) 相量的乘除运算：

相量的乘除运算采用指数或极坐标形式较为方便。设有两个复数 $A_1 = |A_1|\underline{/\varphi_1}$，$A_2 = |A_2|\underline{/\varphi_2}$，则
$$A_1 \cdot A_2 = |A_1|\underline{/\varphi_1}\,|A_2|\underline{/\varphi_2} = |A_1||A_2|\underline{/\varphi_1 + \varphi_2}$$

$$\frac{A_1}{A_2} = \frac{|A_1|\underline{/\varphi_1}}{|A_2|\underline{/\varphi_2}} = \frac{A_1}{A_2}\underline{/\varphi_1 - \varphi_2}$$

上式表明：两相量相乘为模相乘，辐角相加；两相量相除为模相除，辐角相减。

【例 2-5】 试用相量的复数形式求例 2-4 中的总电流 i，并写出 i 的瞬时值表达式。

【解】 由 $i_1 = 8\sin(314t + \frac{\pi}{3})$ A 及 $i_2 = 6\sin(314t - \frac{\pi}{6})$ A 可得最大值相量的复数形式分别为

$$\dot{I}_{m1} = 8\underline{/\frac{\pi}{3}}\text{ A} = 8(\cos\frac{\pi}{3} + j\sin\frac{\pi}{3})\text{ A} = (4 + j6.928)\text{ A}$$

$$\dot{I}_{m2} = 6\underline{/\frac{\pi}{6}}\text{ A} = 6(\cos\frac{\pi}{6} - j\sin\frac{\pi}{6})\text{ A} = (5.196 - j3)\text{ A}$$

总电流 i 的最大值相量为
$$\dot{I}_m = \dot{I}_{1m} + \dot{I}_{2m} = (4 + j6.928 + 5.196 - j3)\text{ A}$$
$$= (9.196 + j3.928)\text{ A} = 10\underline{/23.1°}\text{ A}$$

总电流 i 的瞬时值指表达式
$$i = 10\sin(314t + 23.1°)\text{ A}$$

该结果与例 2-4 相同。

2.2 单一参数的正弦交流电路

2.2.1 电阻元件

如图 2-10 所示，设通过电阻 R 的正弦电流为

$$i_R = \sqrt{2}I_R\sin(\omega t + \varphi_i) \qquad (2\text{-}12)$$

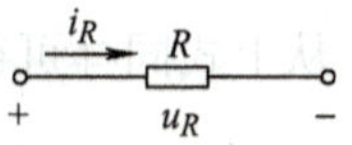

根据欧姆定律可知，电阻 R 两端的电压为

$$u_R = iR = \sqrt{2}I_R R\sin(\omega t + \varphi_i) = \sqrt{2}U_R\sin(\omega t + \varphi_u) \qquad (2\text{-}13)$$

式中，$U_R = I_R R$；$\varphi_u = \varphi_i$。

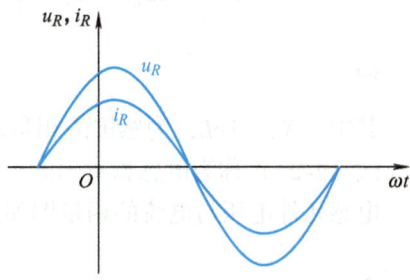

图 2-10　电阻元件

从式（2-13）可看出，电压 u_R 与电流 i_R 是两个频率相等、相位相同的正弦量。其电压与电流的波形如图 2-11 所示。

下面用相量进行分析。如图 2-12 所示，根据式（2-12）得电流的相量形式为

$$\dot{I}_R = I_R \angle \varphi_i \qquad (2\text{-}14)$$

根据式（2-13）得电压的相量形式为

图 2-11　电阻元件电压与电流波形图

$$\dot{U}_R = I_R R \angle \varphi_i = U_R \angle \varphi_u \qquad (2\text{-}15)$$

从式（2-15）同样得到 $U_R = I_R R$，$\varphi_u = \varphi_i$

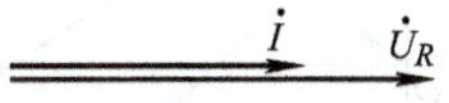

式（2-15）还可表示为 $\dot{U}_R = I_R R \angle \varphi_i = RI_R \angle \varphi_i = R\dot{I}_R$

即

$$\dot{U}_R = R\dot{I}_R \qquad (2\text{-}16)$$

图 2-12　电阻元件的相量图

上式称为电阻元件相量形式的欧姆定律。

2.2.2　电感元件

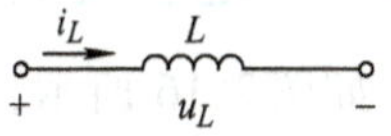

如图 2-13 所示，设流过电感 L 的电流为

$$i_L = \sqrt{2}I_L\sin(\omega t + \varphi_i) \qquad (2\text{-}17)$$

图 2-13　电感元件

根据电感元件的 VCR 关系式［式(1-12)］得电感两端的电压为

$$u_L = L\frac{di}{dt} = \sqrt{2}I_L\omega L\sin\left(\omega t + \varphi_i + \frac{\pi}{2}\right) = \sqrt{2}U_L\sin(\omega t + \varphi_u) \qquad (2\text{-}18)$$

式中，$U_L = I_L \omega L$；$\varphi_u = \varphi_i + \frac{\pi}{2}$。

由式（2-18）可看出：电感元件的电压与电流是同频率的正弦量，电压超前电流 $\frac{\pi}{2}$。其电压与电流的波形如图 2-14 所示。

令 $\omega L = X_L$，称为感抗，则有

$$X_L = \frac{U_L}{I_L} = \omega L = 2\pi f L \qquad (2\text{-}19)$$

感抗的单位为 Ω（欧姆）。

式（2-17）的相量形式为

$$\dot{I}_L = I_L \angle \varphi_i \qquad (2\text{-}20)$$

式（2-18）的相量形式为

$$\dot{U}_L = \omega L I_L \angle \varphi_i + \frac{\pi}{2} = U_L \angle \varphi_u \qquad (2\text{-}21)$$

从上式同样可得 $U_L = \omega L I_L$，$\varphi_u = \varphi_i + \dfrac{\pi}{2}$

式（2-21）还可表示为

$$\dot{U}_L = \omega L I_L \underline{/\varphi_i + \dfrac{\pi}{2}} = \omega L \underline{/\dfrac{\pi}{2}} \cdot I_L \underline{/\varphi_i} = \mathrm{j}\omega L \, \dot{I}_L = \dot{X}_L \dot{I}_L$$

即
$$\dot{U}_L = \dot{X}_L \dot{I}_L \qquad (2\text{-}22)$$

其中，$\dot{X}_L = \mathrm{j}\omega L$，为感抗的相量表示形式。

式（2-22）称为<u>电感相量形式的欧姆定律</u>。

电感元件电压与电流的相量图如图 2-15 所示。

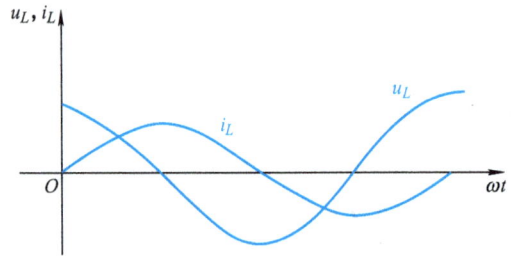

图 2-14 电感的电压、电流波形图

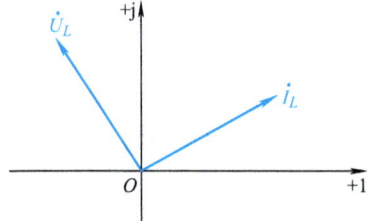

图 2-15 电感的电压、电流相量图

2.2.3 电容元件

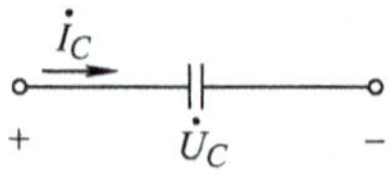

如图 2-16 所示，设流过电容 C 的电压为

$$u_C = \sqrt{2}\,U_C \sin(\omega t + \varphi_u) \qquad (2\text{-}23)$$

图 2-16 电容元件

根据电容元件的 VCR 关系式[式(1-15)]可得流过电容的电流为

$$i_C = C\dfrac{\mathrm{d}u_C}{\mathrm{d}t} = \sqrt{2}\,\omega C U_C \sin\!\left(\omega t + \varphi_u + \dfrac{\pi}{2}\right) = \sqrt{2}\,I_C \sin(\omega t + \varphi_i) \qquad (2\text{-}24)$$

式中，$I_C = \omega C U_C$；$\varphi_i = \varphi_u + \dfrac{\pi}{2}$。

从式（2-24）可看出：电容元件的电压与电流是同频率的正弦量，电流超前电压 $\dfrac{\pi}{2}$。其电压与电流的波形如图 2-17 所示。

令 $\dfrac{1}{\omega C} = X_C$，称为<u>容抗</u>，则有

$$X_C = \dfrac{U_C}{I_C} = \dfrac{1}{\omega C} = \dfrac{1}{2\pi f C} \qquad (2\text{-}25)$$

容抗的单位为 Ω（欧姆）。

式（2-23）的相量形式为

$$\dot{U}_C = U_C \underline{/\varphi_u} \qquad (2\text{-}26)$$

式（2-24）的相量形式为

$$\dot{I}_C = \omega C U_C \underline{/\varphi_u + \frac{\pi}{2}} = \dot{I}_C \underline{/\varphi_i} \tag{2-27}$$

同样可得：$I_C = \omega C U_C$，$\varphi_i = \varphi_u + \frac{\pi}{2}$。

式（2-27）还可表示为

$$\dot{I}_C = \omega C U_C \underline{/\varphi_u + \frac{\pi}{2}} = \omega C \underline{/\frac{\pi}{2}} \cdot U_C \underline{/\varphi_u} = j\omega C \dot{U}_C$$

则有

$$\dot{U}_C = \frac{1}{j\omega C} \dot{I}_C = \dot{X}_C \dot{I}_C \tag{2-28}$$

其中，$\dot{X}_C = \frac{1}{j\omega C}$，为容抗的相量表示形式。

式（2-28）称为电容相量形式的欧姆定律。电容元件的电压与电流的相量图如图 2-18 所示。

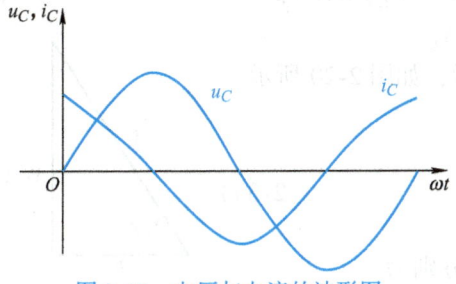

图 2-17 电压与电流的波形图

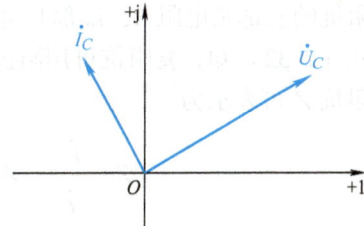

图 2-18 电压与电流的相量图

2.3 电阻、电感、电容元件串联电路

2.3.1 基尔霍夫定律的相量形式

基尔霍夫电流定律指出，在任一瞬时，电路在任一节点的电流的代数和为零，即

$$\sum i = 0$$

在正弦交流电路中，任一节点所有电流相量的代数和为零，即

$$\sum \dot{I} = 0 \tag{2-29}$$

基尔霍夫电压定律指出，在任一瞬时，电路在任一闭合回路的电压的代数和为零，即

$$\sum u = 0$$

在正弦交流电路中，任一闭合回路所有电压相量的代数和为零，即

$$\sum \dot{U} = 0 \tag{2-30}$$

2.3.2 *RLC* 串联电路分析

图 2-19 所示是电阻、电感和电容串联电路，设流过的电流为

$$i = \sqrt{2}I\sin\omega t$$

根据基尔霍夫定律有

$$u = u_R + u_L + u_C$$

将各正弦量转换成相量，则有

$$\dot{U} = \dot{U}_R + \dot{U}_L + \dot{U}_C$$

式中，$\dot{U}_R = R\dot{I}$；$\dot{U}_L = \dot{X}_L \dot{I}$；$\dot{U}_C = \dot{X}_C \dot{I}$。

所以有

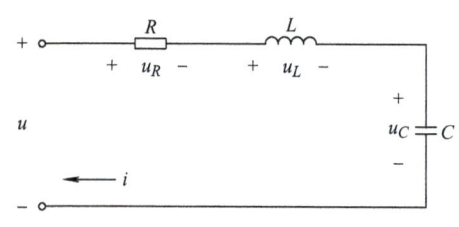

图 2-19　RLC 串联电路

$$\dot{U} = R\dot{I} + \dot{X}_L \dot{I} + \dot{X}_C \dot{I} = [R + j(\omega L - \frac{1}{\omega C})]\dot{I} = Z\dot{I} \quad (2\text{-}31)$$

其中，$\dot{U} = Z\dot{I}$，称为欧姆定律的相量形式，Z 称为 RLC 串联电路的复阻抗，单位是 Ω（欧姆）。

$$Z = R + \dot{X}_L + \dot{X}_C = R + j(X_L - X_C) = R + jX \quad (2\text{-}32)$$

复阻抗的实部是电阻 R，虚部是电抗 $X = X_L - X_C$。

由式（2-32）知，复阻抗可用阻抗三角形表示，如图 2-20 所示。

复阻抗 Z 可表示为

$$Z = \frac{\dot{U}}{\dot{I}} = |Z|\underline{/\varphi} \quad (2\text{-}33)$$

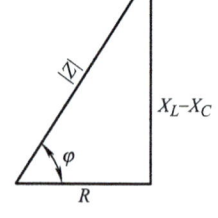

图 2-20　阻抗三角形

其中，$|Z|$ 为复阻抗的模，φ 为阻抗角，它们分别为

$$|Z| = \sqrt{R^2 + X^2} = \sqrt{R^2 + (X_L - X_C)^2}$$

$$\varphi = \arctan\frac{X_L - X_C}{R} \quad (2\text{-}34)$$

阻抗角 φ 也是电压与电流的相位差，即 $\varphi = \varphi_u - \varphi_i$

得到：当 $X_L = X_C$ 时，$\varphi = 0$，$Z = R$，电路称为电阻性电路；

当 $X_L > X_C$ 时，$\varphi > 0$，电路称为电感性电路；

当 $X_L < X_C$ 时，$\varphi < 0$，电路称为电容性电路。

图 2-21 为 RLC 串联电路的电压相量图。

【例 2-6】　在 RLC 串联电路中，$R = 30\Omega$，$X_L = 40\Omega$，$X_C = 80\Omega$，若电源电压 $u = 220\sqrt{2}\sin\omega t \text{V}$，求电路的电流，电阻、电感和电容的电压。

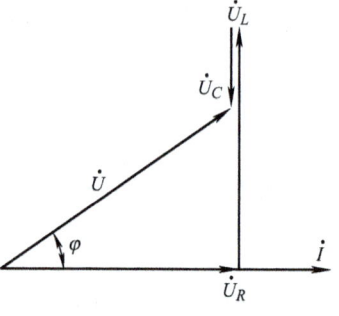

图 2-21　相量图

【解】　由于 $u = 220\sqrt{2}\sin\omega t\text{V}$，则有

$$\dot{U} = 220\underline{/0°}\text{ V}$$

$$Z = R + \dot{X}_L + \dot{X}_C = R + j(X_L - X_C) = 30\Omega + j(40 - 80)\Omega = 50\underline{/-53°}\,\Omega$$

$$\dot{I} = \frac{\dot{U}}{Z} = \frac{220\underline{/0°}}{50\underline{/-53°}}\text{ A} = 4.4\underline{/53°}\text{ A}$$

$$\dot{U}_R = R\dot{I} = 30 \times 4.4 \underline{/53°} \text{ V} = 132 \underline{/53°} \text{ V}$$

$$u_R = 132\sqrt{2}\sin(\omega t + 53°) \text{ V}$$

$$\dot{U}_L = \dot{X}_L \dot{I} = jX_L \dot{I} = 40 \underline{/90°} \times 4.4 \underline{/53°} \text{ V} = 176 \underline{/143°} \text{ V}$$

$$u_L = 176\sqrt{2}\sin(\omega t + 143°) \text{ V}$$

$$\dot{U}_C = \dot{X}_C \dot{I} = -jX_C \dot{I} = 80 \underline{/-90°} \times 4.4 \underline{/53°} \text{ V} = 352 \underline{/-37°} \text{ V}$$

$$u_C = 352\sqrt{2}\sin(\omega t - 37°) \text{ V}$$

注意：$U \ne U_R + U_L + U_C$，而应该是 $\dot{U} = \dot{U}_R + \dot{U}_L + \dot{U}_C$，即相量相加。

2.4 阻抗的连接与功率

阻抗的串联与并联的分析方法与电阻的串联与并联的分析方法相同。

2.4.1 阻抗的串联

在图 2-22 所示电路中，有 n 个阻抗串联，其特点有：
1）通过各阻抗的电流相等，即

$$\dot{I}_1 = \dot{I}_2 = \cdots = \dot{I}_n \qquad (2\text{-}35)$$

2）总电压为各分电压之和，即

$$\dot{U} = \dot{U}_1 + \dot{U}_2 + \cdots + \dot{U}_n \qquad (2\text{-}36)$$

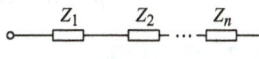

图 2-22 阻抗串联

3）总阻抗（等效阻抗）Z 等于各阻抗之和，即

$$Z = Z_1 + Z_2 + \cdots + Z_n \qquad (2\text{-}37)$$

4）各阻抗两端电压与其阻抗成正比，即

$$\frac{\dot{U}_1}{\dot{U}_2} = \frac{Z_1}{Z_2}, \qquad \frac{\dot{U}_1}{\dot{U}} = \frac{Z_1}{Z} \qquad (2\text{-}38)$$

若两个阻抗串联，则有

$$\dot{U}_1 = \frac{Z_1}{Z_1 + Z_2}\dot{U} \qquad (2\text{-}39)$$

2.4.2 阻抗的并联

在图 2-23 所示电路中，有 n 个阻抗并联，其特点有：
1）各阻抗两端电压相等，即

$$\dot{U}_1 = \dot{U}_2 = \cdots = \dot{U}_n \qquad (2\text{-}40)$$

2）总电流为各分电流之和，即

$$\dot{I} = \dot{I}_1 + \dot{I}_2 + \cdots + \dot{I}_n \qquad (2\text{-}41)$$

3）总阻抗（等效阻抗）Z 的倒数等于各阻抗倒数之

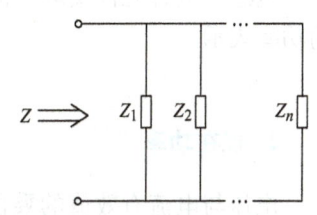

图 2-23 阻抗并联

和，即

$$\frac{1}{Z} = \frac{1}{Z_1} + \frac{1}{Z_2} + \cdots + \frac{1}{Z_n} \tag{2-42}$$

4）通过各阻抗的电流与其阻抗成反比，即

$$\frac{\dot{I}_1}{\dot{I}_2} = \frac{Z_2}{Z_1}, \quad \frac{\dot{I}_1}{\dot{I}} = \frac{Z}{Z_1} \tag{2-43}$$

若两个阻抗并联，则有

$$\dot{I}_1 = \frac{Z_2}{Z_1 + Z_2} \dot{I} \tag{2-44}$$

2.4.3　正弦交流电路的功率

设通过一阻抗 Z 的电流为 $i = \sqrt{2}I\sin\omega t$，其两端电压为 $u = \sqrt{2}U\sin(\omega t + \varphi)$。

1. 瞬时功率

$$p = ui = \sqrt{2}U\sin(\omega t + \varphi) \times \sqrt{2}I\sin\omega t = UI[\cos\varphi - \cos(2\omega t + \varphi)] \tag{2-45}$$

2. 平均功率

一个周期内瞬时功率的平均值称为平均功率，它反映电路实际消耗的电功率，通常称为有功功率，即

$$P = \frac{1}{T}\int_0^T p\,dt = \frac{1}{T}\int_0^T UI[\cos\varphi - \cos(2\omega t + \varphi)]\,dt = UI\cos\varphi \tag{2-46}$$

式中，$\cos\varphi$ 称为电路的功率因数，电工技术中一般用 λ 表示，即 $\lambda = \cos\varphi$。

电路的有功功率不仅与电流、电压的有效值有关，还与电压与电流相位差的余弦（功率因数）有关。

对于纯电阻元件 R 有　　　　　$\varphi = 0, P_R = U_R I_R = I_R^2 R \geq 0$

对于纯电感元件 L 有　　　　　$\varphi = \frac{\pi}{2}, P_L = U_L I_L \cos\frac{\pi}{2} = 0$

对于纯电容元件 C 有　　　　　$\varphi = -\frac{\pi}{2}, P_C = U_C I_C \cos(-\frac{\pi}{2}) = 0$

可见，在正弦交流电路中，电阻元件是耗能元件，电感元件、电容元件不是耗能元件。

3. 无功功率

电感、电容元件实际不消耗电能，但它们也有能量的相互转换，其能量转换的大小用无功功率表示。

$$Q = UI\sin\varphi \tag{2-47}$$

4. 视在功率

电压与电流有效值的乘积称为视在功率，即

$$S = UI \tag{2-48}$$

视在功率常用来表示电气设备的容量，即 $S_N = U_N I_N$，也称为额定视在功率。

为了区分这几种功率，有功功率的单位用 W（瓦特），无功功率的单位用 var（乏），视在功率的单位用 V·A（伏安）。

5. 功率三角形

有功功率、无功功率和视在功率三者可构成一直角三角形，称为功率三角形，如图 2-24 所示。三者之间的关系为

$$P = S\cos\varphi, Q = S\sin\varphi, S = \sqrt{S^2 + Q^2}$$

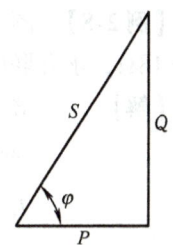

图 2-24 功率三角形

【例 2-7】 已知电阻 $R = 30\Omega$，电感 $L = 382\text{mH}$，电容 $C = 40\mu\text{F}$，串联后接到电压 $u = 220\sqrt{2}\sin(314t + 30°)\text{V}$ 的电源上，求电路的 P、Q 和 S。

【解】 电路的阻抗为

$$Z = R + j(X_L - X_C) = 30\Omega + j(314 \times 382 \times 10^{-3} - \frac{1}{314 \times 40 \times 10^{-6}})\Omega$$

$$= 30\Omega + j(120 - 80)\Omega = 30\Omega + j40\Omega = 50\underline{/53.16°}\ \Omega$$

$$\dot{I} = \frac{\dot{U}}{Z} = \frac{220\underline{/30°}}{50\underline{/53°}}\text{A} = 4.4\underline{/-23°}\text{A}$$

$$P = UI\cos\varphi = 220 \times 4.4\cos53.16°\text{W} = 581\text{W}$$

$$Q = UI\sin\varphi = 220 \times 4.4\sin53.16°\text{var} = 774\text{var}$$

$$S = UI = 220 \times 4.4\text{V}\cdot\text{A} = 968\text{V}\cdot\text{A}$$

6. 功率因数的提高

提高功率因数能充分利用电源设备容量。每台发电设备都有一定的额定容量 $S_N = U_N I_N$，它能提供给负载的有功功率为 $P = U_N I_N \cos\varphi$，$\cos\varphi$ 越高，其输出的有功功率 P 就越大。提高功率因数还能减少供电线路的功率及电压损耗，提高供电效率。当电源电压 U 及输出有功功率 P 一定时，$\cos\varphi$ 越低，线路电流 I 越大，而线路的功率及电压损耗分别为 $P_1 = R_1 I^2$、$U_1 = IR_1$ 就越大，反之，$\cos\varphi$ 越大，线路电流就越小，则线路的功率及电压损耗就越低。所以，《全国供用电规则》规定，高压供电的工业企业平均功率因数应不低于 0.95，其他单位应不低于 0.9。

大多数负载是电感性的，可用电阻 R 和电感 L 串联的等效电路表示，提高功率因数常用方法就是在感性负载两端并联电容器，如图 2-25a 所示，使电感的无功功率和电容的无功功率进行补偿，因此此方法称为并联电容补偿法。有时还可采用同步电动机来提高用电系统的功率因数。两者比较，电容补偿简单易行，损耗小，是当前较常用的一种方法。需注意的是，提高功率因数是提高整个线路的功率因数，感性负载自身的功率因数是无法改变的。

图 2-25b 为图 2-25a 所示电路中各电量的

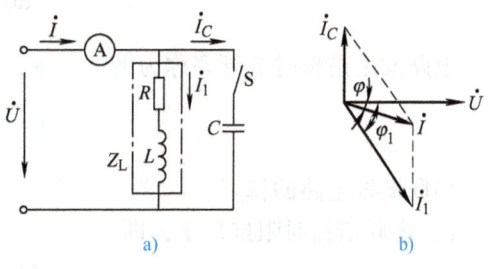

图 2-25 功率因数的提高

相量图，在未并联电容前，负载的功率因数为 $\cos\varphi_1$，负载所消耗的有功功率为 $P = UI\cos\varphi_1$，其电流为 $\dot{I}_1$。并联电容后，电路的总电流为 $\dot{I} = \dot{I}_1 + \dot{I}_C$，$\dot{U}$ 与 $\dot{I}$ 的相位差 $\varphi < \varphi_1$，则 $\cos\varphi > \cos\varphi_1$，即电路的功率因数提高了。并联电容后也使电路的总电流减少，电容的无功功率抵偿了感性负载的部分无功功率，从而减少了电源与负载间的能量互换。

【例 2-8】 图 2-25a 所示电路中，电压 $U = 220V$，感抗 $X_L = 8\Omega$，电阻 $R = 6\Omega$，容抗 $X_C = 18\Omega$，求并联电容前后的功率因数 $\cos\varphi_1$ 与 $\cos\varphi$。

【解】
$$Z_1 = R + jX_L = (6 + j8)\Omega = 10\angle 53°\ \Omega$$

$$\cos\varphi_1 = \cos 53° = 0.6,\ \sin\varphi_1 = \sin 53° = 0.8$$

$$I_1 = \frac{U}{|Z|} = \frac{220}{10}A = 22A,\ I_C = \frac{U}{X_C} = \frac{220}{18}A = 12.2A$$

$$I = \sqrt{(I_1\cos\varphi_1)^2 + (I_1\sin\varphi_1 - I_C)^2} = \sqrt{(22\times 0.6)^2 + (22\times 0.8 - 12.2)^2}A$$

$$= \sqrt{13.2^2 + 5.4^2}A = 14.3A$$

$$\cos\varphi = \frac{I_1\cos\varphi_1}{I} = 0.92$$

2.5 谐振电路

在交流电路中，当电压与电流同相位时，即电路呈现电阻性电路，称此时的电路处于谐振状态，这样的电路叫谐振电路。谐振现象在电子与无线电技术中应用广泛，而在电力系统中应尽量避免，减少危害。

2.5.1 串联谐振

在 RLC 串联电路中，当 $X_L = X_C$ 时，电压与电流同相位，阻抗角 $\varphi = 0°$，电路呈电阻性电路，这种谐振称为**串联谐振**。其谐振条件为

$$X_L = X_C$$

$$\omega L = \frac{1}{\omega C}$$

$$\omega = \frac{1}{\sqrt{LC}}$$

电路发生谐振时的角频率称为**谐振角频率**，用 ω_0 表示，则

$$\omega_0 = \frac{1}{\sqrt{LC}}$$

电路发生谐振时的频率称为**谐振频率**，用 f_0 表示，则

$$f_0 = \frac{1}{2\pi\sqrt{LC}} \tag{2-49}$$

串联谐振电路的特点：
1) 串联谐振时阻抗最小，即

$$|Z_0| = \sqrt{R^2 + (X_L - X_C)^2} = R$$

2）串联谐振时电流最大，即

$$I_0 = \frac{U}{|Z_0|} = \frac{U}{R}$$

3）串联谐振时 $\dot{U}_L = -\dot{U}_C$，可相互抵消，则电阻的电压等于电源电压，即

$$\dot{U}_R = \dot{U}$$

我们把谐振时的感抗 X_L 或容抗 X_C 称为特性阻抗，用 ρ 表示，即

$$\rho = \omega_0 L = \frac{1}{\omega_0 C} = \sqrt{\frac{L}{C}} \tag{2-50}$$

特性阻抗与电阻的比值称为<u>谐振电路的品质因数</u>，用 Q 表示，即

$$Q = \frac{\omega_0 L}{R} = \frac{1}{R\omega_0 C} = \frac{1}{R}\sqrt{\frac{L}{C}} \tag{2-51}$$

因为

$$U_L = IX_L = \frac{U}{R}X_L, \quad U_C = IX_C = \frac{U}{R}X_C$$

所以

$$\frac{U_L}{U} = \frac{X_L}{R} = \frac{\omega_0 L}{R}, \quad \frac{U_C}{U} = \frac{X_C}{R} = \frac{1}{\omega_0 CR}$$

$$Q = \frac{U_L}{U} = \frac{U_C}{U} \tag{2-52}$$

于是，品质因数 Q 也可用谐振时电感上的电压 U_L 或电容上的电压 U_C 与电源电压的比值来表示。

当 $X_L = X_C > R$ 时，则 U_L 与 U_C 要比电源电压 U 高，甚至是电源电压的许多倍，所以串联谐振也称为<u>电压谐振</u>。

在交流电路中，阻抗随频率变化而变化，当电源电压不变时，电流也将随频率变化，将电流随频率变化的曲线称为<u>谐振曲线</u>，如图 2-26 所示。

工程上规定，当电路的电流为 $I = \frac{I_0}{\sqrt{2}}$ 时，谐振曲线所对应的上、下限频率之间的范围称为电路的通频带，如图 2-26 所示，通频带为 $f_W = f_2 - f_1$。

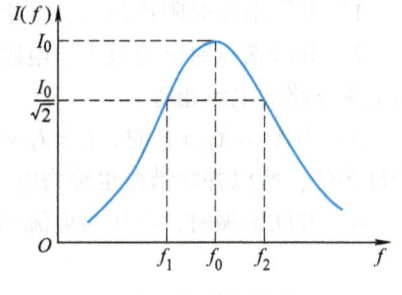

图 2-26 谐振曲线

在谐振曲线中，Q 值越大，曲线就越尖锐，则通频带就越窄，选择性就越好；Q 值越小，曲线就越平坦，则通频带就越宽，数据的传输性就越好。

【**例 2-9**】 在 RLC 串联谐振电路中，$L = 0.05\text{mH}$，$C = 200\text{pF}$，品质因数 $Q = 100$，交流电压为 $U = 1\text{mV}$。试求：（1）电路的谐振频率 f_0；（2）谐振电路中的电流 I；（3）电容上的电压 U_C。

【**解**】 （1）电路的谐振频率为

$$f_0 = \frac{1}{2\pi\sqrt{LC}} = \frac{1}{2 \times 3.14 \times \sqrt{5 \times 10^{-5} \times 200 \times 10^{-12}}}\text{Hz} = 1.59\text{MHz}$$

(2) 根据品质因数 $Q = \frac{1}{R}\sqrt{\frac{L}{C}}$ 得

$$R = \frac{1}{Q}\sqrt{\frac{L}{C}} = \frac{1}{100}\sqrt{\frac{5 \times 10^{-5}}{200 \times 10^{-12}}}\Omega = 5\Omega$$

谐振电路中的电流为 $I = \frac{U}{R} = \frac{1}{5}\text{mA} = 0.2\text{mA}$

(3) 根据品质因数 $Q = \frac{U_C}{U}$ 得电容上的电压为 $U_C = QU = 100 \times 1\text{mV} = 100\text{mV} = 0.1\text{V}$

2.5.2 并联谐振

当信号源内阻很大时，采用串联谐振会使 Q 值大大降低，从而使谐振电路的选择性变差，在此常采用并联谐振电路。

RLC 并联电路中，当电路呈现电阻性电路时，电路就发生谐振现象，称为并联谐振。在并联谐振电路中有

$$\dot{I} = \dot{I}_R + \dot{I}_L + \dot{I}_C = \frac{\dot{U}}{Z} = \dot{U}\left(\frac{1}{R} + \frac{1}{j\omega L} + j\omega C\right) = \dot{U}\left[\frac{1}{R} + j\left(\omega C - \frac{1}{\omega L}\right)\right]$$

上式中，只有虚部为零，电压与电流才能同相，电路呈现电阻性电路，则有

$$\omega C = \frac{1}{\omega L}$$

于是，谐振角频率和谐振频率分别为 $\omega_0 = \frac{1}{\sqrt{LC}}, \quad f_0 = \frac{1}{2\pi\sqrt{LC}}$

与串联谐振的表达式相同。

并联谐振的特点：

1) 并联谐振时阻抗最大，等于其电阻值。
2) 并联谐振时电流最小。电感电流与电容电流的数值相等，相位相反，电路的总电流与电阻支路的电流相等。
3) 当 $X_L = X_C > R$ 时，$I_L = I_C = QI$，则 I_L 与 I_C 要比电源电流 I 大，甚至可以是电源电流的许多倍，所以并联谐振也称为电流谐振。
4) 并联谐振时，电压与电流同相，呈电阻性电路。

2.6 三相电路

在供电系统中，供电方式分为单相供电系统与三相供电系统，但绝大多数采用三相供电系统。与单相供电相比，三相供电具有如下优点：

1) 三相交流发电机比功率相同的单相交流发电机体积小、重量轻、成本低。
2) 在同样条件下输送相同功率时，特别是在远距离输电时，三相输电线比单相输电线节约 25% 左右的材料。
3) 三相异步电动机比单相电动机或其他电动机，具有结构简单、价格低廉、性能良好和使用维护方便等优点。

因此，三相交流电比单相交流电得到更广泛的应用。

2.6.1 三相电源

1. 三相交流电源

三相交流电源是由三相交流发电机产生的。三相交流发电机结构原理如图 2-27 所示，它主要由定子和转子组成，在定子上嵌入三个绕组，每个绕组称为一相，三相绕组的始端分别用 U、V、W 表示，末端用 x、y、z 表示，且三相绕组在空间上相隔 120°分布，在电力系统中一般用黄、绿、红三种颜色来区别三相；转子是一对特殊形状的磁极。当发电机的转子在原动机拖动下以角速度 ω 旋转时，每相绕组依次切割磁力线，则在三相绕组中感应出正弦交流电动势，分别为 e_U、e_V、e_W，这三个电动势频率相同、幅值相等，相位互差 120°，这样的电动势称为<u>对称三相电动势</u>，这样的电源称为<u>三相交流电源</u>，简称<u>三相电源</u>。

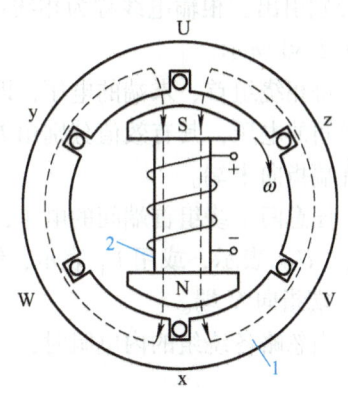

图 2-27 三相交流发电机结构原理

三相电动势的参考方向选择从绕组的末端指向首端，如图 2-28 所示，以 U 相为参考，则对称三相电动势的瞬时值表达式为

$$\begin{cases} e_U = E_m \sin\omega t \\ e_V = E_m \sin(\omega t - 120°) \\ e_W = E_m \sin(\omega t + 120°) \end{cases} \quad (2\text{-}53)$$

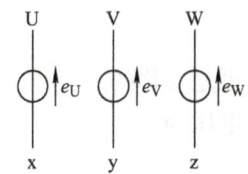

图 2-28 三相电动势方向

其相量表达式为

$$\begin{cases} \dot{E}_U = E \angle 0° \\ \dot{E}_V = E \angle -120° \\ \dot{E}_W = E \angle +120° \end{cases} \quad (2\text{-}54)$$

式（2-53）、式（2-54）相对应的波形图和相量图分别如图 2-29a、b 所示。

通过对三相电动势的相量图分析，可得三相电动势之和为零，即

$$\dot{E}_U + \dot{E}_V + \dot{E}_W = 0$$
$$e_U + e_V + e_W = 0$$

三相交流电依次到达幅值的顺序称为相序。若相序是 U→V→W→U，称为正序（顺序）；若相序是 U→W→

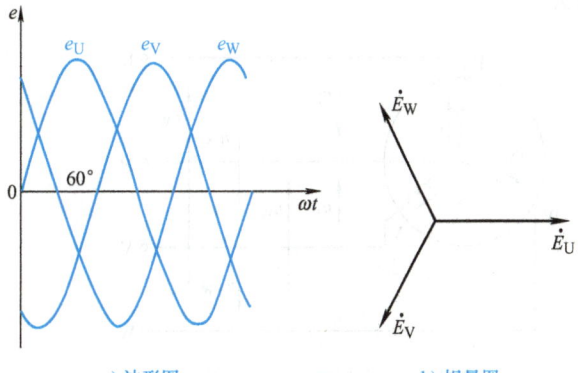

a) 波形图   b) 相量图

图 2-29 三相电动势的波形图和相量图

39

V→U，称为反序（逆序）。只要改变其中的两相就可实现相序的改变。

2. 三相电源的连接

三相电源的连接方式有星形（Y）和三角形（△）两种形式。

（1）Y联结　若将电源的三相绕组的末端 x、y、z 连接在一起，这一连接点称为中性点或零点，用 N 表示，从中性点引出的导线称为中性线，俗称零线；三相绕组的首端 U、V、W 分别引出三根输电线称为相线或端线，俗称火线。这种连接方式称为Y联结或星形联结。如图 2-30 所示。

每相绕组首、末端的电压，即每个绕组两端的电压称为相电压，在Y联结中也是相线与零线间的电压，其有效值分别用 U_U、U_V、U_W 表示，或用 U_P 表示，相电压的参考方向选定为首端指向末端。

任意两个绕组首端间的电压，称为线电压，也就是两相线间的电压，其有效值用 U_{UV}、U_{VW}、U_{WU} 表示，或用 U_L 表示，线电压的参考方向选定从一相线指向另一相线，如 U_{UV} 是从 U 端指向 V 端。

当忽略各绕组的内电阻时，三相电源的相电压基本上等于三相电动势，则相电压为

$$\begin{cases} \dot{U}_U = U_P \angle 0° \\ \dot{U}_V = U_P \angle -120° \\ \dot{U}_W = U_P \angle +120° \end{cases} \quad (2\text{-}55)$$

即相电压也是对称的。

而线电压为

$$\begin{cases} \dot{U}_{UV} = \dot{U}_U - \dot{U}_V \\ \dot{U}_{VW} = \dot{U}_V - \dot{U}_W \\ \dot{U}_{WU} = \dot{U}_W - \dot{U}_U \end{cases} \quad (2\text{-}56)$$

由上式可得线电压也是对称的。

三相电源的电压相量图如图 2-31 所示。根据此相量图可得线电压与相电压的关系为

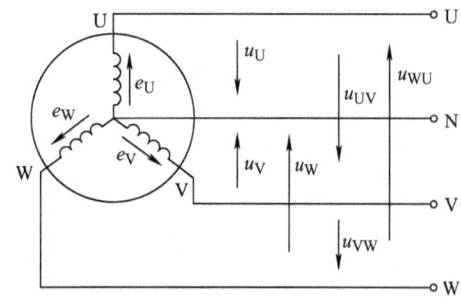

图 2-30　三相电源的Y联结

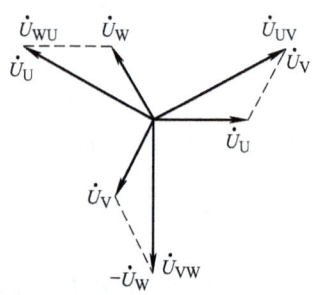

图 2-31　三相电源Y联结的电压相量图

$$\dot{U}_{UV} = \dot{U}_U - \dot{U}_V = \sqrt{3}\, U_P \angle 30° = \sqrt{3}\, \dot{U}_U \angle 30°$$

$$\dot{U}_{VW} = \dot{U}_V - \dot{U}_W = \sqrt{3}\, U_P \angle -90° = \sqrt{3}\, \dot{U}_V \angle 30° \qquad (2\text{-}57)$$

$$\dot{U}_{WU} = \dot{U}_W - \dot{U}_U = \sqrt{3}\, U_P \angle 150° = \sqrt{3}\, \dot{U}_W \angle 30°$$

上式可得线电压与相电压的有效值关系为

$$U_L = \sqrt{3}\, U_P \qquad (2\text{-}58)$$

两者的相位关系是：线电压超前相电压30°。

三相电源Y联结时，可引出四根导线，称为三相四线制，这样可给负载提供两种电压。在常用低压三相四线制配电系统中，相电压为220V，线电压为380V。若不引出中性线，称为三相三线制。

（2）△联结　将电源一相绕组的首端与另一相绕组的末端依次相连，接成三角形，再从三相绕组的首端 U、V、W 分别引出端线，这种连接方式称为<u>三角形（△）联结</u>，如图 2-32 所示。

图 2-33 为三相电源△联结时的电压相量图。从此图可知

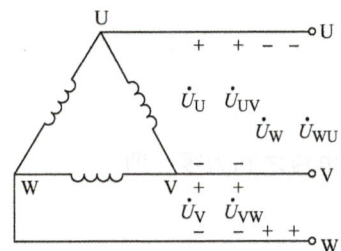

图 2-32　三相电源的三角形联结

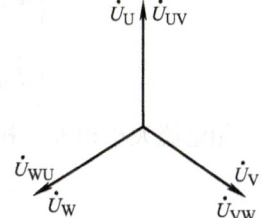

图 2-33　三相电源的三角形联结时电压相量图

$$\begin{cases} \dot{U}_U = \dot{U}_{UV} \\ \dot{U}_V = \dot{U}_{VW} \\ \dot{U}_W = \dot{U}_{WU} \end{cases} \qquad (2\text{-}59)$$

则三相电源△联结时，电路中线电压的大小与相电压的大小相等，即

$$U_L = U_P \qquad (2\text{-}60)$$

且三个线电压之和为零，即

$$\dot{U}_{UV} + \dot{U}_{VW} + \dot{U}_{WU} = 0$$

则当电源的三相绕组采用三角形联结时，在绕组内部不会产生环形电流（环流）的。

2.6.2　三相负载

在三相负载中，若每相负载的阻抗都相等，即 $Z_U = Z_V = Z_W = |Z| \angle \varphi$，则称为三相对称负载，若三相负载不都相等，则称为三相不对称负载。负载两端的电压称为相电压，经过负载的电流称为相电流，两端线（相线）间的电压称为线电压，流经端线的电流称为线电流。三相负载的连接方式与三相电源一样有星形和三角形两种。

1. 三相负载的星形联结

将三相负载的一端连接成一点（中性点 N），另一端 U、V、W 分别接到电源线上，如图 2-34 所示。

在三相四线制电路中，三相负载对称时，其相电压分别为

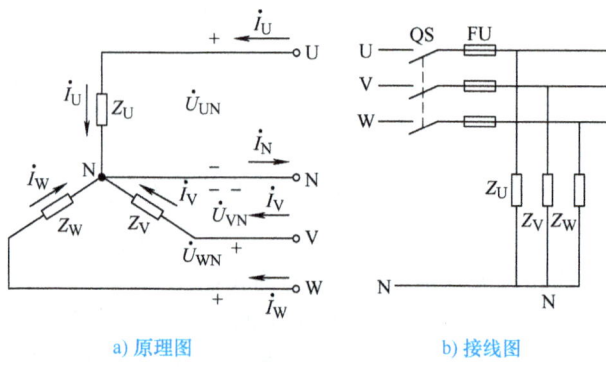

a) 原理图　　　　b) 接线图

图 2-34　三相负载星形联结（三相四线制）

$$\begin{cases} \dot{U}_U = U_P \angle 0° \\ \dot{U}_V = U_P \angle -120° \\ \dot{U}_W = U_P \angle +120° \end{cases}$$

则相电流分别为

$$\begin{cases} \dot{I}_U = \dfrac{\dot{U}}{Z_U} = \dfrac{U_P \angle 0°}{|Z| \angle \varphi} = \dfrac{U_P}{|Z|} \angle -\varphi \\ \dot{I}_V = \dfrac{U_P}{|Z|} \angle -120° - \varphi \\ \dot{I}_W = \dfrac{U_P}{|Z|} \angle 120° - \varphi \end{cases}$$

因此，三相电流大小相等、相位互差120°，则三相电流之和为零，即

$$\dot{I}_U + \dot{I}_V + \dot{I}_W = 0$$

根据 KCL 定律可知

$$\dot{I}_N = \dot{I}_U + \dot{I}_V + \dot{I}_W = 0$$

即中性线电流为零，此时中性线就可省去不接，电路就变成三相三线制，如图 2-35 所示。

若三相负载不对称，则中性线电流不为零，此时中性线就不能省去或断开，若中性线断开，则每相上的电压就不再对称，可能有的相电压过高而超过设备的额定电压，导致烧坏设备，也可能有的相电压过低而低于设备的额定电压，而不能正常工作。因此，在三相四线制电路中，为了保证负载正常工作，中性线上不允许安装开关或熔断器，且中性线应当使用机械强度较高的导线。

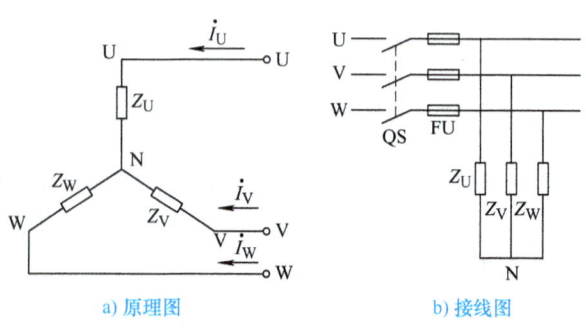

a) 原理图　　　　b) 接线图

图 2-35　三相负载星形联结（三相三线制）

三相负载星形联结时，负载的线电压就是电源的线电压，负载的相电压也就是电源的相电压，于是，负载的线电压与相电压之间的关系是

$$U_L = \sqrt{3} U_P \tag{2-61}$$

当负载接上电源后，在负载上就会产生电流，那么，线电流与相电流相等，即
$$I_L = I_P \tag{2-62}$$

2. 三相负载的三角形联结

将三相负载的首尾依次相连，再将三个接点与三相电源的端线相连，则构成三角形联结，如图 2-36 所示。由于三角形联结的各相负载接在电源的端线上，因此负载的相电压就是线电压。
$$U_L = U_P \tag{2-63}$$
且相电压与线电压的相位相同。

相电流为
$$\dot{I}_{UV} = \frac{\dot{U}_{UV}}{Z_U}, \quad \dot{I}_{VW} = \frac{\dot{U}_{VW}}{Z_V}, \quad \dot{I}_{WU} = \frac{\dot{U}_{WU}}{Z_W}$$

当三相负载对称时，则三相负载电流的大小均相等，为
$$I_P = I_{UV} = I_{VW} = I_{WU} = \frac{U_P}{|Z_P|}$$

且三个相电流相位互差 120°，其相量图如图 2-37 所示，并假定电压超前电流一个相位角。

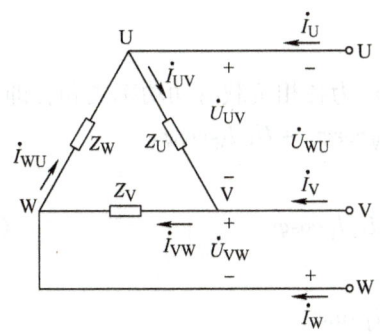

图 2-36 三相负载三角形联结电路

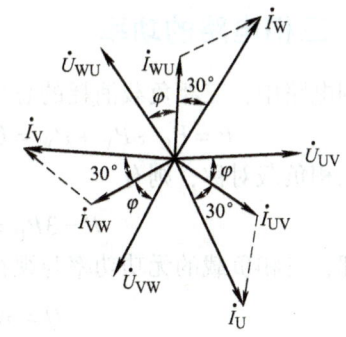

图 2-37 三相负载三角形联结时的相量图

线电流分别为
$$\begin{cases} \dot{I}_U = \dot{I}_{UV} - \dot{I}_{WU} \\ \dot{I}_V = \dot{I}_{VW} - \dot{I}_{UV} \\ \dot{I}_W = \dot{I}_{WU} - \dot{I}_{VW} \end{cases}$$

若三相负载对称，由图 2-37 不难证明
$$I_L = \sqrt{3} I_P \tag{2-64}$$
且线电流滞后相电流 30°。

【**例 2-10**】 有一三相对称负载，$Z = (80 + j60)\,\Omega$，分别将其接成星形或三角形，并接到线电压为 380V 的对称三相电源上，试求：线电压、相电压、线电流和相电流各是多少？

【**解**】 （1）负载为星形联结时，线电压为
$$U_L = 380V$$

相电压为
$$U_P = \frac{U_L}{\sqrt{3}} = \frac{380}{\sqrt{3}}\text{V} = 220\text{V}$$

相电流与线电流为
$$I_P = I_L = \frac{U_P}{|Z|} = \frac{220}{\sqrt{80^2+60^2}}\text{A} = 2.2\text{A}$$

(2) 负载为三角形联结时，线电压与相电压为
$$U_L = U_P = 380\text{V}$$

相电流为
$$I_P = \frac{U_P}{|Z|} = \frac{380}{\sqrt{80^2+60^2}}\text{A} = 3.8\text{A}$$

线电流为
$$I_L = \sqrt{3}I_P = \sqrt{3} \times 3.8\text{A} = 6.6\text{A}$$

对同一负载，接到同一电源上，三角形联结时的线电流是星形联结的 3 倍，因此，对于三角形接法的大功率电动机，起动时电流过大，易烧坏电动机，应采用星形起动法，以减少起动电流，运行时再接成三角形方式。

2.6.3 三相电路的功率

三相电路中，三相负载消耗的总功率（有功功率）为各相负载有功功率之和，即
$$P = P_U + P_V + P_W = U_U I_U \cos\varphi_U + U_V I_V \cos\varphi_V + U_W I_W \cos\varphi_W$$

若三相负载对称，则有
$$P = 3P_U = 3U_P I_P \cos\varphi = \sqrt{3} U_L I_L \cos\varphi \tag{2-65}$$

同理，三相负载的无功功率与视在功率分别为
$$Q = 3U_P I_P \sin\varphi = \sqrt{3} U_L I_L \sin\varphi \tag{2-66}$$
$$S = 3U_P I_P = \sqrt{3} U_L I_L \tag{2-67}$$

同一负载接到同一电源上，三角形联结的功率是星形接法的 3 倍。

【例 2-11】 对称三相三线制的线电压为 380V，每相负载的阻抗为 $Z = 10\angle 53.1°\ \Omega$，求负载为星形和三角形联结时的三相有功功率。

【解】 负载为星形联结时，相电压为
$$U_P = \frac{U_L}{\sqrt{3}} = \frac{380}{\sqrt{3}}\text{V} = 220\text{V}$$

线电流为
$$I_L = I_P = \frac{U_P}{|Z|} = \frac{220}{10}\text{A} = 22\text{A}$$

则三相有功功率为
$$P = \sqrt{3} U_L I_L \cos\varphi = \sqrt{3} \times 380 \times 22 \times \cos 53.1°\text{W} = 8688\text{W}$$

负载为三角形联结时，相电流为

$$I_P = \frac{U_P}{|Z|} = \frac{U_L}{|Z|} = \frac{380}{10}\text{A} = 38\text{A}$$

线电流为

$$I_L = \sqrt{3} I_P = 38\sqrt{3}\text{A}$$

则三相有功功率为

$$P = \sqrt{3} U_L I_L \cos\varphi = \sqrt{3} \times 380 \times 38\sqrt{3} \times \cos 53.1°\text{W} = 26064\text{W}$$

由此可见，在电源电压一定的情况下，三相负载的连接形式不同，负载的有功功率不同，因此三相负载在电源电压一定的情况下，都有确定的连接形式，不能任意连接，否则会损坏用电设备。

本 章 小 结

1. 正弦交流电的电压和电流随时间按正弦规律变化。

正弦交流电有瞬时值（时域）表示法和相量表示法。正弦量的瞬时值表示法一般采用正弦函数形式，振幅值（或有效值）、角频率（或频率）、初相为正弦量的三要素。正弦量可以用相量表示，在相量运算中，可以借助于相量图分析，以简化计算。

频率 f、周期 T、角频率 ω 之间的关系：$T = \frac{1}{f}$、$\omega = 2\pi f = \frac{2\pi}{T}$；最大值和有效值之间为 $\sqrt{2}$ 倍关系；两个同频率的正弦量的相位差等于其初相之差，反映了这两个正弦交流电在相位上的超前、滞后的关系。

2. R、L、C 元件的电压与电流关系和能量关系如表 2-1 所示。

表 2-1　正弦交流电路中的电压电流关系及功率关系

电路	相量式	相量图	有功功率	无功功率
R	$\dot{I} = \dfrac{\dot{U}}{R}$		$P = UI$	$Q = 0$
L	$\dot{I} = \dfrac{\dot{U}}{\dot{X}_L}$		$P = 0$	$Q = UI$
C	$\dot{I} = \dfrac{\dot{U}}{\dot{X}_C}$		$P = 0$	$Q = -UI$
R、L、C 串联	$\dot{I} = \dfrac{\dot{U}}{R + \text{j}(X_L - X_C)}$		$P = UI\cos\varphi$	$Q = UI\sin\varphi$

电感、电容是储能元件，电感具有"阻交通直"的特性，电容具有"隔直通交"的特性。

3. 直流电路的分析方法也可用于正弦交流电路的分析，只不过在正弦交流电路中表达形式都是相量形式。

4. 正弦交流电路的功率：

有功功率 $P = UI\cos\varphi$，是电路实际消耗的功率，即电路中所有电阻消耗的功率之和。

无功功率 $Q = UI\sin\varphi$

视在功率 $S = UI$

有功功率、无功功率、视在功率的关系：$S^2 = P^2 + Q^2$

功率因数是电力系统的重要指标。对感性负载，并联适当电容可提高电网的功率因数，可提高电源设备的利用率和减少输电线路的损耗。

5. 正弦交流电路中，当电路元件参数满足一定条件时，电路会出现谐振现象。根据电路元件的连接方式不同可分为串联谐振和并联谐振。

R、L、C 串联谐振电路的谐振条件：谐振时电路呈电阻性电路，即复阻抗的虚部为零，即 $\omega_0 L = \dfrac{1}{\omega_0 C}$

谐振频率：$\omega_0 = \dfrac{1}{\sqrt{LC}}$、$f_0 = \dfrac{1}{2\pi\sqrt{LC}}$

特征：串联谐振时电路阻抗值最小，$Z = R$，如果外施电压不变，电流最大 $\dot{I} = \dfrac{\dot{U}}{R}$。电压与电流同相位。

6. 三相对称电源提供三个幅值、频率相同，而相位互差 120° 的正弦电压。三相对称电源作星形联结时，可以构成三相四线制供电系统，线电压用 U_L 表示，相电压用 U_P 表示，且 $U_L = \sqrt{3}\,U_P$。故三相四线制供电系统可以供给负载两种不同的电压。三相对称电源作三角形联结时 $U_L = U_P$。

7. 三相负载有星形和三角形两种联结方式，至于采用哪种方式，应根据负载额定电压和三相电源的电压值来定，应使每相负载承受的电压等于其额定电压。线电流用 I_L 表示，相电流用 I_P 表示。

星形联结　　$U_L = \sqrt{3}\,U_P$，$I_L = I_P$

三角形联结　　$U_L = U_P$，$I_L = \sqrt{3}\,I_P$

8. 在对称三相电路中，三相负载的总功率为

$$P = \sqrt{3}\,U_L I_L \cos\varphi$$

式中，φ 是相电压和相电流的相位差，$\cos\varphi$ 是每相负载的功率因数。

思考与习题

2-1　已知交流电路中一负载上电流和电压的有效值和初相位分别是 5A、−30°，60V、30°；频率均为 50Hz。(1) 画出电流与电压的波形图。(2) 写出它们的瞬时值表达

式。(3) 指出它们的幅值、角频率以及二者之间的相位差。

2-2　已知某正弦交流电，当 $t=0$ 时，其电压值为 75V、相位角为 30°，问该电压的有效值、最大值各为多少？若此周期为 10ms，写出电压的瞬时值表达式 u 及相量表达式 $\dot{U}$。

2-3　已知一正弦交流电的周期为 $T=0.01\text{s}$，相量式 $\dot{U}=50\sqrt{2}\underline{/45°}\text{V}$，$\dot{I}_1=4\underline{/-15°}\text{A}$，$\dot{I}_2=2\sqrt{2}\underline{/30°}\text{A}$。画出相量图，并写出相应正弦量瞬时值表达式。

2-4　已知：$\dot{I}_1=6\underline{/30°}\text{A}$，$\dot{I}_2=8\underline{/-60°}\text{A}$；$\dot{U}_{1m}=100\underline{/45°}\text{V}$，$\dot{U}_{2m}=150\underline{/90°}\text{V}$。求：

(1) $\dot{I}_1$ 与 $\dot{I}_2$ 之和，并画出相量图。

(2) $\dot{U}_1$ 与 $\dot{U}_2$ 之差，并画出相量图。

2-5　已知 $\dot{I}=(6+\text{j}8)\text{A}$，$\dot{U}=(100-\text{j}100)\text{V}$，$\dot{E}=(-200+\text{j}200)\text{V}$，分别将它们化为极坐标形式。若它们均为工频交流电，试分别写出它们的瞬时值表达式。

2-6　电源电压 $u=311\sin(314t+60°)\text{V}$，分别加到电阻元件、电感元件和电容元件两端。已知 $R=40\Omega$，$L=140\text{mH}$，$C=72.4\mu\text{F}$。求各元件电流的瞬时值表达式、电阻的有功功率及电感、电容的无功功率。

2-7　电路及参数如图 2-38 所示，两电路中 R、L、C 及 u 值分别相等，已知：$u=120\sqrt{2}\sin1000t\text{V}$，$R=30\Omega$，$L=10\text{mH}$，$C=20\mu\text{F}$。

(1) 求图 2-38a 中 i、u_R、u_L、u_C，画出电压、电流相量图。

(2) 求图 2-38b 中 i、u_R、u_L、u_C，画出电压、电流相量图。

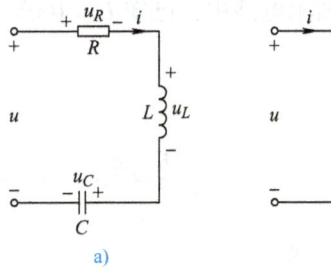 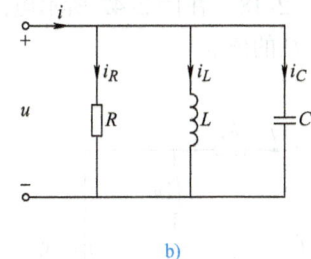

图 2-38　习题 2-7 图

(3) 比较两电路各电压、电流相量图有哪些特点。

2-8　RLC 串联电路中，电阻 $R=4\Omega$，感抗 $X_L=6\Omega$，容抗 $X_C=3\Omega$，电源电压 $u=70.7\sin(314t+60°)\text{V}$。求电路的复数阻抗 Z，电流 i，电压 u_R、u_L、u_C，功率因数 $\cos\varphi$，功率 P、Q、S。

2-9　一个具有内阻的电感线圈接在电压为 100V 的直流电源上，通过线圈的电流为 2.5A；如改接在 100V 的工频交流电源上，通过线圈的电流为 2A。求线圈的参数 R 和 L。

2-10　将电感线圈接到频率为 50Hz 的电源上，用电压表、电流表和功率表进行测量，电压表测得电源电压为 100V，电流表测得电路的电流为 2A，功率表测得电路功率为 120W。则线圈的参数 R 和 L 各为多少？

2-11　某复数阻抗 Z 上通过的电流 $i=7.07\sin\omega t\text{A}$，电压 $u=311\sin(314t+60°)\text{V}$。则该复数阻抗 Z 及其功率因数 $\cos\varphi$ 为多少？有功功率、无功功率、视在功率各为多少？

2-12　无源网络如图 2-39 所示。已知：$u=100\sqrt{2}\sin(314t+30°)\text{V}$，$i=4\sqrt{2}\sin(314t-23.1°)\text{A}$。

(1) 求 ab 端等效电路元件的参数。

（2）求电路的有功功率 P、无功功率 Q 及视在功率 S。

（3）求电路的功率因数 $\cos\varphi$，欲将功率因数提高至 0.9，需加多大电容？

2-13 某荧光灯的额定功率为 100W，额定电压为 220V，额定电流为 0.9A。求它的功率因数 $\cos\varphi$。为提高电路的功率因数，把一只 8.22μF 的电容器与它并联。求并联电容后电路的功率因数 $\cos\varphi$ 和总电流 I。

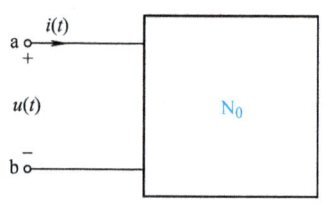

图 2-39 习题 2-12 图

2-14 RLC 串联电路中，$R=10\Omega$、$L=0.6\text{mH}$、$C=0.6\mu\text{F}$，电路的总电压 $U=20\text{V}$。求电路的谐振频率 f_0，谐振电流 I_0，电感、电容的谐振电压 U_{L0}、U_{C0}，电路的品质因数 Q。

2-15 在 R、L 串联后再与 C 并联的电路中，已知 $L=0.5\text{mH}$，$R=30\Omega$，$C=120\text{pF}$。求电路的谐振频率 f_0。

2-16 电路如图 2-40 所示。已知 $X_C=100\Omega$，$\dot{U}=16\angle 0°\text{V}$，且电压滞后电流的相位角为 36.9°，电阻 $R_1=100\Omega$，R_1 消耗的功率为 1W。求 R_2 和 X_L 的值。

2-17 电阻 R、电感 L 与一可调电容器 C 串联后，接在 $\omega=1000\text{rad/s}$ 的交流电源上，如图 2-41 所示；调节电容 C 使电路的电压与电流同相，测得电路两端电压有效值 $U=25\text{V}$，$U_C=200\text{V}$，$I=1\text{A}$，求 R、L 和 C 的值。

2-18 在图 2-42 所示电路中，已知 $U=100\text{V}$，$f=50\text{Hz}$，$I_1=I_2=I_3$，$P=866\text{W}$，求 R、L、C 的值。

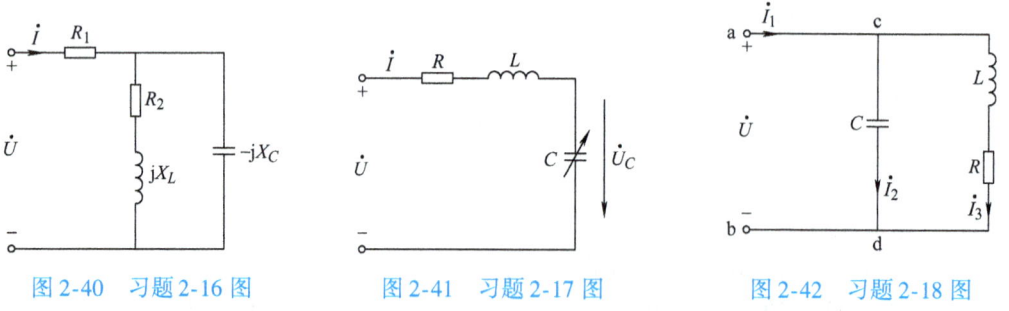

图 2-40 习题 2-16 图　　图 2-41 习题 2-17 图　　图 2-42 习题 2-18 图

2-19 指出图 2-43 中各负载的连接方式。

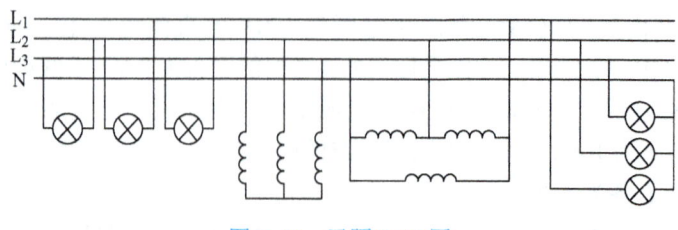

图 2-43 习题 2-19 图

2-20 某三相四线制电路的线电压为 380V，电路中装有Y联结的电灯，L_1 相 30 个，L_2 相 20 个，L_3 相 10 个。每个灯泡的额定电压为 220V，功率为 40W，求：

（1）负载的各相电压和相电流。

（2）若中性线断开，求各相电压和相电流。

2-21　对称三相负载Y联结。已知每相阻抗 $Z = (31 + j22)\,\Omega$，电源线电压为380V。求三相总功率 P、Q、S 及功率因数 $\cos\varphi$。

2-22　三相对称负载△联结，其线电流 $I_L = 5.5\,A$，有功功率 $P = 7760\,W$，功率因数 $\cos\varphi = 0.8$。求电源的线电压 U_L、电路的视在功率 S 和每相阻抗。

2-23　有一次某楼电灯发生故障，第二层和第三层楼所有电灯忽然都暗淡下来，而第一层楼的电灯亮度未变，试问这是什么原因？这楼的电灯是如何连接的？同时又发现三层楼的电灯比第二层楼的还要暗淡，这又是什么原因？

2-24　三相四线制供电电路中，三相对称电源的线电压为380V，每相负载的电阻值为 $R_U = 10\,\Omega$，$R_V = 20\,\Omega$，$R_W = 40\,\Omega$。试求：

（1）各相电流及中性线电流。

（2）W相开路时，各相负载的电压和电流。

（3）W相和中性线均断开时，各相负载的电压和电流。

（4）W相短路，且中性线断开时，各相负载的电压和电流。

2-25　一台三相异步电动机，每相绕组等效复阻抗为 $Z = (16 + j12)\,\Omega$，绕组额定电压为220V。若绕组星形联结，接到电源线电压为380V、频率为50Hz的对称三相电源上，求线电流及有功功率；若绕组三角形联结，接到电源线电压为380V、频率为50Hz的对称三相电源上，线电流及有功功率又为多少？

第 3 章　磁路与变压器

[**本章概述**]

　　主要介绍磁场的基本物理量；磁性材料的磁性能；磁路的欧姆定律；交流铁心线圈；变压器的三变作用和一些特殊变压器。

[**知识与能力目标**]

　　1. 了解磁路的概念、磁场的基本物理量、磁性材料的磁性能，掌握磁路的基本定律。
　　2. 了解交流铁心线圈的工作原理；掌握变压器的结构及变压器的三变作用。

[**相关知识链接**]

3.1　磁场的基础知识

　　在电气工程中广泛应用各种低压电气设备（如电机、变压器、电磁铁、电工测量仪表以及其他各种铁磁元件），这些电气设备的基本结构均是在铁磁材料上绕有线圈。对这些电气设备来说，不仅有电路的问题，同时还有磁路的问题。因此我们在研究电路的同时还要对磁路以及电路与磁路之间的关系进行研究，从而对各种电气设备进行全面的分析。

　　丹麦科学家奥斯特于 1820 年发现了电流的磁效应，第一次揭示了电与磁之间存在着联系，从而把电学和磁学联系起来，使人们对磁场有了进一步的认识。运动电荷在其周围空间激发磁场，而磁场对处于其中的运动电荷有磁场力的作用。为描述磁场强弱，人们引入了磁感应强度和磁场强度等物理量。

3.1.1　磁场的基本物理量

1. 磁感应强度

　　磁感应强度表示磁场内某点磁场强弱大小和方向的物理量，是一个矢量。磁场中不同点的磁感应强度一般是不相同的，可用磁力线的分布来形象地描述磁场的强弱及方向，磁力线的疏密程度表示磁感应强度的大小，磁力线上任意一点的切线方向就是磁感应强度的方向。图 3-1 为几种常见的不同形状通电导体产生磁力线的分布情况。磁力线的方向与电流方向满足右手螺旋定则。

　　若在磁场中的一点垂直于磁场方向放置一通电导体，磁场对导体的作用力 F 跟导体中的电流 I 和导体长度 l 的乘积之比，叫作磁感应强度。磁感应强度 B 与电流之间的方向关系可用右手螺旋定则来确定，其大小可表示为

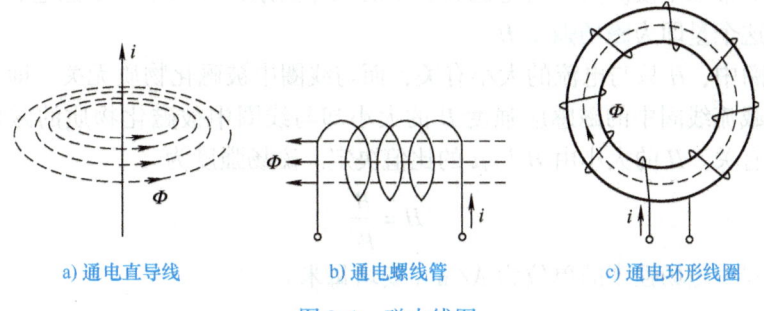

a) 通电直导线　　　　b) 通电螺线管　　　　c) 通电环形线圈

图 3-1　磁力线图

$$B = \frac{F}{Il} \tag{3-1}$$

式中，F 为通电导线所受的磁场力的大小（N）；I 为导体中流过的电流（A）；l 为磁场中通电导线的长度（m）；B 为磁感应强度（T）。在电机铁心气隙中的磁感应强度 B 通常为 (0.4~0.5) T，铁心中的约为 (1~1.8) T。

如果磁场内各点的磁感应强度大小相等、方向相同，这样的磁场称为<u>均匀磁场</u>。

2. 磁通

磁感应强度 B 与垂直于磁场方向面积 S 的乘积，称为通过该面积的磁通 $\varPhi$。数学表达式为

$$\varPhi = BS \tag{3-2}$$

磁通反映穿过截面 S 的磁力线的总数，因此，常把磁通称为磁通量。而磁感应强度在数值上可以看成与磁场方向相垂直的单位面积所通过的磁通，故又称<u>磁通密度</u>，简称磁密。

磁通 $\varPhi$ 的单位是韦伯（Wb）。

3. 磁导率

磁导率 μ 是用来表示磁场中磁介质导磁性能的物理量，单位为 H/m（享利每米）。各种物质都有自己的磁导率，实验测得，真空的磁导率为 $\mu_0 = 4\pi \times 10^{-7}$ H/m，是一个常数。空气的磁导率与之接近。任意一种物质的磁导率 μ 与真空磁导率 μ_0 的比值，称为该物质的<u>相对磁导率</u>，记作 μ_r，即

$$\mu_r = \frac{\mu}{\mu_0} \tag{3-3}$$

μ_r 越大，介质的导磁性能就越好。自然界中的物质按磁导率大小可分为磁性材料和非磁性材料两大类。前者的 μ_r 很大，如硅钢片 $\mu_r = 6\,000 \sim 8\,000$，后者的 μ_r 很小，如空气 $\mu_r = 1.000003$。

铁磁性物质广泛应用在变压器、电机、磁电式电工仪表等电工设备中，只要在线圈中通入不大的电流，就可获得足够强的磁场。

4. 磁场强度

在外磁场作用下，物质会被磁化而产生附加磁场，不同的物质，其附加磁场的大小不

同，这就给分析带来不便。为分析电流和磁场的依存关系，引入了一个把电和磁定量沟通起来的辅助量，这个量即为磁场强度 H。

在载流线圈中，H 只与电流的大小有关，而与线圈中被磁化物质无关，即与物质的磁导率 μ 无关。但载流线圈中的磁感应强度 B 的大小却与线圈中被磁化物质的磁化能力，即物质的磁导率 μ 有关。H 的大小由 B 与 μ 的比值决定。磁场强度为

$$H = \frac{B}{\mu} \tag{3-4}$$

国际单位制中磁场强度的单位为 A/m（安培每米）。

3.1.2 磁性材料

磁性材料主要是指铁、镍、钴及其合金以及铁氧体等材料，它们是制造电机、变压器和各种电器元件铁心的主要材料。磁性材料的磁性能可以用磁化曲线及磁饱和性、高导磁性、磁滞回线及磁滞性来表征。

1. 磁化曲线及磁饱和性

图 3-2 为研究磁化性能的实验，当铁心线圈的励磁电流 I 从零增大时，磁性材料被磁场强度 H 磁化产生磁感应强度 B，B 随 H 变化关系曲线如图 3-3 所示，此曲线称为磁性材料的磁化曲线。

磁化曲线分为三段：oa 段，B 基本上随 H 正比增加；ab 段，B 增加幅度随 H 的增加缓慢下来。此段称为磁化曲线的膝部，常为电机、变压器等的磁密工作范围。b 点以后，随着 H 的增加，B 基本不再增加，达到了磁饱和状态，即磁性材料具有磁饱和性。

由磁化曲线可知，磁性材料的 B 与 H 不成正比，这说明磁性材料的磁导率 μ 不是一个常数，μ 随 H 变化而变化。当磁场强度 H 达到一定数值后，磁性材料中的磁感应强度 B 基本上不再增加，即达到磁饱和状态。此时磁导率已变得很小，磁导率 μ 与 H 的变化关系如图 3-4 所示。

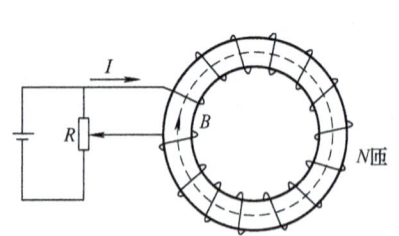

图 3-2 研究磁化性能的实验装置

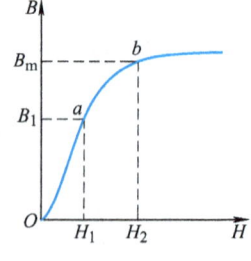

图 3-3 磁化曲线

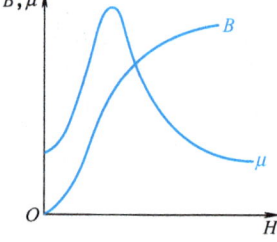

图 3-4 B、μ 与 H 的关系

2. 高导磁性

磁性材料具有很强的导磁能力，即在外磁场的作用下很容易被磁化。这是因为磁性材料内部由于电子绕原子核运动而产生分子电流环，分子电流环产生磁场，形成了许多具有磁性的小区域，这些小区域称为磁畴。

在没有外磁场作用时，各磁畴排列混乱，磁场互相抵消，对外显示不出磁性来，如

图 3-5a 所示。在外磁场作用下，其中的磁畴就顺外磁场方向转向。随着外磁场的增强，磁畴的方向与外磁场方向趋于一致，如图 3-5b 所示。这一现象称为磁化现象。这样，便产生了一个很强的与外磁场同方向的磁化磁场，从而使磁性物质内部的磁感应强度大大增加。因此，在一定的磁场强度范围内，磁性材料的相对磁导率 $\mu_r \gg 1$，其值可达数百、数千甚至数万。这一特征称为高导磁性，利用这一特性可以在外磁场的作用下，产生远大于外磁场的附加磁场。

 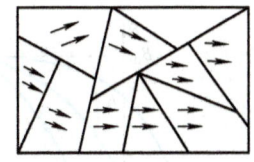

a) 无外磁场时磁畴取向杂乱　　b) 外磁场作用下磁畴取向趋于一致

图 3-5　磁畴示意图

非磁性材料不具有磁化的特性，因此不具有高导磁性。

由于磁性材料具有高导磁性，所以各种电机、变压器等的电磁系统的铁心都由磁性材料构成。与空心线圈相比，铁心线圈达到一定的磁通或磁感应强度所需的励磁电流会大大降低。因此，利用优质的磁性材料，可使同一容量的电机、变压器的重量和体积大大减轻和减小。

3. 磁滞回线及磁滞性

当铁心线圈中通有交变电流时，铁心就被交变磁化，磁感应强度 B 随磁场强度 H 的变化关系如图 3-6 所示。由图可见，当 H 回到零值时，B 还未回到零值。这种磁感应强度滞后于磁场强度变化的性质，称为磁性材料的磁滞性。

在铁心反复交变磁化的情况下，表示 B 和 H 变化关系的闭合曲线 $abcdefa$（见图 3-6）称为磁滞回线。当 $H=0$（即励磁电流 $i=0$）时，铁心中保留的磁感应强度（图 3-6 中的 Ob、Oe）称为剩磁感应强度 B_r（简称为剩磁）。欲使剩磁消失，必须改变励磁电流方向，以得到反向的磁场强度（图 3-6 中的 Oc、Of）。使 $B=0$ 的 H 值，称为矫顽磁力 H_c。

根据磁性材料的磁滞回线，可将磁性材料分为三种类型：软磁材料、硬磁材料、矩磁材料。

(1) 软磁材料　磁滞回线较窄，矫顽磁力较小，磁滞损耗较小，如图 3-7 所示。常用的软磁材料有铸铁、硅钢、坡莫合金和软磁铁氧体等，一般用来制造电机、变压器及电器的铁心。铁氧体在电子技术中的应用也很广泛，如可做计算机磁心、磁盘以及录音机的磁带、磁头等。

(2) 硬磁材料　磁滞回线较宽，矫顽磁力较大，磁滞损耗较大，如图 3-7 所示。常用的有碳钢及铁镍铝钴合金等，一般用来制造永久磁铁。

(3) 矩磁材料　磁滞回线接近矩形，剩磁大，矫顽磁力大，稳定性良好，如图 3-8 所示。即使去掉外磁场后，与饱和磁化时方向相同的剩磁也能稳定地保持下去，所以具有记忆性。因此在数字信息存储系统中，可用作记忆元件和逻辑元件。常用的有镁锰铁氧体及 1J51 型铁镍合金等。

磁性材料不同，磁化曲线也不同，实验测得的几种软磁材料的磁化曲线如图 3-9 所示。

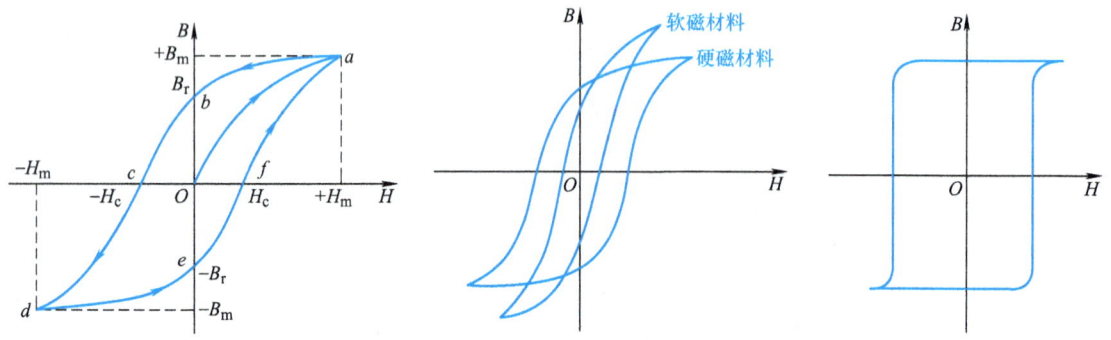

图 3-6 磁滞回线　　图 3-7 软磁和硬磁材料的磁滞回线　　图 3-8 矩磁材料的磁滞回线

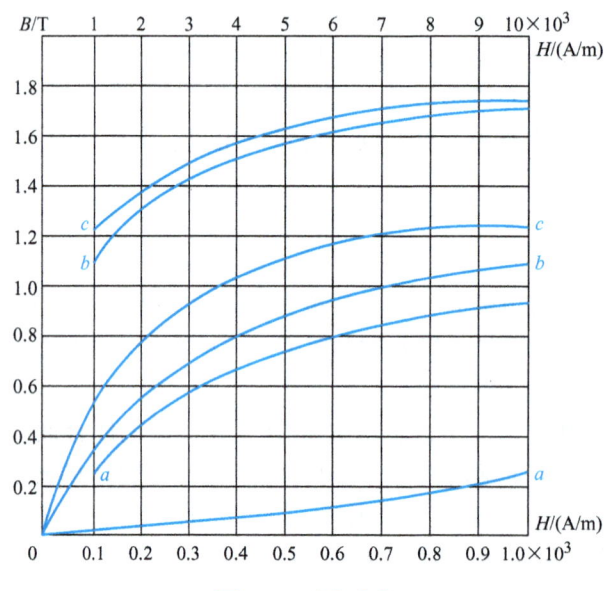

图 3-9 磁化曲线

a—铸铁　b—铸钢　c—硅钢片

3.1.3 磁路及磁路欧姆定律

1. 磁路

由磁性材料（可能含少量气隙）构成，并能使绝大部分磁力线通过的闭合路径称为磁路。几种常见的磁路如图 3-10 所示。

2. 安培环路定律

安培环路定律：在磁场中沿任一闭合曲线，磁场强度 H 的线积分等于与该闭合曲线所围曲面的电流的代数和。用公式表示为

$$\oint H \mathrm{d}l = \sum I \tag{3-5}$$

上式反映磁场强度与励磁电流之间的关系。在常见的环形线圈中，如果磁场是均匀的，

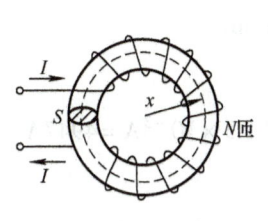 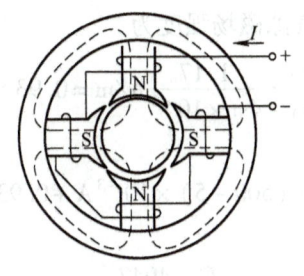 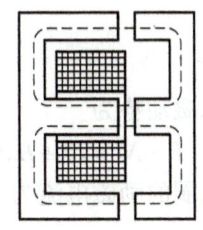

| a) 环形电流的磁路 | b) 直流电机的磁路 | c) 交流接触器的磁路 |

图 3-10 几种常见的磁路

则上式可化为

$$Hl = NI \quad (3\text{-}6)$$

式中，N 为线圈的匝数；l 为磁路的平均长度。

3. 磁路欧姆定律

由均匀磁场构成的磁路称为均匀磁路，对于环形线圈，根据式（3-6）可得

$$NI = Hl = \frac{B}{\mu}l = \frac{\Phi}{\mu S}l \quad (3\text{-}7)$$

则

$$\Phi = \frac{NI}{\frac{l}{\mu S}} = \frac{F}{R_m} \quad (3\text{-}8)$$

式中，$R_m = \frac{l}{\mu S}$，称为磁阻，是反映磁路对磁通 Φ 阻碍作用的物理量，它与磁路的材质及几何尺寸有关，磁阻的单位为 $1/H$；$F = NI$，称为磁动势（也称为磁通势），F 的单位是 A，磁通就是由 F 产生的。式（3-8）在形式上与电路中的欧姆定律相似，称为磁路欧姆定律。不过应该注意，磁性材料的磁导率不为常数，则磁阻 R_m 不是常数。

磁路与电路有很多相似之处：如磁路中的磁通由磁动势产生，而电路中的电流由电动势产生；磁路中有磁阻，它使磁路对磁通起阻碍作用，而电路中有电阻，它使电路对电流起阻碍作用；磁阻与磁导率 μ、磁路截面积 S 成反比，与磁路长度 l 成正比，而电阻与电导率 g、电路导线截面积 S 成反比，与电路长度 l 成正比。它们间的对应关系见表 3-1。

表 3-1 磁路与电路各物理量的对应关系

磁 路	电 路	磁 路	电 路
磁通势 F	电动势 E	磁阻 $R_m = \frac{l}{\mu S}$	电阻 $R = \frac{l}{gS}$
磁通 Φ	电流 I	$\Phi = \frac{F}{R_m}$	$I = \frac{E}{R}$

【例 3-1】 一个由硅钢片制成的铁心线圈，磁路平均长度 l 为 500mm，其中含有 5mm 的空气间隙，若使铁心中的磁感应强度 B 为 1.17T，问需要多大的磁动势？若线圈匝数 N 为 1500，励磁电流 I 应为多少安培？

【解】 查图 3-9，硅钢片磁化曲线，当 $B = 1.17$T 时，$H = 600$A/m。

55

气隙磁导率近似取 μ_0，则气隙磁场强度为

$$H_0 = \frac{B_0}{\mu_0} = \frac{1.17}{4\pi \times 10^{-7}} \text{A/m} = 0.93 \times 10^6 \text{A/m}$$

总磁动势为

$$F = NI = Hl + H_0 l_0 = 600 \times (500-5) \times 10^{-3} \text{A} + 0.93 \times 10^6 \times 5 \times 10^{-3} \text{A} = 4947 \text{A}$$

线圈的励磁电流为

$$I = \frac{F}{N} = \frac{4947}{1500} \text{A} = 3.3 \text{A}$$

由此例可看出，气隙仅占磁路的1%，但它的磁压降（$H_0 l_0$）却占了磁动势的94%。因此，在保持磁感应强度不变的情况下，减少气隙长度可以大大降低磁动势，也就是说可以大大降低励磁电流。

3.2 铁心线圈与变压器

3.2.1 交流铁心线圈

将线圈绕制在铁心上便构成了铁心线圈。根据线圈所接电源不同，可分为直流铁心线圈和交流铁心线圈。

直流铁心线圈接直流电源，即直流励磁，如直流电动机、直流电磁铁等。在直流铁心线圈中，励磁电流 I 不变，在绕组中产生的磁通恒定不变，不能产生感应电动势，功率损耗只有绕组的电阻消耗 $I^2 R$。

交流铁心线圈接交流电源，即交流励磁，如变压器、交流电动机及各种交流电器的线圈都是由交流电励磁的。图 3-11 为交流铁心线圈原理图。设线圈的匝数为 N，电阻为 R，当线圈两端加上交流电压 u 时，线圈中产生交流励磁电流 i，则磁动势 Ni 产生的磁通绝大部分通过铁心而闭合，称为**主磁通** Φ，还有很少的一部分磁通经过空气或其他非磁性材料而闭合，称为**漏磁通** Φ_σ。根据基尔霍夫定律可列出电磁关系为

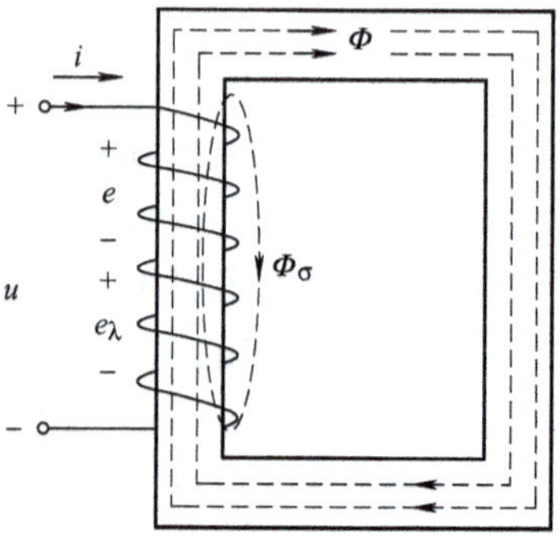

$$u + e + e_\lambda - iR = 0$$

图 3-11 交流铁心线圈

式中，e 为 Φ 产生的感应电动势；e_λ 为 Φ_σ 产生的感应电动势。

一般情况下，线圈电阻 R 很小，漏磁通 Φ_σ 也较小，则有

$$u = -e$$

再根据法拉第电磁感应定律

$$e = -N\frac{d\Phi}{dt}$$

得

$$u = N\frac{d\Phi}{dt} \tag{3-9}$$

当外加电压为正弦交流电时，主磁通为正弦量，设主磁通 $\Phi = \Phi_m \sin\omega t$，则有

$$u = \omega N\Phi_\mathrm{m}\cos\omega t = 2\pi fN\Phi_\mathrm{m}\sin(\omega t + 90°)$$

则电源电压的有效值为

$$U = \frac{2\pi}{\sqrt{2}}fN\Phi_\mathrm{m} = 4.44fN\Phi_\mathrm{m} \tag{3-10}$$

即当铁心线圈上加正弦交流电压时,铁心线圈中的磁通也按正弦规律变化。电压超前于磁通 90°;电压有效值为 $U = 4.44fN\Phi_\mathrm{m}$。

铁心线圈的能量损耗包括两部分,铜损 ΔP_Cu 与铁损 ΔP_Fe。铜损 $\Delta P_\mathrm{Cu} = I^2R$ 是线圈导线(多为铜线)的电阻损耗功率,而铁损是铁心在交变磁通作用下产生的功率损耗,主要由涡流损耗 ΔP_e 和磁滞损耗 ΔP_n 两部分组成。磁滞损耗是铁磁性材料的磁滞特性而产生的铁损,它与磁滞回线所围面积成正比,还与交流电的频率和磁感应强度有关,f 越高,B 越大,ΔP_n 也就越多。磁滞损耗的能量转换为热能而使磁性材料发热。为了减少磁滞损耗,一般交流铁心采用磁滞回线狭小的磁性材料。涡流损耗是铁心中的交变磁通在铁心中产生感应电动势和感应电流,这种电流如同漩涡,故称为<u>涡流</u>。由于铁心有一定的电阻,涡流可使铁心发热,而损耗功率。涡流损耗与交流电的频率的二次方及磁感应强度的二次方成正比。减少涡流损耗的途径一般采用彼此绝缘且顺着磁场方向较薄的硅钢片叠成铁心。

3.2.2 变压器

变压器的应用非常广泛,有用于输配电系统的电力变压器,用于工业动力系统中直流拖动的专用电源变压器,用于电力系统或实验室等场合的调压变压器,用于测量电压、电流的电压互感器、电流互感器,用于潮湿环境或人体常常接触场合的隔离变压器。变压器的种类很多,结构各不相同,但它们都主要由铁心和绕组两个基本部分组成。图 3-12 为几种常用的变压器。

a) 电流互感器　　　　b) 调压器　　　　c) 电力变压器

图 3-12　变压器

图 3-13 为单相变压器的原理图,它有两个绕组,其中与电源相连的绕组称为一次绕组(原绕组),与负载相连的称为二次绕组(副绕组)。设一次绕组、二次绕组的匝数分别为 N_1 和 N_2。当变压器的一次绕组接上交流电压 u_1 时,便有电流 i_1 通过。电流 i_1 在铁心中产生闭合磁通 Φ,磁通 Φ 随 i_1 的变化而变化,从而在二次绕组中产生感应电动势。如果二次绕组接有负载,则在二次绕组和负载组成的回路中有感应电流产生。

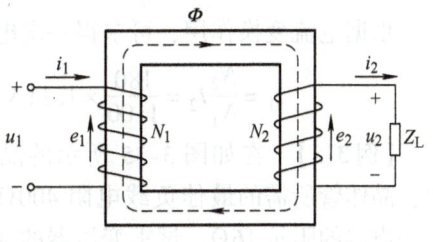

图 3-13　单相变压器的原理图

变压器一、二次绕组匝数之比称为<u>变压器的变比</u>，用 k 表示。

<u>变压器具有"三变"作用，即电压变换、电流变换和阻抗变换作用。</u>

电压变换是指变压器一、二次绕组的电压之比为变压器的变比，即

$$\frac{U_1}{U_2} = \frac{N_1}{N_2} = k \tag{3-11}$$

电流变换是指变压器一、二次绕组的电流之比为变比的倒数，即

$$\frac{I_1}{I_2} = \frac{N_2}{N_1} = \frac{1}{k} \tag{3-12}$$

阻抗变换是指变压器一次电路的等效阻抗模与二次侧所接阻抗模之比，为变比的二次方，即

$$\frac{|Z_1|}{|Z_2|} = \left(\frac{N_1}{N_2}\right)^2 = k^2 \tag{3-13}$$

一次侧等效阻抗 Z_1 是指从一次侧看进去的阻抗，也就是当负载阻抗 Z_2 与变压器二次绕组连接后折算到一次绕组的等效阻抗，如图 3-14 所示。对电源而言，相当于连接阻抗为 $|Z_1| = k^2 |Z_2|$ 的负载。当变压器负载一定时，改变变压器的变比，则在一次侧可得到不同的等效阻抗值。

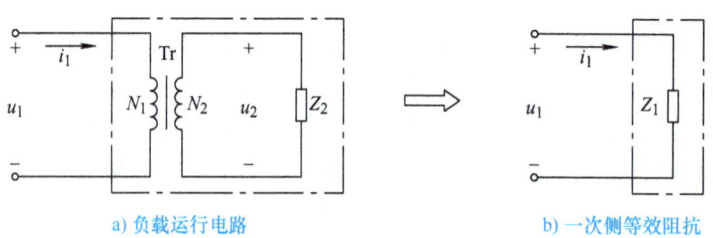

a) 负载运行电路　　　　　　b) 一次侧等效阻抗

图 3-14　阻抗变换电路

【例 3-2】　有一台电压为 220V/36V 的降压变压器，二次侧接一盏 36V、40W 的灯泡，试求：(1) 若变压器的一次绕组 $N_1 = 1100$ 匝，二次绕组匝数应是多少？(2) 灯泡点亮后，一、二次电流各为多少？

【解】　(1) 由变压器的电压变换作用，可以求出二次绕组匝数为

$$N_2 = \frac{U_2}{U_1} N_1 = \frac{36}{220} \times 1100 \text{ 匝} = 180 \text{ 匝}$$

(2) 二次电流为

$$I_2 = \frac{P_2}{U_2} = \frac{40}{36} = 1.11 \text{A}$$

根据电流变换作用，可求得一次电流为

$$I_1 = \frac{N_2}{N_1} I_2 = \frac{180}{1100} \times 1.11 \text{A} = 0.18 \text{A}$$

【例 3-3】　在如图 3-15 所示的晶体管收音机输出电路中，晶体管所需的最佳负载电阻 400Ω，而变压器二次侧所接扬声器的阻抗 16Ω。试求变压器的变比。

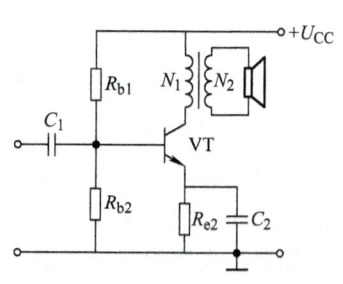

图 3-15　晶体管收音机输出电路

【解】 根据题意，要求二次侧电阻等效到一次侧后的电阻刚好等于晶体管所需最佳负载电阻，以实现阻抗匹配，输出最大功率。因此根据变压器阻抗变换公式有

$$k = \frac{N_1}{N_2} = \sqrt{\frac{R_1}{R_2}} = \sqrt{\frac{400}{16}} = 5$$

即一次绕组的匝数是二次绕组的匝数的 5 倍。

3.2.3 特殊变压器

1. 自耦变压器

图 3-16 所示为自耦变压器的原理图，它的二次绕组是一次绕组的一部分，其特点是一、二次绕组之间不仅有磁的耦合，还有电的直接联系。其一、二次电压、电流关系分别是

$$\frac{U_1}{U_2} = \frac{N_1}{N_2} = k, \quad \frac{I_1}{I_2} = \frac{N_2}{N_1} = \frac{1}{k}$$

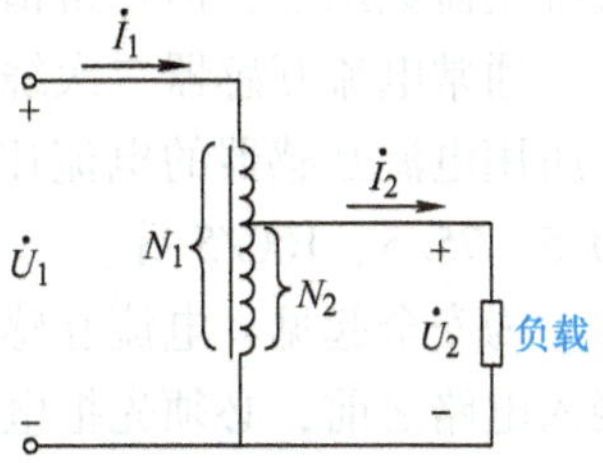

自耦变压器节约了一个二次绕组，因而结构简单，节省用铜量，效率也比普通变压器高。它的缺点是，由于一、二次绕组间有直接的电流联系，万一接错，将会发生触电事故或烧毁变压器，所以，自耦变压器不容许作为安全变压器使用。

由于自耦变压器的 N_2 可调，所以 U_2 可调，即可在二次侧获得所需电压，可用于升压，也可用于降压。

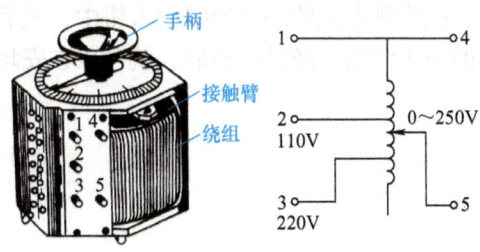

图 3-16 自耦变压器原理图

低压小容量的自耦变压器，其二次绕组的分接头常做成能沿线圈自由滑动的触头，从而实现平滑地调节二次电压。这种自耦变压器称为自耦调压器。实验室中常用的调压器外形和电路如图 3-17 所示。

图 3-17 调压器的外形与电路

2. 仪用互感器

专供测量仪表使用的变压器称为仪用互感器，简称互感器，采用互感器的主要目的有二：一是使测量仪表与高压电路绝缘，以保证工作安全；二是扩大测量仪表的量程。

互感器可分为电压互感器和电流互感器两种，电压互感器可扩大交流伏特表的量程，而电流互感器可扩大交流安培表的量程。

电压互感器的结构如图 3-18 所示，它类似于普通变压器的空载运行情况，使用时把匝数较多的高压绕组跨接到所需测量电压的供电线上，匝数较少的低压绕组则与伏特表相连，如图 3-19 所示。

通常电压互感器二次绕组的额定电压均设计为统一标准值 100V。因此，在不同电压等级的电路中所用的电压互感器，其电压比是不同的，例如 10000/100、3500/100 等等。

为防止高低压绕组间的绝缘层损坏，低压绕组及仪表对地具有高电压而危及人身安全，电压互感器的铁壳及二次绕组的一端都必须良好接地。

电流互感器的结构如图 3-20 所示。使用时它的一次绕组与待测电流的负载相串联，二

次绕组与安培表串接成一闭合回路，如图 3-21 所示。

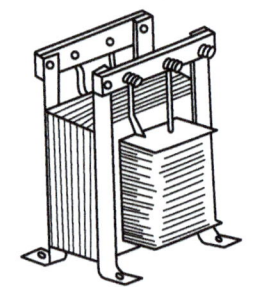
图 3-18　电压互感器的结构

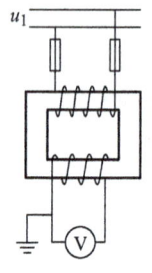
图 3-19　电压互感器的接线图

图 3-20　电流互感器的结构

电流互感器的一次绕组所用导线粗，匝数少，阻抗值很小，串接在电路中压降很小。二次绕组匝数虽多，但正常情况下感应电动势也只不过几伏。

通常电流互感器二次绕组的额定电流均设计为同一标准值 5A。因此在不同电流的电路中所用电流互感器的电流比是不同的。电流互感器的电流比有：10/5、20/5、30/5、40/5、50/5、75/5、100/5 等。

为安全起见，电流互感器二次绕组的一端和铁壳必须良好接地，在电流互感器一次绕组接入电路之前，必须先把电流互感器的二次绕组连成闭合回路并且在工作中不得开路。

图 3-22 是钳形电流表，它是电流互感器的另一种形式。钳形电流表是由一个二次绕组和一块铁心构成，二次绕组与安培表接成闭合回路，铁心可以开合。在测量时，先张开铁心，把待测电流的一根导线放入钳中，然后闭合铁心。这样，载流导线便成为电流互感器一匝的一次绕组，经过变换后，就可以在安培表上直接读出待测电流的大小。

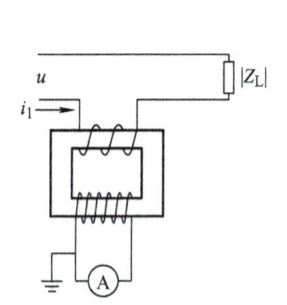
图 3-21　电流互感器的接线图

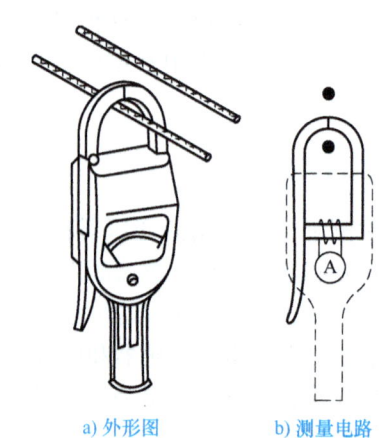
a) 外形图　　b) 测量电路
图 3-22　钳形电流表

3. 三相变压器

目前在电力系统中，普遍采用三相三线制系统或三相四线制系统供电，用三相电力变压器来变换三相电压。实现三相电压的变换可以通过三台相同的单相变压器，但通常使用一台三相变压器。

三相变压器有三个一次绕组和三个二次绕组，其铁心有三个心柱，每相的一、二次绕组分别同心装在一个心柱上。如图 3-23a 所示，其工作原理与单相变压器的工作原理相同。

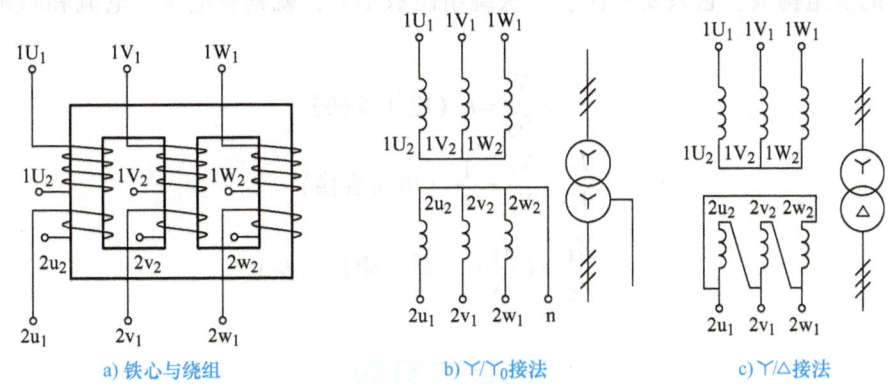

图 3-23　三相变压器

　　三相变压器的一次侧、二次侧的三个绕组都可以接成Y联结，也可以接成△联结。Y联结时，如果有中性线则用Y_0表示。这样三相变压器一、二次绕组的接法就有多种组合，为了使用方便，国家规定了一些标准联结组别。图 3-23b、c 分别表示Y/Y_0接法和$Y/\triangle$接法，其中斜线上方表示一次绕组的接法，下方表示二次绕组的接法。Y/Y_0接法用于三相四线制供电的配电变压器，一次电压不超过 35kV，二次电压为 380/220V 的市电。

本 章 小 结

1. 磁场的基本物理量

磁感应强度 B：表示磁场内某点磁场强弱与方向的物理量。其方向可由右手定则或右手螺旋定则判定，其大小为 $B = F/Il$。

磁通 Φ：磁场中垂直穿过某截面 S 的磁感应线的总数，是磁感应强度 B 与垂直于磁场方向面积 S 的乘积，即 $\Phi = BS$。

磁导率 μ：表示物质的导磁能力的物理量。非铁磁物质和空气的磁导率接近于真空磁导率 $\mu_0 = 4\pi \times 10^{-7}$ H/m，为常数。铁磁物质的磁导率很大，且不是常数。相对磁导率为 $\mu_r = \mu/\mu_0$。

磁场强度 H：表示励磁电流在空间产生的磁化能力的物理量。它与磁感应强度之间的关系为 $B = \mu H$，这是反映磁性材料的磁化能力的基本公式。

2. 磁性材料具有高导磁性、磁饱合性和磁滞性。磁滞会造成能量损耗并导致铁心发热。

3. 磁路的基本定律

安培环路定律：$\oint H dl = \sum I$ 或 $Hl = \sum I = NI$

磁路欧姆定律：$\Phi = \dfrac{NI}{\dfrac{l}{\mu S}} = \dfrac{F}{R_m}$

4. 交流铁心线圈的电压与主磁通的关系为 $U \approx 4.44 f N \Phi_m$，主磁通与电源电压、频率及线圈匝数有关，只有当 U、f 不变时，其主磁通的大小就基本不变。

5. 变压器是根据电磁感应原理制成的电气设备，它主要由用硅钢片叠成的铁心和套在铁心柱上的绕组构成。它只要一次、二次绕组匝数不等，就具有电压、电流和阻抗的三变作用。

$$\frac{U_1}{U_2} = \frac{N_1}{N_2} = k \quad （电压变换）$$

$$\frac{I_1}{I_2} = \frac{N_2}{N_1} = \frac{1}{k} \quad （电流变换）$$

$$\frac{Z_1}{Z_2} = \left(\frac{N_1}{N_2}\right)^2 = k^2 \quad （阻抗变换）$$

思考与习题

3-1 磁性材料有哪些特征？

3-2 试比较磁路的欧姆定律和电路的欧姆定律，说明其异同点。

3-3 若将交流铁心线圈接到与其额定电压相等的直流电压上，或将直流铁心线圈接到有效值与额定电压相同的交流电压上，各会产生什么问题？为什么？直流铁心线圈中有否铁耗？

3-4 有一台220/110V的变压器，如果把一次绕组接220V的直流电源，会产生什么样的后果？为什么？

3-5 对于220/110V的变压器，可否把变压器一次绕组绕2匝，二次绕组绕1匝来满足变比的要求？为什么？

3-6 某铁心线圈的额定工作频率为50Hz，用于25Hz的交流电路中，能否正常工作（输入电压仍为额定值）？为什么？

3-7 变压器的铁心有什么作用？任意改变铁心尺寸是否可行？为什么铁心要用硅钢片叠成？能否用整块的铁心？

3-8 有一台10000/400V的变压器，其一次绕组有三个抽头，用来改变变压器的匝数，当电源电压升高至10500V时，要使二次绕组端电压仍为400V，问：一次绕组的匝数应增加还是减少？

3-9 变压器油箱上的出线端，其中一排的导线截面较小，另一排的截面积较大，问哪一侧是高压的出线端？哪一侧是低压的出线端？

3-10 变压器的铭牌上标明220/36V，300VA，问下列哪一种规格的电灯能接在此变压器的二次电路中使用？为什么？

a) 36V、500W； b) 36V、60W； c) 12V、60W； d) 220V、25W。

3-11 有一台空载变压器，一次绕组加交流额定电压380V，已知一次绕组的直流电阻为10Ω，试问空载电流是否等于38A？

3-12 为了保证人身安全，可将电压降低，问能否采用自耦变压器？

3-13 用钳形电流表测单相电流时，若把两根导线同时放入钳中，电流表读数是否会比套入一根时的读数大一倍？为什么？

3-14 有一交流铁心线圈接在 $f = 50\text{Hz}$ 的正弦电源上，在铁心中得到磁通的最大值

$\Phi_m = 2.5 \times 10^{-3}$ Wb。现在此铁心上再绕一个 200 匝的线圈，当线圈开路时，求其两端的电压是多少？

3-15 有一单相照明变压器，容量为 10kVA，电压为 10000/220V，今欲在二次侧接上 60W、220V 的白炽灯泡，如果要求变压器在额定情况下运行，这种灯泡最多可接几个？一、二次绕组的额定电流各为多少？

3-16 单相变压器的一次电压 $U_1 = 3300$V，其电压比 $K = 15$，求二次电压 U_2 应为多少？当二次电流 $I_2 = 60$A 时，求一次电流 I_1 为多少？

3-17 如图 3-24 所示，扬声器的电阻 $R = 8\Omega$，为了在输出变压器的一次侧得到 288Ω 的等效电阻，求输出变压器一、二次绕组的匝数比。

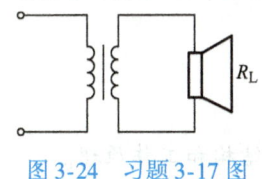

图 3-24 习题 3-17 图

3-18 某单相变压器的容量 $S_N = 2$kVA，一次额定电压是 220V，二次额定电压是 110V，求一次、二次额定电流各为多少？

3-19 单相变压器一、二次额定电压为 220/36V，容量 $S_N = 2$kVA，要求：

(1) 分别计算一、二次额定电流值。

(2) 当一次侧加额定电压后，问是否在任何负载下一、二次绕组中的电流都是额定值？

(3) 如在二次侧接 36V、100W 的电灯 12 盏，求此时的一、二次电流值。

第4章 三相异步电动机及其控制

[本章概述]

主要介绍三相异步电动机的结构和工作原理；三相异步电动机的起动、调速和制动方法；低压控制电器的结构、原理和功能；继电器-接触器控制系统常用基本控制电路的分析方法。

[知识与能力目标]

1. 了解三相异步电动机的基本结构和工作原理。
2. 掌握三相异步电动机起动、调速及制动方法。
3. 了解低压控制电器的结构、原理及功能。
4. 掌握继电器-接触器控制系统的基本控制电路分析。
5. 掌握继电器-接触器控制电路的自锁、互锁。
6. 了解行程控制、时间控制等控制方法。
7. 理解控制电路过载、短路和严重过载、失电压保护的方法。

[相关知识链接]

4.1 三相异步电动机的结构及工作原理

三相异步电动机具有结构简单、价格低廉、运行可靠、维护方便及效率高等优点，在工农业生产和日常生活中得到了广泛应用。三相异步电动机广泛应用于各种金属切削机床、起重机、锻压机、风机、水泵、压缩机、传送机及铸造机械等。但存在调速性能差、功率因数低的缺点，在某些场合受到限制。

4.1.1 三相异步电动机的结构

三相异步电动机由两个基本部分组成：定子和转子。其结构如图4-1所示。

定子是指电动机中静止不动的部分，由机座、定子铁心和定子绕组三部分组成。

机座是用铸铁、铸钢、压铸（或挤压）铝合金制成的，具有固定铁心和支撑端盖的作用。定子铁心一般用厚度为0.5mm彼此绝缘的硅钢片叠压成圆筒状，内圆表面冲有分布均匀的槽孔，用来嵌放三相对称绕组（称为定子绕组），每相绕组对称分布在几个槽内，是由线圈按一定规则连接而成的，如图4-2所示。三相定子绕组结构完全对称，有6个接线端 U_1、U_2、V_1、V_2、W_1、W_2，分别连接至机座的接线盒内，根据需要可接成星形或三角形。整个定子铁心、定子绕组和端盖固定在机座上，端盖上装有轴承，支承转子。

第4章 三相异步电动机及其控制

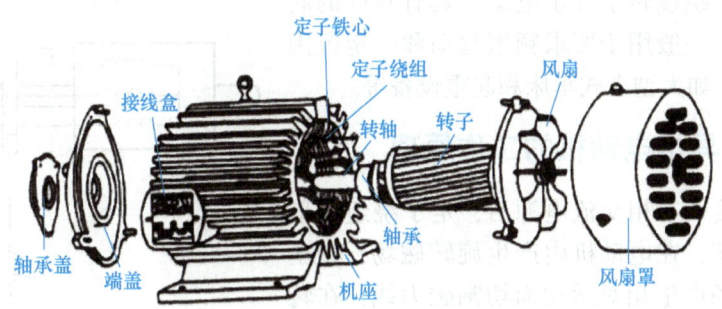

图 4-1 笼型三相异步电动机的结构

转子是电动机的旋转部分，用来带动机械负载转动，由转子铁心、转子绕组和转轴等组成。

转子铁心是由 0.5mm 厚的硅钢片叠成圆柱体，固定在转轴上，转轴可加机械负载，外圆表面冲有转子槽孔，用来嵌放转子绕组，如图 4-3 所示，根据转子绕组构造不同分为笼型和绕线式两种。

a) 定子外形图　　　b) 定子铁心冲片

图 4-2 电动机的定子

图 4-3 转子铁心冲片

笼型转子是在转子铁心槽孔内压进铜条，铜条两端分别焊在两个铜环上，形成闭合电路，如图 4-4a、b 所示，其形状如同鼠笼，故称笼型转子。为节省铜材，中、小电动机采用铸铝转子，如图 4-4c 所示，即把熔化的铝浇铸在转子铁心的槽内，两个端环和风扇一起铸成。

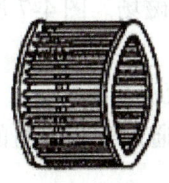

a) 笼型绕组

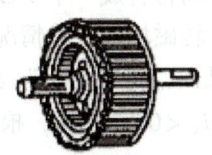

b) 铜条转子结构

c) 铸铝转子结构

图 4-4 笼型转子

绕线转子绕组同定子绕组相似，在转子铁心槽内嵌放对称的三相绕组，转子绕组固定连接成星形，把 3 个接线端分别接到转轴上 3 个彼此绝缘的铜质集电环上，集电环与转轴间绝缘，通过与集电环滑动接触的电刷将转子绕组的 3 个始端接到机座的接线盒内，其结构示意图如图 4-5 所示。3 个接线端再将外加的三相变阻器串入转子绕组，可改善电动机的起动和调速性能。不加三相变阻器时，必须将 3 个接线端短接，使转子绕组形成闭合通路，否则电

65

动机不能转动。绕线转子异步电动机具有较好的起动和调速性能，一般用于要求频繁起动和一定范围内调速的场合，如大型立式车床和起重设备等。

4.1.2 三相异步电动机的工作原理

定子绕组接入三相交流电源后，定子绕组内形成三相对称电流，在电动机内产生旋转磁场，转子绕组与旋转磁场产生相对运动而切割磁力线，在转子绕组中产生感应电流，两者相互作用产生电磁转矩，使转子旋转。

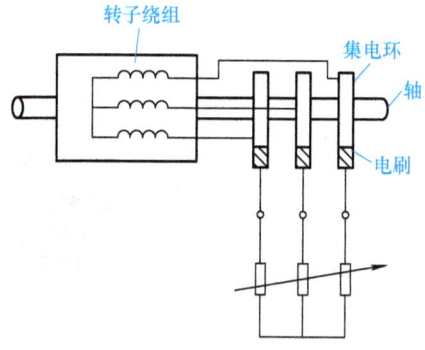

图 4-5　绕线式转子结构示意图

1. 旋转磁场的产生

三相异步电动机的定子绕组是在空间上彼此相隔 120° 的三相对称绕组，为便于分析，每相绕组由 1 个线圈组成，从而构成简单的三相 6 槽结构，各相绕组的始、末端分别用 U_1、V_1、W_1 和 U_2、V_2、W_2 表示，如图 4-6a 所示。定子绕组可接成星形或三角形联结，图 4-6b 所示为星形联结，再将定子绕组接到三相电源线上，在绕组中就形成三相对称电流。

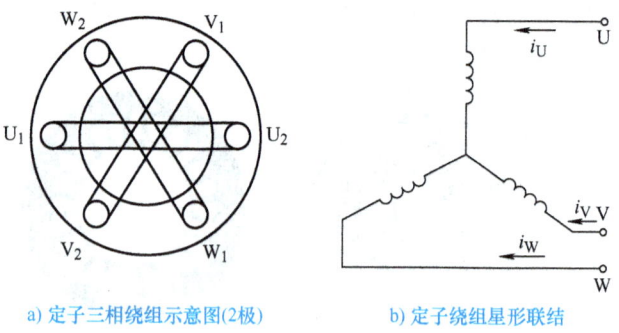

a) 定子三相绕组示意图(2极)　　b) 定子绕组星形联结

图 4-6　定子绕组示意图和接线图

$$i_U = I_m \sin\omega t$$
$$i_V = I_m \sin(\omega t - 120°)$$
$$i_W = I_m \sin(\omega t + 120°)$$

选取电流的正方向是从绕组始端到末端，当定子绕组接入三相交流电后，就会在三个定子绕组中产生各自的交变磁场，三个交变磁场将合成一个 2 极旋转的磁场。图 4-7 所示为交流电变化一周由定子绕组中三相电流产生旋转磁场的变化情况。

图 4-7 中，符号"×"表示电流流入纸面，符号"·"表示电流流出纸面。

当 $\omega t = 0°$ 时，如图 4-7a 所示，$i_U = 0$、$i_V < 0$、$i_W > 0$，根据电流通过三相绕组的方向用

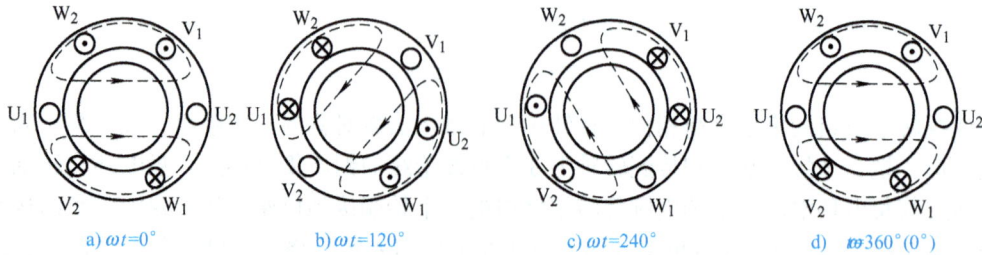

a) $\omega t=0°$　　b) $\omega t=120°$　　c) $\omega t=240°$　　d) $\omega t=360°(0°)$

图 4-7　三相电流产生的旋转磁场

右手定则可判断出三相绕组产生的磁场方向,再将每相绕组产生的磁场进行叠加,得出合成磁场,其合成磁场是左为 N 极,右为 S 极的 1 对磁极。

当 $\omega t = 120°$ 时,如图 4-7b 所示,$i_U > 0$、$i_V = 0$、$i_W < 0$,同样可判断其合成磁场按顺时针方向旋转了 120°。

当 $\omega t = 240°$ 时,如图 4-7c 所示,$i_U < 0$、$i_V > 0$、$i_W = 0$,此时合成磁场又按顺时针方向旋转了 120°。

当 $\omega t = 360°$(即为 $\omega t = 0°$)时,如图 4-7d 所示,合成磁场返回到原来的位置。

当电流完成 1 个周期的变化时,它所产生的合成磁场在空间上按三相交流电的相序旋转 1 周,当电流随时间不断变化时,其合成磁场就会在定子内的空间不停旋转,并与三相交流电保持同步,我们将这种旋转的磁场称为<u>同步旋转磁场</u>。

2. 旋转磁场的转向

旋转磁场的转向是由定子三相电流的相序决定的,在图 4-7 中,三相交流电的相序是顺序,旋转磁场的转向按顺时针方向旋转;若将三相电流的相序改为逆序,则旋转磁场的转向为逆时针。即旋转磁场的转向是与三相绕组中电流的相序一致。如图 4-8 所示,将接在三相定子绕组的三相电源中任意两相对调,即可改变旋转磁场的转向,从而可实现电动机的正转与反转。

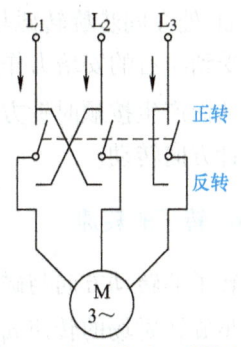

图 4-8 电动机正、反转电路

3. 旋转磁场的磁极对数

三相异步电动机的磁极对数就是旋转磁场的极对数。旋转磁场的极对数与三相绕组在空间的分布有关。当每相绕组只有 1 个线圈,三相绕组的首端之间相差 120° 空间角,则产生的旋转磁场只有 1 对磁极(2 极),即极对数 $p = 1$。当每相绕组有两个线圈串联组成,绕组的始端之间相差 60° 空间角,则产生的旋转磁场具有 2 对磁极,即 $p = 2$。依此类推,则极对数 $p = 120°/$空间角。

4. 旋转磁场的转速

当 $p = 1$ 时,电流每变化 1 个周期,旋转磁场在空间就旋转 1 周。若电流的频率为 f_1,旋转磁场就每秒转过 f_1 周,则旋转磁场的转速为 $n_0 = 60f_1$。

当 $p = 2$ 时,电流每变化 1 个周期旋转磁场在空间只旋转 ½ 周。则旋转磁场的转速为 $n_0 = 60f_1/2$。这样,具有 p 对磁极的旋转磁场的转速 n_0 表示为

$$n_0 = \frac{60f_1}{p} \tag{4-1}$$

在我国,工频 $f_1 = 50\,\text{Hz}$,表 4-1 列出磁极对数与旋转磁场转速的关系。

表 4-1 磁极对数与旋转磁场转速的关系

磁极对数 p	1	2	3	4	5	6
旋转磁场的转速 $n_0/(\text{r/min})$	3000	1500	1000	750	600	500

5. 三相异步电动机的转动原理

图4-9为三相异步电动机的转动原理模型图。当三相异步电动机接入三相交流电源时，三相定子绕组上的三相交流电流产生同步旋转磁场，且同步旋转磁场以同步转速 n_0 按顺时针方向旋转，与转子绕组间产生相对运动。假设磁场不动，而转子绕组的导线 ab 以逆时针方向切割磁力线，在闭合导体 ab 上将产生感应电动势和感应电流，根据右手定则可判定感应电流的方向是 a 向外，b 向里。又由于通电导线 ab 处在同步旋转磁场中，根据左手定则可判断出 a 受到向右的安培力作用，b 受到向左的安培力作

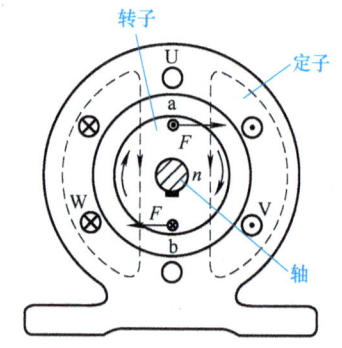

图4-9 三相异步电动机转动原理模型

用，从而产生按顺时针方向转动的转矩，称为电磁转矩 M。在电磁转矩的作用下，使转子沿顺时针方向转动。

6. 转子的转速

转子的转动方向与磁场的旋转方向相同，即与交流电的相序相同，而转子的转速 n 应小于同步旋转磁场的转速 n_0。若二者相等，转向又相同，则转子与旋转磁场之间就没有相对运动，磁力线就不会切割转子绕组，转子绕组就没有感应电动势和感应电流，不会产生电磁转矩，转子不能转动。由于转子的转速小于磁场的转速，即与磁场转速（或交流电）不同步，因此转子的转速称为异步转速，电动机称为<u>异步电动机</u>，又由于它是利用电磁感应现象而转动的，因此也称为<u>感应电动机</u>。

7. 转差率

把旋转磁场的转速与转子转速的差值称为转差，转差与同步转速的比值称为转差率，用 s 表示，即

$$s = \frac{n_0 - n}{n_0} \text{ 或 } \quad s = \frac{n_0 - n}{n_0} \times 100\% \tag{4-2}$$

转差率是描述转子与同步转速相对差别程度的物理量，一般三相异步电动机在额定转速时的转差率 s_N 为 0.01~0.05。在起动时，$n = 0$，此时转差率最大，$s = 1$。

【例4-1】 有一台三相异步电动机，额定转速 $n_N = 1455 \text{r/min}$，电源频率 $f_1 = 50 \text{Hz}$。求电动机的磁极对数和额定转差率。

【解】 由于电动机的额定转速略低于同步转速，可判断其同步转速 $n_0 = 1500 \text{r/min}$，则磁极对数应为

$$p = 60 f_1 / n_0 = 60 \times 50 / 1500 = 2$$

额定转差率 s_N 为

$$s_N = \frac{n_0 - n_N}{n_0} = \frac{1500 - 1455}{1500} = 0.03$$

4.2 三相异步电动机的起动、制动及调速

4.2.1 三相异步电动机的起动

电动机接通电源后开始转动，转速从 $n=0$ 不断升高直至达到稳定转速的过程称为<u>起动过程</u>。电动机在刚接通电源的瞬间，转子处于静止状态，而旋转磁场立即以同步转速 n_0 旋转，它们之间的相对转速相差很大，此时在转子绕组中产生很大的感应电流，定子绕组中电流也将相应增大，我们将起动时定子的电流称为起动电流 I_{st}，一般中小型三相异步电动机的起动电流为额定电流的 5~7 倍。随着转速的上升，起动电流会迅速减小。电动机起动时间较短，尽管起动电流很大，也不会出现电动机本身过热的现象，因此，对容量不大且不频繁起动的电动机影响不大。如果连续频繁起动，由于热量的积累，可能会使电动机过热，甚至烧坏电动机。起动时过大的起动电流在短时间内会在线路上造成较大的电压降，则负载端的电压降低较大，使接在同一线路上的其他负载不能正常工作。因此必须采取必要措施限制起动电流。

常采用的起动方法有以下几种：

1. 直接起动（全压起动）

直接起动是给定子绕组直接加额定电压后起动。直接起动的异步电动机要受到供电变压器的限制，当电动机由单独的变压器供电时，电动机的容量不超过变压器容量的 20%~30% 便可采用，以电动机起动时电源电压降低不超过额定电压的 5% 为原则。

2. 减压起动

电动机起动时，降低加在电动机定子绕组上的电压，从而减小起动电流，待起动结束时再恢复到额定电压运行。减压起动可使起动转矩明显减小，所以减压起动一般用于笼型三相异步电动机在轻载或空载下起动，以及对起动转矩要求不高的生产机械负载。笼型异步电动机常用的减压起动方法有星形-三角形减压起动、自耦变压器减压起动，串电阻或电抗器减压起动。

（1）星形-三角形减压起动　如图 4-10 所示，电动机在起动时将定子三相绕组接成星形，在工作时通过转换开关再将定子三相绕组接成三角形，这样在起动时加在每相绕组的电压是线电压的 $1/\sqrt{3}$，可使起动电流降为直接起动电流的 1/3。

（2）自耦变压器减压起动　如图 4-11 所示，起动时先将转换开关 SC 合到"起动"位置，再接上电源，待起动后，再将 SC 合到"运行"位置。这样起动电压小于额定电压，起动完成后转换为全压，电动机正常运行。

（3）定子绕组串电阻（或电抗）减压起动　如图 4-12 所示，起动时将转换开关打到"起动"侧，电阻 R 与定子绕组串联，起到分压作用。电动机起动后，将转换开关打到"运行"侧，电阻 R 不再起作用，电源直接与定子绕组相连，电动机正常运行。

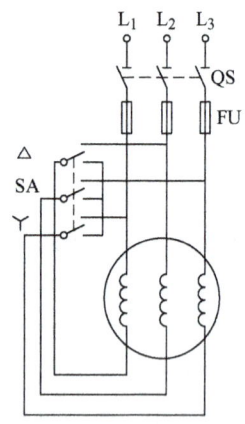
图 4-10　星形-三角形减压起动

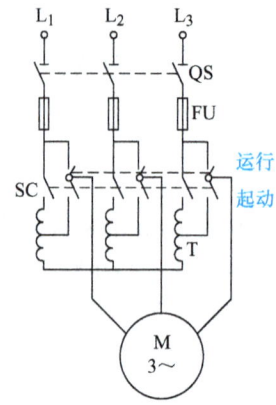
图 4-11　自耦变压器减压起动

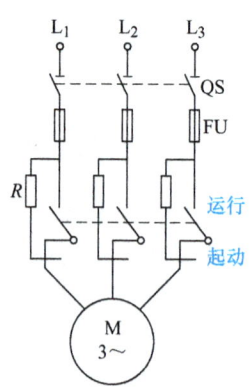
图 4-12　串电阻减压起动

3. 绕线转子异步电动机的起动

如图 4-13 所示，只要在转子电路中接入大小适当的起动电阻，转子电流减小，定子电流也将减小，即可以达到减小起动电流的目的。起动后，将转子电阻调到零值。该起动方法适用于要求起动转矩较大的机械，如卷扬机、起重机等。

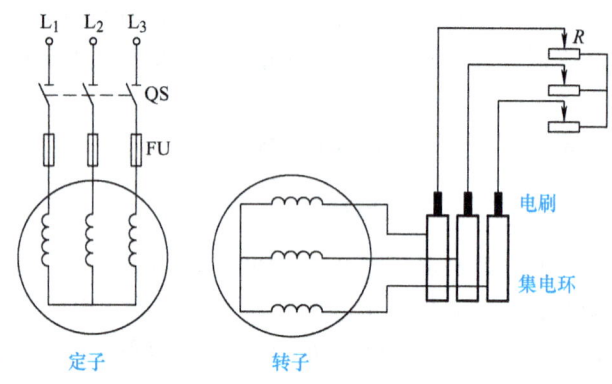
图 4-13　绕线转子异步电动机起动原理图

4.2.2　三相异步电动机的制动

所谓制动，俗称刹车，就是让正常工作的电动机停止运行。当切断电动机电源后，电动机的转动部分由于惯性作用，仍将转动一定时间后才能够停止运行，为保证电动机快速且准确地停止运行，需对电动机实行制动，就是在断开电源后给它加一个与转向相反的转矩，使电动机很快停转。下面介绍三相异步电动机常用的制动方法。

1. 能耗制动

在切断三相异步电动机电源的同时，在任意两相定子绕组之间接入直流电源，如图4-14 所示，直流电流在定子绕组中产生稳定磁场，转子在惯性作用下继续按原方向转动，从而切割磁力线产生感应电流。根据右手定则和左手定则不难判定，转子电流与稳定磁场相互作用产生新的转动力矩（制动转矩），它与转动方向相反，起到制动作用，使电动机迅速停转。当电动机停转时，转子与稳定磁场没有相对运动，转子中没有感应电流产生，制动转矩随之消失。这种方法是将转子的动能转变为电能，再转变为热能消耗掉，即消耗转子的动能来进行制动，故称为能耗制动。

2. 反接制动

反接制动就是在电动机断电后，将电源三根导线中的任意两根对调再加电，使旋转磁场旋转方向相反，转子受到一个与原转动方向相反的制动转矩，使电动机转速迅速降低，起到制动作用。在电动机的转速接近零时，必须由控制电器将电动机的电源及时切断，以防止电动机反转，如图 4-15 所示。反接制动的特点是：简单易行，制动效果好，但能耗较大，中小型电动机多采用这种方法。

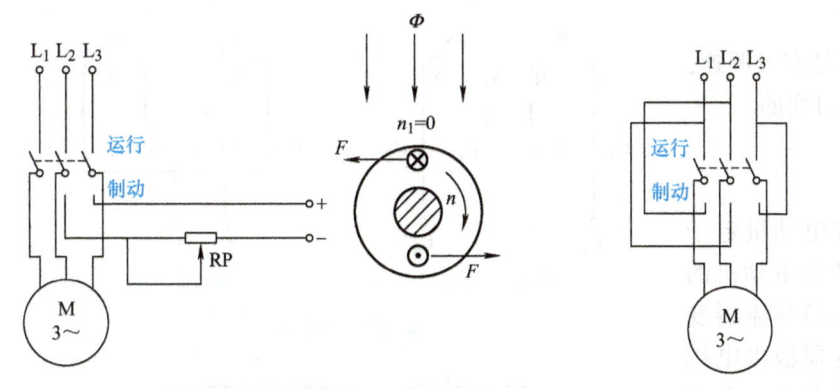

图 4-14　能耗制动 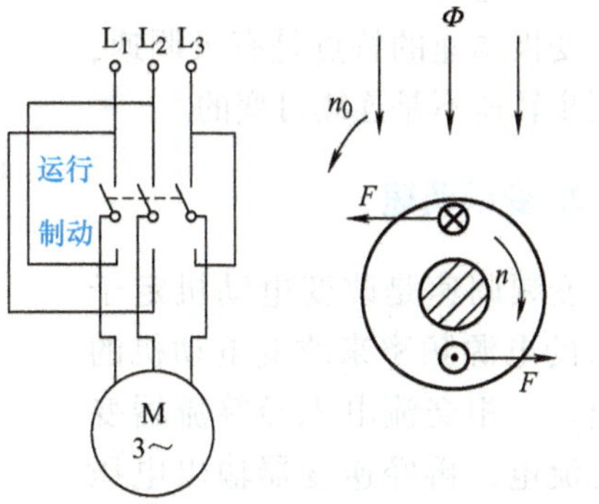　　　　　　　　图 4-15　反接制动

3. 回馈制动

回馈制动是当电动机的转速 n 大于旋转磁场的同步转速 n_0 时，转子绕组切割磁力线与原方向相反，则产生的感应电动势与感应电流的方向也相反，从而产生的电磁转矩 T_{em} 就相反，成为制动转矩，如图 4-16 所示，起到制动作用。如当起重机下放重物时，重物拖动转子，使转速 $n > n_0$，重物下落时受到制动而匀速下降。实际上此时电动机已处于发电机运行状态，将重物的势能转换成电能回馈到电网，称为发电回馈制动，简称为回馈制动。

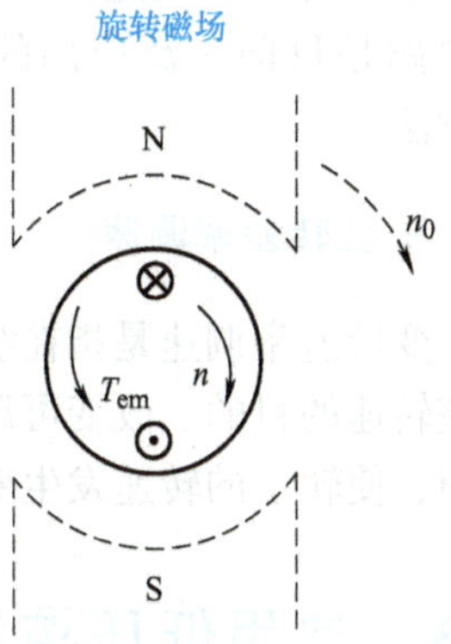

4.2.3　三相异步电动机的调速

图 4-16　回馈制动原理图

电动机的调速就是人为地改变电动机的转动速度，以满足生产机械的要求。由式 (4-2) 可得出电动机的转速为

$$n = (1-s)n_0 = (1-s)\frac{60f_1}{p} \tag{4-3}$$

即转子的转速与频率、磁极对数、转差率有关，因此调速的方法有以下 3 种：

1. 变极调速

变极调速就是改变电动机定子绕组的磁极对数 p 来改变电动机的转速。改变磁极对数是通过改变定子绕组的线圈连接方式来实现的，也就是将每相绕组中的半相绕组改变电流方向来实现变极调速。如图 4-17 所示，把 U 相绕组分成两个线圈：$U_{11}U_{21}$ 和 $U_{12}U_{22}$，图 4-17a 两线圈正向串联时,为 4 极电动机,即 $p=2$;图 4-17b 两线圈反向并联时,为 2 极电动机,即 $p=1$。

变极调速的电动机有几套定子绕组或绕组有多个抽头引到外部,通过转换开关改变绕组接法,以改变磁极对数,形成多速电动机,如双速电动机等。

变极调速的特点是有级调速,即同步转速不是连续可变的。

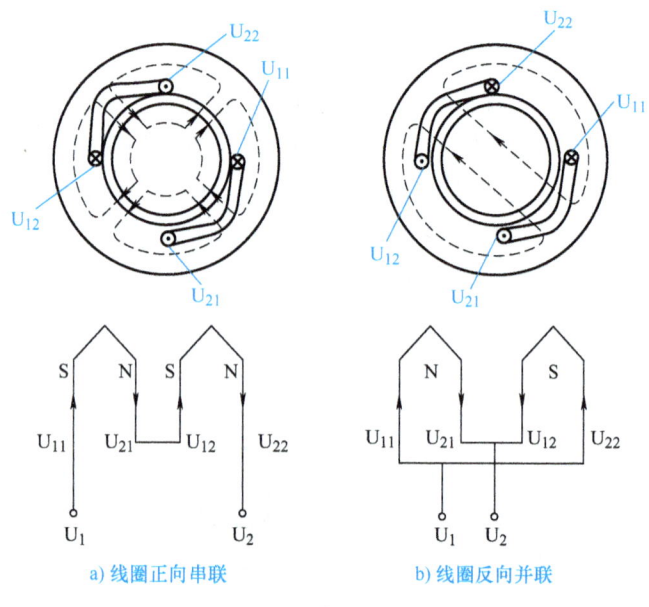

图 4-17 变极调速法

2. 变频调速

变频调速是改变电动机定子绕组的电源频率来改变电动机的转速。三相交流电先经整流器变成直流电,再经逆变器输出电压和频率可调的三相交流电,作为电源给电动机供电,实现三相异步电动机的无级调速。图 4-18 所示电路是目前广泛应用的变频调速方法。

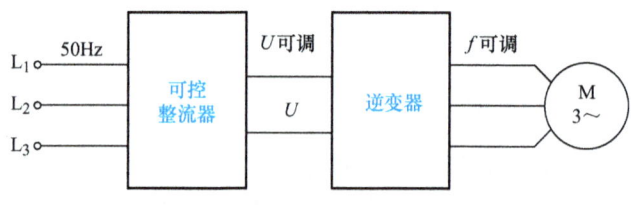

图 4-18 变频调速原理图

3. 变转差率调速

变转差率调速是指在绕线转子异步电动机的转子电路中接入可调电阻改变转差率,达到调整转速的目的。改变可调电阻的大小,就可以改变转子绕组电流的大小,从而改变转子的转矩,使转子的转速发生变化,也就是改变了转差率。

4.3 常用低压控制电器

在电路中对电能的产生、传输、分配与利用起到通断、控制、保护或调节作用的电工设备,称为电器。低压电器通常指额定电压为交流 1200V 以下直流 1500V 以下的电器。低压电器分为低压配电电器和低压控制电器两类。低压配电电器是由作业人员用手直接操作实现对电路控制的电器,也称手动控制电器,如刀开关、转换开关、按钮等。低压控制电器是根据某种指令、信号或某个物理量的变化而自动实现对电路控制的电器,也称自动控制电器,如低压断路器、熔断器、接触器、继电器、行程开关等。

4.3.1 刀开关

刀开关是常见的手动低压配电电器,用于接通或分断电路,其外形、结构和符号如图 4-19 所示。主要部件有闸刀(动触头)、刀座(静触头)和熔丝,拉开或推上闸刀,就能断开或接通电路。当电路发生短路故障时,熔体能迅速熔断,切断电路,起到对电路的保护作用。

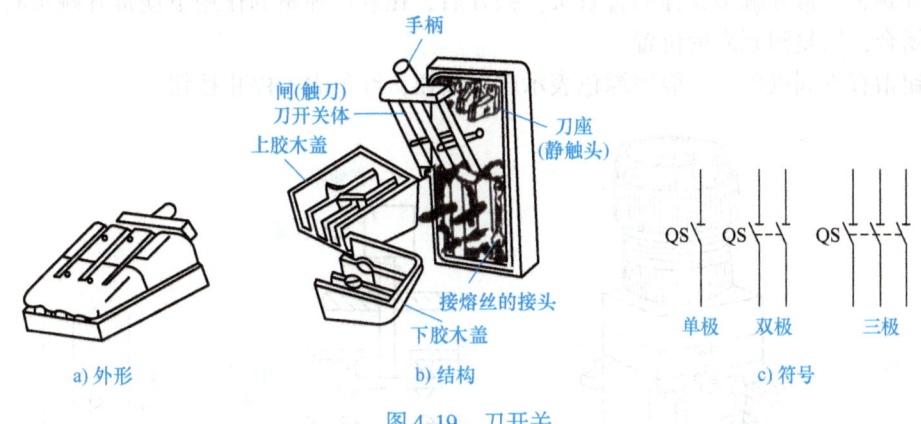

图 4-19 刀开关

刀开关分为单极、双极和三极 3 种,每种又有单抛与双抛两种。

安装刀开关时应将电源进线接在静触头上,负载线接在与闸刀相连的端子上。一般刀开关垂直安装在开关板上或开关箱内,应注意电源进线端(静触头端)在上。

4.3.2 转换开关

转换开关是一种转动式的刀开关,如图 4-20 所示。它有多组成对的动触片和静触片,通过操作手柄左右旋转 90°,可使动触片和静触片接通或断开。它主要用于接通或断开电路,控制小型笼型异步电动机的起动、停止、正反转以及局部照明电路。图 4-20 所示的结构示意图中有 3 对静触片,每个触片的一端固定有绝缘垫板上,另一端伸出盒外,连接在接线柱上,3 个动触片套在装有手柄的绝缘转轴上,转动手柄就可使 3 个动触片同时接通或断开电路。

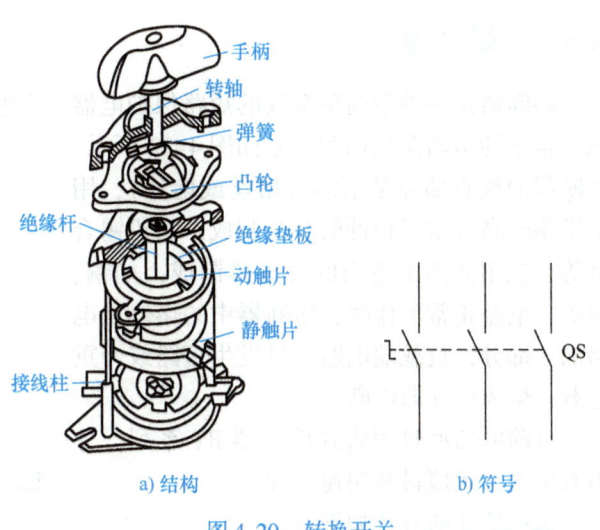

图 4-20 转换开关

转换开关是一种多极开关,组合性强,常用的有单极、双极、三极和四极等多种。

4.3.3 按钮

按钮是发出控制指令和信号的电器开关,是一种手动且可以自动复位的主令电器,通常用于对电磁起动器、接触器、继电器及其他电气设备发出控制指令,如图 4-21 所示。按钮由按钮帽、复位弹簧、动触头、静触头和外壳等组成。未按动按钮时,上面一对静触头与动

73

触头接通,称为常闭触头,下面静、动触头断开,称为常开触头。当按下按钮帽时,触桥随着推杆一起向下运动,使动触头向下移动,使常闭触头断开,常开触头闭合,因此常闭触头又称动开触头,常开触头又称动合触头。松开后,在复位弹簧的作用下使常开触头断开,常闭触头闭合,恢复到原来的位置。

按钮帽有不同颜色,一般用绿色表示起动按钮,红色表示停止按钮。

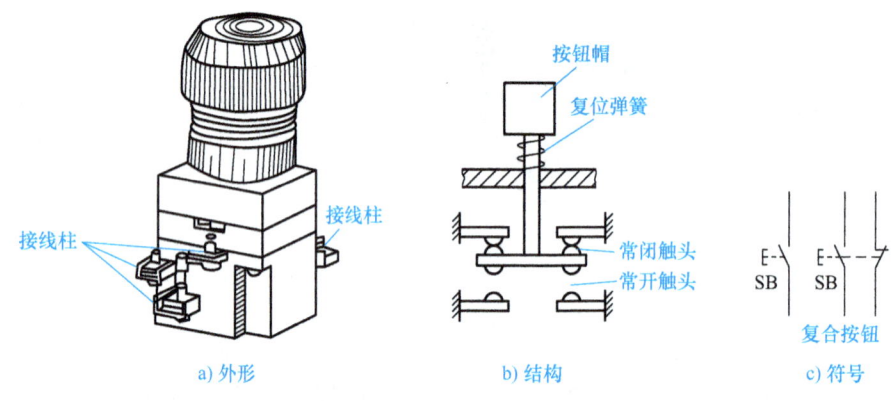

a) 外形　　　　b) 结构　　　　c) 符号

图 4-21　按钮

目前常用的产品有 LA18、LA19、LA25、LAY3 等系列。其中 LAY3 采用组合式结构,可根据需要任意组合其触头数目,其结构形式有普通式、紧急式、钥匙式和旋转式等。

4.3.4　熔断器

熔断器是一种最简单有效的短路保护电器。当电路发生短路故障时能自动迅速地切断电源。常用的熔断器结构和符号如图 4-22 所示。熔断器的核心部分是熔体(熔丝或熔片),用电阻率较高且熔点较低的合金制成,如铅锡合金等;或用截面积适当的良导体制成,如铜、银等。电路正常工作时,熔断器中的熔体是电路的一部分,负载端电路一旦发生短路或严重过载,熔体应立即熔断。

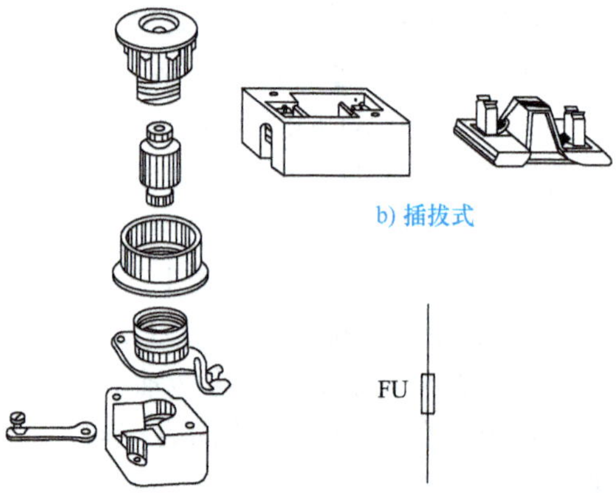

目前的新型封闭管式熔断器 RT 系列,分为有填料、无填料和快速三种。

选择熔体的方法如下:

1)电灯、电炉等无冲击电流负载的熔体:
熔体的额定电流 ≥ 所有实际负载工作电流之和

2)电动机负载线路的熔体:
在电动机回路中做短保护时,一般取

　　　　熔体的额定电流 = (1.5~2.5) × 电动机额定电流

对频繁起动的单台电动机,要选用比上式计算结果更大的熔断器。

$$熔体的额定电流 = \frac{电动机的起动电流}{1.6 \sim 2}$$

图 4-22　熔断器的结构和符号

3) 对多台电动机合用的熔体，则可按下式估算：

熔体的额定电流≥(1.5~2.5)×容量最大的电动机的额定电流+其余电动机的额定电流之和。

4.3.5 低压断路器

低压断路器适用于不频繁的通断控制的低压配电电路，在电路发生短路、过载或欠电压等故障时，能自动切断电路，从而有效地保护用电设备。

断路器的主要组成部分是：触头系统、灭弧装置、机械传动机构及保护装置等。

断路器的种类繁多，按结构特点分为框架式、塑料壳式、直流快速断式和限流式等。如图4-23a所示是它的结构原理示意图。低压断路器是靠操作机构手动或电动合闸的，触头闭合后，自由脱扣器将触头锁在合闸位置上。当电路发生过载、短路或欠电压等故障时，自由脱扣器在有关脱扣器的作用下自动动作，脱扣跳闸，以实现保护作用。其中，过电流脱扣器线圈与主电路串联，起短路保护作用；热脱扣器热元件的线圈与主电路串联，起过载保护作用；失电压脱扣器线圈与电路并联，起失电压保护作用；分励脱扣器作为远距离控制分断电路之用。

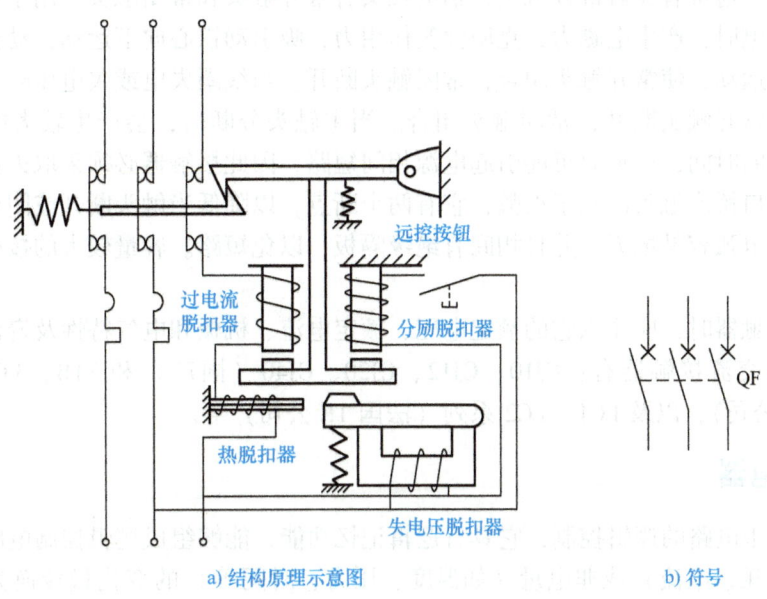

a) 结构原理示意图　　　　b) 符号

图4-23　低压断路器结构原理示意图及符号

4.3.6 交流接触器

交流接触器简称接触器，是利用电磁铁的电磁吸力来操作的电磁开关，属于自动控制电器。它可用于频繁接通和断开电动机或其他用电设备的供电电路，能够实现远距离控制，同时还具有欠电压保护作用。图4-24是接触器的外形、结构示意图和符号。

接触器主要由三部分组成，即电磁系统、触头部分和灭弧装置。

75

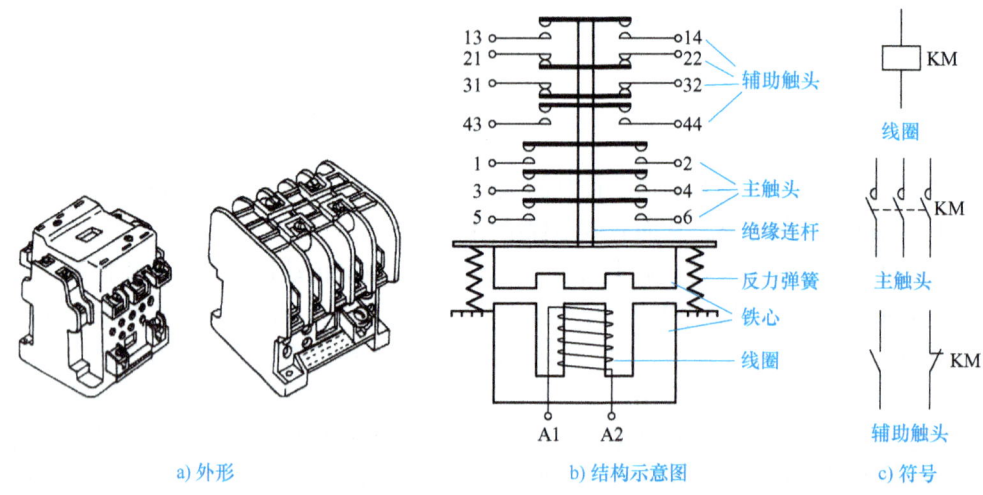

图 4-24 接触器的外形、结构示意图和符号

电磁系统由静铁心、动铁心和线圈组成；触头系统由主触头和辅助触头构成，主触头用于通断主电路，通常有 3 对常开触头，辅助触头有常开触头和常闭触头，用于控制电路。

当线圈通电时，产生电磁力，克服弹簧作用力，吸引动铁心向下运动，动铁心带动绝缘连杆和动触头运动，使常开触头闭合，常闭触头断开。当线圈失电或欠电压时，电磁力小于弹簧作用力，常开触头断开，常闭触头闭合。当主触头分断时，会产生较大电弧，烧坏触头，并延长分断时间，严重时可能引起电源相间短路，因此接触器必须采取灭弧措施。接触器常采用双断口桥形触头以利于灭弧，它有两个断点，以降低当触头断开或闭合时加在触头上的电压，使电弧容易熄灭，并且相间有绝缘隔板，以免短路。容量较大的接触器都设有灭弧装置。

在选用接触器时，应注意它的额定电压、额定电流、机械和电气特性及寿命、触头的数量等。常用的交流接触器有：CJ10、CJ12、CJ20、CJ40（国产）和 3TB、3TD、3TF 系列（德国西门子公司），以及 LC1、LC2 系列（法国 TE 公司）等。

4.3.7 继电器

继电器用于电路的逻辑控制，它具有逻辑记忆功能，能够组成逻辑控制电路。继电器是将电量（如电压、电流）或非电量（如温度、压力、时间等）的变化量转换为开关动作的机械量，以实现对电路的自动控制。

继电器的种类很多，按输入量可分为电压继电器、电流继电器、热继电器、时间继电器、中间继电器、速度继电器及压力继电器等；按工作原理分为电磁继电器、感应继电器、电动继电器及电子继电器等；按用途分为控制继电器及保护继电器等；按输入量变化形式分为有无继电器及量度继电器。

1. 热继电器

热继电器是一种用于电动机过载和断相保护的保护电器。当过电流不严重，持续时间较短时，其温度不超过允许温升，这种过电流是允许的；如果过电流较严重，或持续时间较长，会造成电动机等用电设备绝缘老化，甚至烧坏用电设备，这种过电流是不允许的，必须设置保护装置。

常用的保护装置种类较多，使用最多的是双金属片式热继电器，其结构原理图如图4-25所示。它是利用电流的热效应原理制成，双金属片是由两种热膨胀系数不同的金属通过机械碾压成一体的金属片，发热元件是一段阻值不大的电阻丝绕制在双金属片上，当电路出现严重过载时，过电流通过热元件，产生的热效应使双金属片向膨胀系数较小的一侧弯曲，推动导板使接在控制回路中的常闭触头分断，从而使接触器线圈失电，通过接触器主触头分

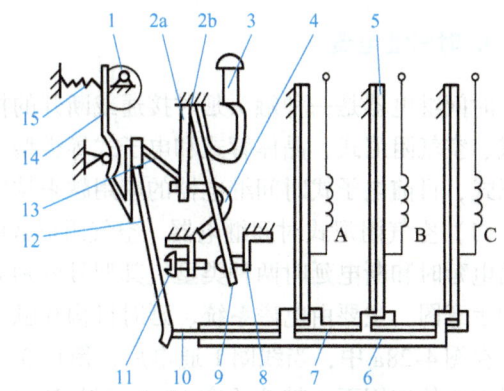

图4-25 JR16系列热继电器结构原理图

1—电流调节凸轮 2—簧片 3—手动复位按钮 4—弓簧
5—主双金属片 6—外导板 7—内导板 8—常闭静触头
9—动触头 10—杠杆 11—复位调节螺钉
12—补偿双金属片 13—推杆 14—连杆 15—压簧

断电动机的主电路，达到过载保护的目的。热继电器过载保护后，需按一下手动复位按钮，才可使热继电器恢复原来的状态。热继电器图形文字符号如图4-26所示。

热继电器的动作电流可通过电流调节旋钮进行调节，旋转电流调节旋钮可改变传动杆和动触头间的传动距离。距离越长，动作电流就越大；反之，动作电流就越小。

热继电器不能用作短路保护，这是由于双金属片的热惯性，在短路瞬间无法立即切断控制电路。但这一特点正好避免了电动机起动瞬间电流较大和短时过载而引起不必要的停车。

常用热继电器类型有JR10、JR16、3UA、LR1等系列。选用时主要考虑热继电器的额定电流应与电动机的额定电流基本一致，额定电流在一定范围内是可以设定的。

2. 中间继电器

中间继电器是一种用来转换控制信号的中间元件。通常用来传递信号和同时控制多个电路，也可直接用它来控制小容量的电动机或其他执行元件。常在继电器的触头数量和容量不够时，作扩展之用。

中间继电器的结构和交流接触器基本相同，只是电磁系统较小，触头多些；中间继电器体积小，动作灵敏度高。它一般不直接控制电路的负载，其外形与符号如图4-27所示。

常用的中间继电器有JZ7系列（交流）和JZ8系列（交、直流两

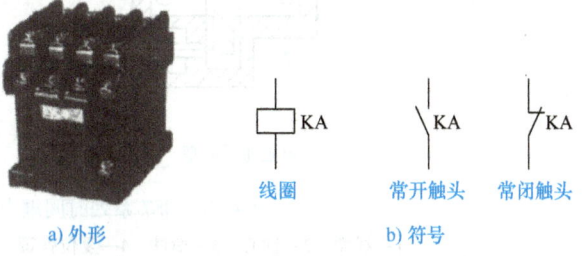

a) 外形　　　　　b) 符号

图4-27 中间继电器

用），常用的触头的数量为4对常开触头、4对常闭触头。还有JTX系列小型通用中间继电器，常用在自动装置上以接通或断开电路。

3. 时间继电器

时间继电器是一种触头延时接通或断开的控制电器，按其工作原理和结构不同，分为电磁式、空气阻尼式、晶体管式和电子式等类型。在对时间精度要求不高的场合一般采用空气阻尼式，目前电子式时间继电器的应用越来越广泛。

（1）空气阻尼式时间继电器　空气阻尼式时间继电器是利用空气的阻尼作用而延时的，有通电延时和断电延时两种类型，其型号分别为JS7-A和JS7-N系列。图4-28是它们的结构示意图，主要由电磁系统、延时机构和触头部分三部分构成。其工作原理如下：

在图4-28a中，当线圈1通电后，衔铁3吸合，微动开关16立即动作，活塞杆6在塔形弹簧8的作用下，带动活塞12及橡胶膜10向上移动，但由于橡胶膜下方气室内空气稀薄，形成负压，活塞杆不能迅速上移，当空气由进气孔14进入时，活塞杆才逐渐上移，其移动速度由进气孔大小而定，可通过调节螺杆13进行调整。活塞杆移至最上端时，杠杆7压微动开关15动作。可见延时时间即为从电磁线圈得电到微动开关15动作的这段时间。

当线圈1断电后时，衔铁3在复位弹簧4的作用下释放，将活塞12推向下端，这时橡胶膜10下方气室内的空气通过橡胶膜10、弱弹簧9和活塞12肩部所形成的单向阀，从橡胶膜上方的气室缝隙中顺利排掉，微动开关15、16迅速复位。

将电磁机构翻转180°安装，可得到4-28b的断电延时型时间继电器。其工作原理与通电延时型相似，大家可自行分析。

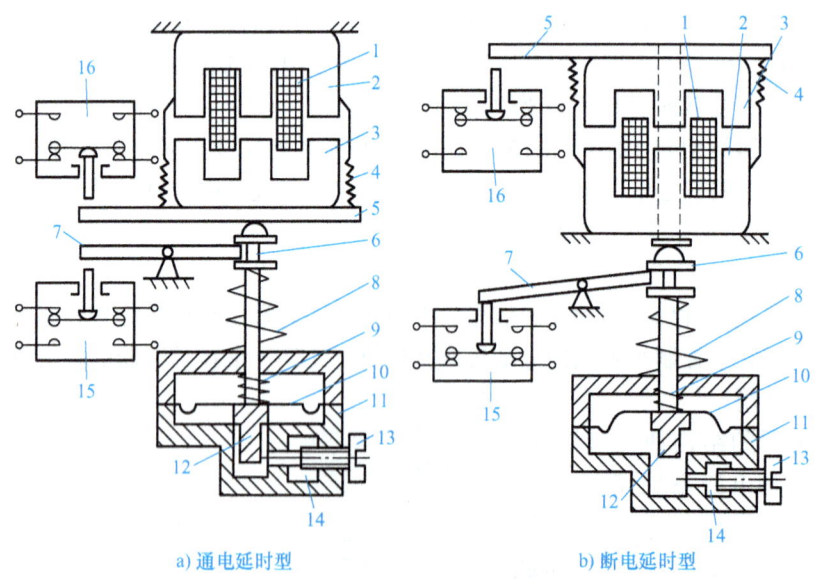

a) 通电延时型　　　　　　　　b) 断电延时型

图 4-28　JS7系列时间继电器动作原理图

1—线圈　2—铁心　3—衔铁　4—复位弹簧　5—推板　6—活塞杆　7—杠杆
8—塔形弹簧　9—弱弹簧　10—橡胶膜　11—空气室壁　12—活塞　13—调节螺杆
14—进气孔　15、16—微动开关

（2）电子式时间继电器　电子式时间继电器具有延时范围广、时间精度高、调节方便、使用寿命长等优点。按延时原理有阻容充电延时型和数字电路型。按输出形式有触头式和无触头式。常用的产品有 JSJ、JS20、JSS、JSZ7 等系列。

时间继电器图形和文字符号如图 4-29 所示。时间继电器在选用时应根据控制要求选择线圈的额定电压等级、延时形式、延时范围和精度等。

图 4-29 时间继电器的图形和文字符号

4.3.8 行程开关

行程开关又称限位开关,是根据运动部件的运动位置而进行电路切换的自动控制电器,用来控制运动部件的运动方向、行程距离或位置。常见的有按钮式和滚轮式两种。

行程开关的结构可分为三部分:操作机构、触头系统和外壳,其外形和符号如图 4-30 所示。

目前,国内行程开关的品种规格很多,常用的有 LXW5、LXW-11、LX2、LX19、LX33 等。

行程开关在选用时,根据使用场合不同,应满足额定电压、额定电流、复位方式和触头数量等方面的要求。

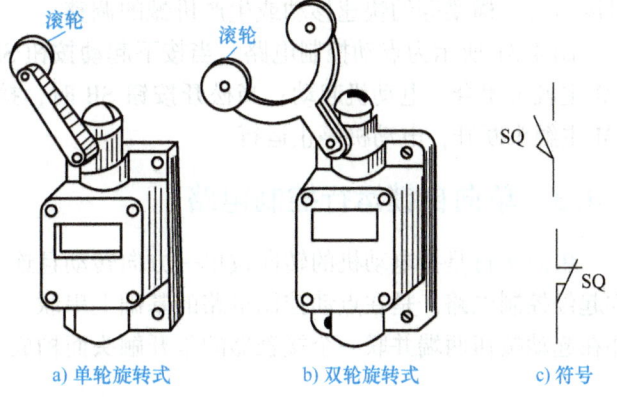

图 4-30 LX19 系列行程开关

4.4 三相异步电动机基本控制电路

用接触器和按钮来控制电动机的起停,用熔断器和热继电器分别做电动机的短路保护和过载保护,是继电器-接触器控制的最基本电路。由于生产机械动作的多样性,因此,继电器-接触器控制也是多样的,但各种控制电路是在基本控制电路的基础上,根据生产机械的要求,可适当增加一些电气设备。

电动机的基本控制电路有:点动控制;单向自锁运行控制;正反转互锁控制;多地控制;行程控制和时间控制等。电动机的控制电路分为主电路和控制电路两部分。主电路由三相电源、刀开关 QS、熔断器 FU、交流接触器 KM 的主触头、热继电器 FR 的热元件、三相异步电动机 M 构成;控制电路由按钮 SB、交流接触器 KM 的线圈及辅助触头、热继电器 FR 的常闭触头以及行程开关、继电器等构成。控制电路的功率很小,可通过小功率的控制电路实现对较大功率电动机的控制。一般情况下,画电路原理图时,将主电路画在左侧,控制电路画在右侧。

熔断器 FU 起短路保护作用,一旦发生短路事故,熔丝立即熔断,电动机立即停转。

热继电器 FR 起过载保护作用，当过载时，热元件发热，使常闭触头断开，从而使接触器 KM 线圈断电，主触头断开，电动机停转。

交流接触器 KM 起零压（失电压）和欠电压保护作用，当电路断电或电压严重不足时，交流接触器的线圈无电流（或电流很小），动铁心释放，主触头断开，电动机停转。

4.4.1　电动机的直接起动电路

直接起动即全压起动。起动时，用刀开关或接触器将电动机的定子绕组直接接到额定电压的电网，这种起动方法简单、方便、经济。对于一般小容量的三相笼型异步电动机，如果电网容量足够大，可采用此方法。

4.4.2　点动控制电路

所谓点动，就是按下按钮时电动机转动，松开按钮时电动机停止转动。点动控制多用于机床刀架、横梁等的快速移动或生产机械的调整。

图 4-31 所示为点动控制电路。当按下起动按钮 SB 时，接触器 KM 线圈通电，使接触器 KM 主触头闭合，电动机起动；当松开按钮 SB 时，接触器 KM 线圈无电流通过，使接触器 KM 主触头断开，电动机停止运行。

4.4.3　单向自锁运行控制电路

单向运行是指电动机的转向按单一方向转动且连续长时间的运行。单向自锁控制电路也称起停控制电路，是在点动控制电路的基础上串联一个停止按钮和一个热继电器的动触头，并在起动按钮两端并联一个接触器的常开触头而构成，如图 4-32 所示。

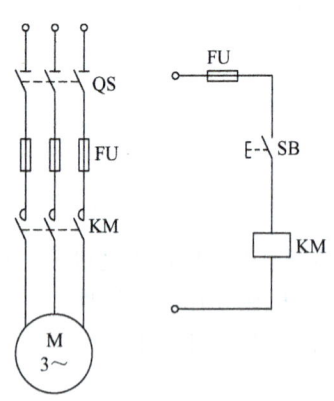

图 4-31　点动控制电路

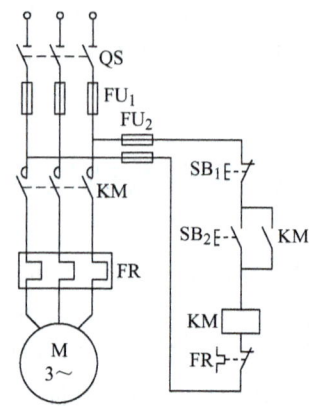

图 4-32　单向自锁运行控制电路

起动时，按下起动按钮 SB_2，接触器 KM 线圈有电流通过，使主触头闭合，电动机运转，同时与 SB_2 并联的接触器 KM 的辅助常开触头闭合，这样即使按钮 SB_2 释放，接触器的线圈仍然有电，电动机保持运转。这种依靠接触器自身的辅助常开触头使其线圈保持通电的作用称为"自锁"。

要使电动机停止工作，只要按下停止按钮 SB_1 即可。

图 4-32 中的热继电器 FR 起过载保护作用。当电动机过载时，串联在控制电路中的热继

电器的常闭触头因发热元件的推动而断开,使接触器线圈失电,KM 的主触头断开,切断电源,保护电动机。

4.4.4 多地控制电路

多地控制是在多个地方设置控制按钮,均对同一台电动机实行起停控制。图 4-33 为两地控制一台电动机原理图,接线原则是:起动按钮并联,停止按钮串联。

甲地:按起动按钮 SB_3,接触器 KM 线圈通电,主触头闭合,电动机起动,辅助常开触头闭合,实现自锁。按下 SB_1,KM 线圈断电,主触头断开,电动机停转。

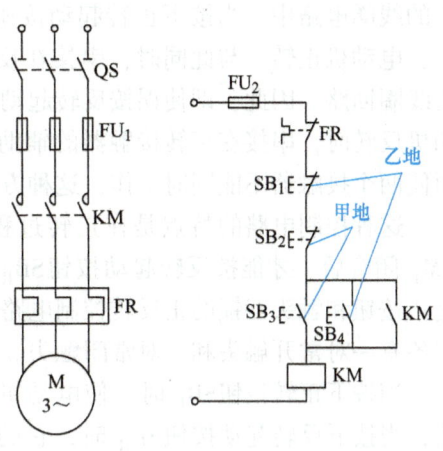

图 4-33 两地控制电路

乙地:按起动按钮 SB_4,接触器 KM 线圈通电,主触头闭合,电动机起动,辅助常开触头闭合,实现自锁。按下 SB_2,KM 线圈断电,主触头断开,电动机停转。

4.4.5 正反转互锁控制电路

在生产上往往要求机械的运动部件具有正反两个方向的运动。例如,机床主轴的正反转、工作台的前进与后退、起重机的上升和下降等。要使电动机正反转,只要改变相序即可,即将任意两根电源线互换。图 4-34 为电动机的正反转控制电路。

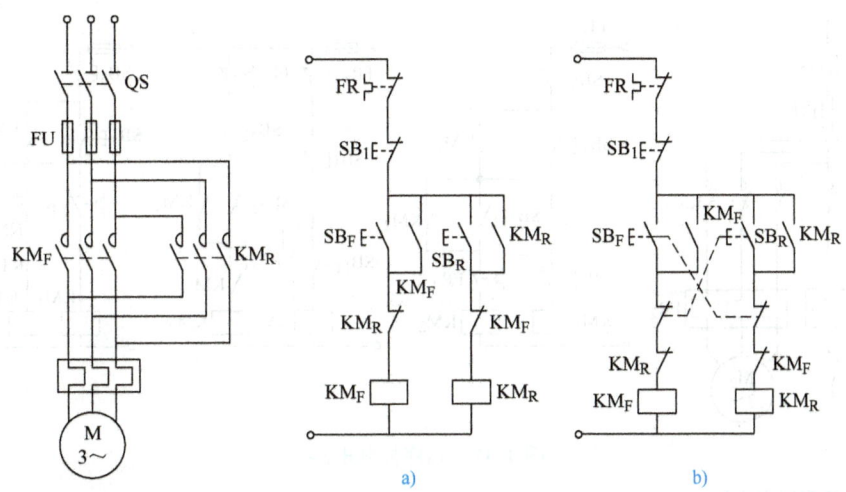

图 4-34 电动机正反转控制电路

当正转交流接触器 KM_F 工作时,电动机正转;当反转交流接触器 KM_R 工作时,电动机反转。如果两个交流接触器同时接通,电源将通过它们的主触头而短路,所以正反转控制电路最根本的要求是保证两个交流接触器不能同时接通,即在同一时间里两个交流接触器只允许其中的一个工作。这就要求两个接触器的线圈应并联连接,且不能同时通电。

在图 4-34a 所示的控制电路中,正转交流接触器 KM_F 的一个辅助常闭触头串接在反转交流接触器 KM_R 的线圈电路中,而反转交流接触器的一个辅助常闭触头串接在正转交流接触器的线圈电路中。当按下正转起动按钮SB_F时，正转交流接触器线圈通电，主触头KM_F闭合，电动机正转。与此同时，串接在反转接触器的辅助常闭触头断开反转交流接触器KM_R的线圈回路。因此，即使误按反转起动按钮SB_R，反转交流接触器也不能动作。同样，当电动机反转时，串接在正转接触器的辅助常开触头断开正转交流接触器KM_F的线圈回路。从而使两个接触器不能同时工作，这种方式称为"互锁"，将这两个常闭触头称为互锁触头。

这种控制电路的特点是在正转过程中要求反转，必须先按停止按钮SB_1，让互锁触头KM_F闭合后，才能按反转起动按钮SB_R使电动机反转，显然使操作不太方便。为此常采用复式按钮和触头互锁的正反转控制电路，如图4-34b所示。SB_F与SB_R是两个复合按钮，它们各有一对常开触头和一对常闭触头。

当按下正转按钮SB_F时，使电动机正转，同时也使反转接触器断电，切断反转控制回路；当按下反转起动按钮SB_R时，它的常闭触头断开，从而使正转交流接触器的线圈KM_F断电，切断正转控制回路。保证两个接触器不能同时工作，实现了机械互锁，这样在控制电路中有两重互锁，因此称为双重互锁正反转控制电路。

4.4.6 顺序控制电路

顺序控制电路是几台电动机按一定的先后顺序依次起停。例如，机床要求润滑油泵起动后才能起动主轴。

图4-35为顺序控制电路。图4-35a、b中，只有在M_1起动后，M_2才能起动，因为SB_2和KM_1是断开状态，只有当KM_1吸合实现自锁之后，SB_2按钮才起作用，使KM_2通电吸合。图4-35c为时间控制的顺序控制电路，当M_1起动一定时间后，M_2才能起动。

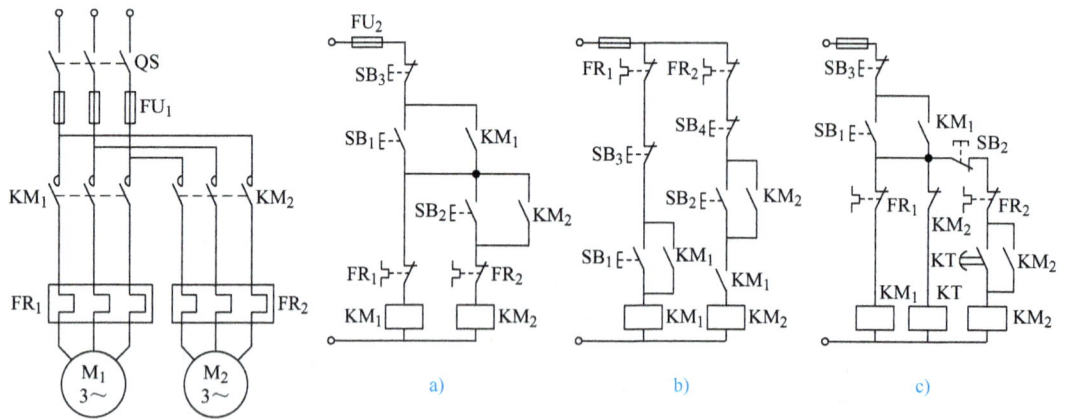

图4-35 顺序控制电路

4.4.7 行程控制

行程控制是指对生产机械运动行程或位置而进行的控制。行程控制的主要元件是行程开关。常用的行程控制电路有限位控制电路和自动往复行程控制电路。如图4-36所示。

如图4-36b所示，按下前进起动按钮SB_2或后退起动按钮SB_3时，小车前进或后退，前进至行程开关SQ_2或后退至行程开关SQ_1时，行程开关的常闭触头断开，使接触器KM_2或KM_1线圈断电，电动机停转，小车停止前进或后退，实现了限位停车。

如图4-36c所示，按下前进起动按钮SB_2或后退起动按钮SB_3时，小车前进或后退，到达

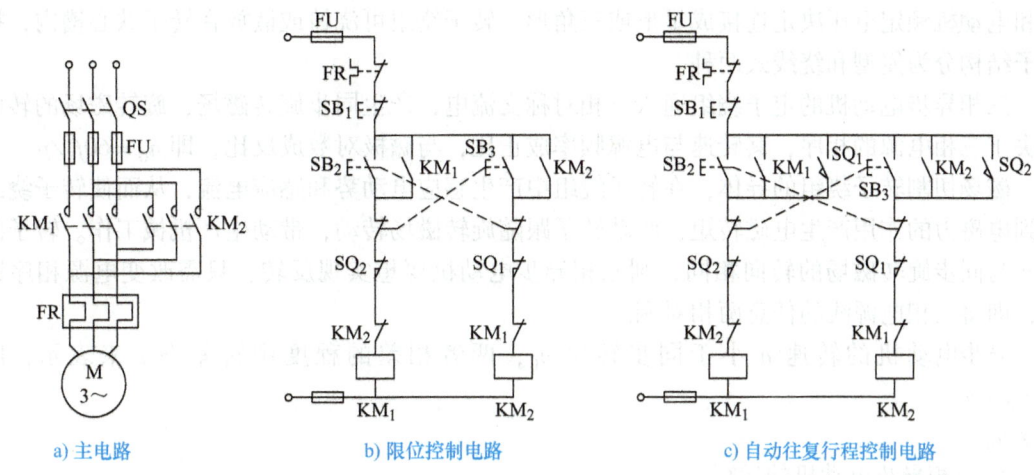

a) 主电路　　　　　b) 限位控制电路　　　　c) 自动往复行程控制电路

图 4-36　行程控制电路

限位时，限位开关的常闭触头切断自身的控制电路，同时其常开触头接通反向的控制电路，从而实现了小车的自动往返运动。需要停车时，按下停止按钮 SB_1 即可。

4.4.8　时间控制

时间控制是指按时间进行的控制，即按一定的时间间隔来接通或断开电路的控制。时间控制电路的基本电器是时间继电器。例如电动机的减压起动和制动过程的自动控制，可运用时间控制来实现其控制。图 4-37 是三相异步电动机星形-三角形减压起动控制电路。

当按下起动按钮 SB_2 时，接触器 KM_1 和 KM_2 线圈通电，主触头 KM_1 闭合，电动机接通电源，主触头 KM_2 闭合，使电动机定子绕组的 3 个端点相连，定子绕组接成星形，即电动机星形起动；同时时间继电器 KT 通电，经过预定延时时间，即当电动机到达额定转速时，时间继电器 KT 的延时断开常闭触头断开，使接触器 KM_2 线圈

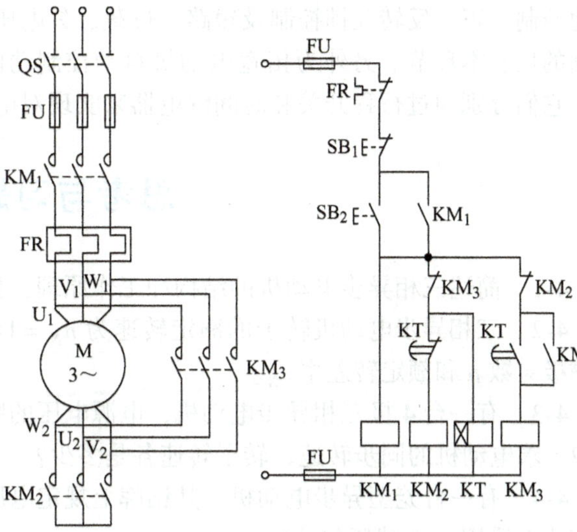

图 4-37　电动机星形-三角形减压起动控制电路

断电，主触头 KM_2 断开，而时间继电器 KT 的延时常开触头闭合，接触器 KM_3 的线圈通电，主触头 KM_3 闭合，电动机自动换接成三角形联结，从而实现电动机星形-三角形减压起动。

本　章　小　结

1. 三相异步电动机的结构与原理

三相异步电动机由定子和转子两部分组成。定子三相绕组引出 6 个出线端，根据电网电

压和电动机额定电压决定连接成星形或三角形。转子绕组可浇铸或嵌放在转子铁心槽内，按转子结构分为笼型和绕线式两种。

三相异步电动机的定子绕组通入三相对称交流电，产生同步旋转磁场，旋转磁场的转向取决于三相电源的相序，其转速与电源频率成正比，与磁极对数成反比，即 $n_0 = 60f_1/p$。

磁场切割转子绕组的导体，在转子绕组中产生感应电动势和感应电流，从而使转子绕组受到电磁力的作用产生电磁转矩，驱动转子跟随旋转磁场转动，带动生产机械工作。转子的转向与同步旋转磁场的转向相同，则三相异步电动机要想实现反转，只需改变电源相序即可，即将三相电源线的任意两相对调。

异步电动机的转速 n 小于同步转速 n_0，两者相差的程度用转差率 s 来表示，即 $s = \dfrac{n_0 - n}{n_0}$。

2. 三相异步电动机的运行

起动：起动方式主要有直接起动和减压起动。

调速：通常采用改变供电电源频率 f、改变转差率 s 和改变极对数 p 调速。

制动：通常采用能耗制动、反接制动和回馈制动。

3. 控制电器是电气控制的基本元件，它分手动的（如刀开关、组合开关、按钮等）和自动的（如接触器、继电器、断路器等）。

4. 在三相异步电动机基本控制电路中，主要有点动、自锁、互锁、单向自锁运行控制、多地控制；正、反转互锁控制及短路、过载、欠电压保护等，这些都是构成异步电动机自动控制的最基本环节。另外为拓宽电动机自动控制功能，还有行程控制和时间控制等基本电路，它们分别通过行程开关和时间继电器来实现对电动机的控制。

思考与习题

4-1 简述三相异步电动机的结构和工作原理，如何确定它的转速和转向？

4-2 三相异步电动机转子的额定转速为 $n_N = 1440 \text{r/min}$、电源频率为 50Hz，试确定它的磁极对数 p 和额定转差率 s_N。

4-3 有一台4极三相异步电动机，电源电压的频率为50Hz，满载时电动机的转差率为0.02。求电动机的同步转速、转子转速各是多少？

4-4 有一台笼型异步电动机，其铭牌上规定电压为380/220V，当电源电压为380V时，试问能否采用Y-△减压起动？

4-5 简述双金属片式热继电器的结构与工作原理。为什么热继电器不能用作短路保护，而只能做长时过载保护？

4-6 低压断路器具有哪些作用？

4-7 为什么说接触器具有失电压保护作用？

4-8 行程开关的主要作用是什么？

4-9 电动机基本控制电路有哪些基本保护环节？

4-10 有两台异步电动机，试设计一控制电路，应满足以下要求：（1）独立操作；（2）同时起动，同时停车；（3）若一台过载，均停车。

4-11 图4-38所示各电路中有什么错误？工作时会出现什么现象？应如何改正？

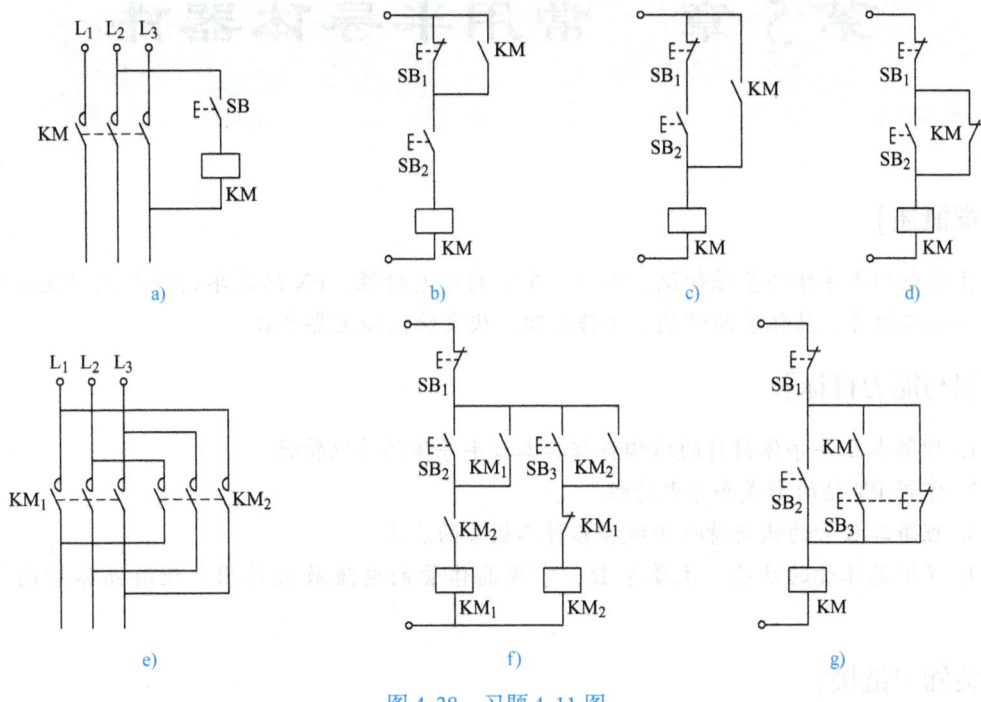

图4-38 习题4-11图

4-12 指出图4-39所示加热炉控制电路中有什么错误？试加以更正。

4-13 图4-40是一控制电路图，请指出此控制电路对电动机能实现哪些控制。

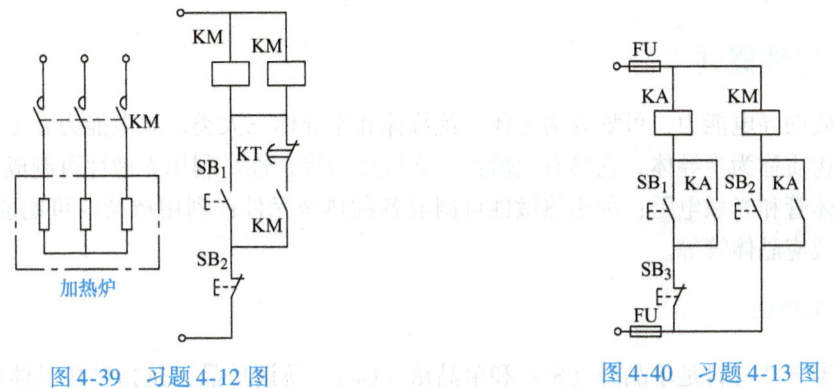

图4-39 习题4-12图　　　　　图4-40 习题4-13图

4-14 试设计一个既能连续工作，又能点动工作的电动机控制电路。

4-15 两台电动机分别采用接触器 KM_1 和 KM_2 来操作，试分别画出下列情况的控制电路。

（1）第二台电动机只能在第一台电动机工作后才能起动；

（2）两台电动机同时起动。

第5章 常用半导体器件

[本章概述]

主要介绍半导体的基础知识，本征半导体的导电特性，PN 结的单向导电性以及半导体器件——二极管、晶体管的结构、工作原理、伏安特性和主要参数。

[知识与能力目标]

1. 理解本征半导体材料的结构特征和本征半导体的导电特性。
2. 掌握 PN 结的形成和导电特性。
3. 理解二极管的伏安特性曲线和各种二极管的应用。
4. 了解晶体管的结构、主要参数，掌握晶体管的电流放大作用，理解晶体管的特性曲线。

[相关知识链接]

5.1 半导体及 PN 结

5.1.1 半导体概述

根据物质的导电能力，可划分为导体、绝缘体和半导体三大类。导电能力介于导体和绝缘体之间的物质称为半导体。它具有热敏性、光敏性和掺杂性。利用光敏性可制成光敏二极管、光敏晶体管和光敏电阻；利用热敏性可制成各种热敏元件；利用掺杂性可制成二极管、晶体管和场效应晶体管等。

1. 本征半导体

常用的半导体材料是单晶硅（Si）和单晶锗（Ge）。所谓单晶，是指整块晶体中的原子按照一定规律整齐排列的晶体。非常纯净的单晶半导体称为本征半导体。

半导体硅和锗都是四价元素，在原子结构中最外层轨道上有 4 个价电子。每个原子的 4 个价电子不仅受自身原子核的束缚，同时还受到相邻原子核的吸引。因此，每个价电子不仅围绕自身原子核运动，同时也出现在相邻原子核的轨道上，为两个原子所共有。于是形成了两个相邻原子共有一对价电子的共价键结构，达到稳定状态，如图 5-1 所示。在共价键结构中，每个原子都和周围 4 个原子以共价键的形式互相紧密地联系在一起。

物质内部运载电荷的粒子称为载流子，物质的导电能力取决于载流子的数目。本征半导体在热力学温度零度（0K，相当于 -273℃）时，价电子无法摆脱共价键的束缚，不能成为自由电子。此时本征半导体内没有载流子，所以不能导电，相当于绝缘体。

当温度升高或受光照时，将有部分价电子从外界获得一定的能量，可以克服共价键的束缚而成为自由电子，同时在原来共价键的位置上留下一个空位，这种空位称为空穴，空穴可看成带正电的载流子，如图5-2所示。空穴与自由电子是成对出现的（即电子-空穴对），每形成一个自由电子，就出现一个空穴，这种现象称为本征激发。当共价键中出现空穴时，相邻原子的价电子比较容易进来填补，在这个价电子原来的位置上又留下了新的空穴，这个空穴又可被相邻原子的价电子填补，再次出现空穴。从效果上看，这种价电子的填补运动，相当于带正电荷的空穴在运动一样，称为空穴运动，其运动方向与价电子的填补运动方向相反。

图 5-1　硅和锗的共价键结构

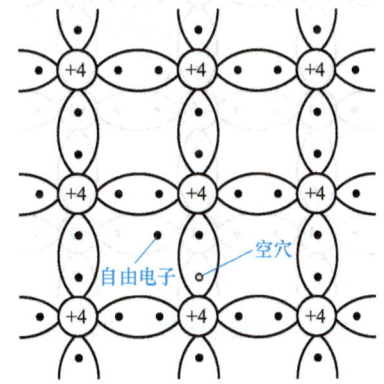

图 5-2　本征激发产生的电子-空穴对

半导体中存在两种载流子：带负电的自由电子和带正电的空穴。在外电场的作用下，两种载流子的运动方向相反，而形成的电流方向相同。

自由电子在运动过程中，遇到空穴，重新相结合而消失称为复合。由于物质运动，半导体中的电子-空穴对总是不断地产生，又总是不断地复合，在一定温度下，电子-空穴对的产生与复合最终达到动态平衡，使电子-空穴对的浓度一定。本征半导体中载流子的浓度与温度有关，随着温度的升高，基本上按指数规律增加。常温下载流子的浓度很低，其导电能力很弱。但随温度升高，其导电能力会迅速提高，将这一特性称为本征半导体的热敏性。另外，光照变化也会影响载流子的浓度，光照越强，浓度越高，导电能力就越强，即随光照强度的增加，导电能力迅速增强，称为本征半导体的光敏性。

2. 杂质半导体

在本征半导体中掺入微量的某种特定杂质，称为杂质半导体，其导电性能将发生显著变化，称为本征半导体的掺杂性。根据掺入杂质的不同，可分为N型半导体和P型半导体。

（1）N型半导体　在本征半导体硅（或锗）中掺入微量的五价元素（如磷），磷原子会取代原来晶格中的某些硅（或锗）原子，如图5-3所示。由于掺入微量的磷原子，因此整个晶体的结构基本不变。五价的磷原子同相邻四个硅（或锗）原子组成共价键时，有一个多余的价电子不能构成共价键，这个价电子就变成了自由电子。尽管只加入了微量的磷原子，但磷原子的个数却很多。因而，形成的自由电子数目很大。在掺磷后的硅（或锗）晶体中同样也有本征激发产生的电子-空穴对，但数量很少，因此，自由电子数远大于空穴数，成为多数载流子（简称多子），空穴则为少数载流子（简称少子）。导电以自由电子为主，此类杂质半导体称为电子型半导体或 N 型半导体。

（2）P 型半导体　在本征半导体硅（或锗）中掺入微量的三价元素（如硼或铟），此类三价的杂质原子同相邻的四个硅（或锗）原子组成共价键时，由于缺少一个价电子而形成空穴，如图 5-4 所示。而本征激发产生的电子-空穴对数量很少，所以空穴的数量远大于自由电子的数量，空穴成为多数载流子（简称多子），自由电子为少数载流子（简称少子）。导电以空穴为主，此类杂质半导体称为空穴型半导体或 P 型半导体。

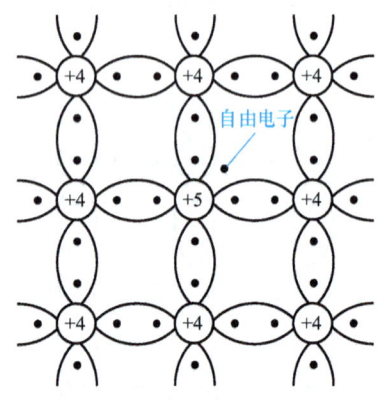

图 5-3　N 型半导体共价键结构

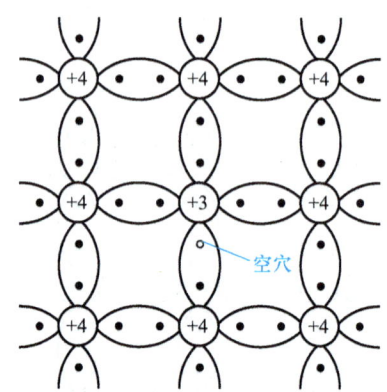

图 5-4　P 型半导体共价键结构

5.1.2　PN 结及单向导电性

1. PN 结的形成

在一块完整的晶片上，通过一定的掺杂工艺使其一边形成 N 型半导体（即 N 区），另一边形成 P 型半导体（即 P 区）。如图 5-5a 所示，在 P 区和 N 区交界面的两侧明显地存在着两种载流子的浓度差。因此，P 区的多子空穴向 N 区扩散，与 N 区界面附近的自由电子复合而消失，同样 N 区的多子自由电子向 P 区扩散，与 P 区界面附近的空穴复合而消失。P 区一侧因失去空穴而留下不能移动的负离子，N 区一侧因失去自由电子而留下不能移动的正离子，这样在交界面两侧出现了正、负离子组成的空间电荷区，如图 5-5b 所示。从而形成了一个由 N 区指向 P 区的内电场。内电场的建立阻碍了多子的继续扩散，而在内电场的作用

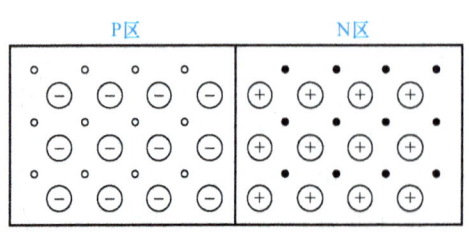

a) 多数载流子的扩散

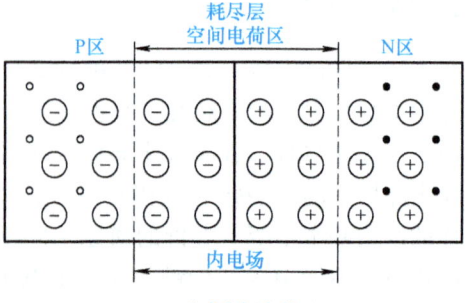

b) 形成空间电荷区

图 5-5　PN 结的形成

下，N 区的少子空穴向 P 区运动，P 区的少子自由电子向 N 区运动，这种在电场的作用下少子的定向运动称为漂移运动。少子的漂移运动方向与多子的扩散运动方向相反。当少子的漂移运动与多子的扩散运动达到动态平衡时，将形成稳定的空间电荷区，称为 PN 结。由于空间电荷区内缺少载流子，所以又称为耗尽层或高阻区。

2. PN 结的单向导电性

在 PN 结两端外加电压，即给 PN 结以偏置电压，将打破原来的动态平衡，使 PN 结呈现出单向导电性。

给 PN 结加正向偏置电压，即 P 区接高电位，N 区接低电位，称 PN 结正向偏置，简称正偏，如图 5-6 所示。PN 结正偏时，由于外电场的方向与 PN 结中的内电场的方向相反，削弱了内电场，使 PN 结变窄，有利于多数载流子的扩散运动，形成一个较大的正向电流 I，其方向在 PN 结中从 P 区流向 N 区。此时 PN 结处于正向导通状态，呈低电阻态。正向偏置时，只要在 PN 结两端加上一个很小的正向电压，即可得到较大的正向电流。为防止回路中电流过大，一般可串入一个电阻 R。

给 PN 结加反向偏置电压，即 N 区接高电位，P 区接低电位，此时称 PN 结为反向偏置，简称反偏，如图 5-7 所示。PN 结反偏时，由于外电场方向与 PN 结中的内电场方向一致，加强了内电场，使 PN 结变宽，阻碍了多数载流子的扩散运动，有利于少数载流子的漂移运动，形成了一个基本上由少数载流子运动产生的很微弱的反向电流 I_R，其方向在 PN 结从 N 区流向 P 区。此时 PN 结处于反向截止状态，呈高电阻态。反向电流受温度影响较大，当温度一定时反向电流基本不受外加电压的影响。

综上所述，PN 结具有单向导电性，即正偏时处于导通状态，产生一个较大的正向电流；反偏时处于截止状态，产生一个非常小的反向电流，几乎等于零。

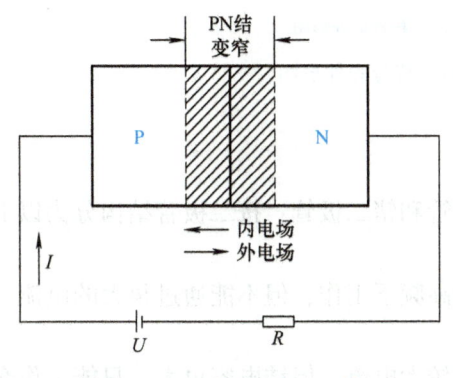

图 5-6　正向偏置的 PN 结

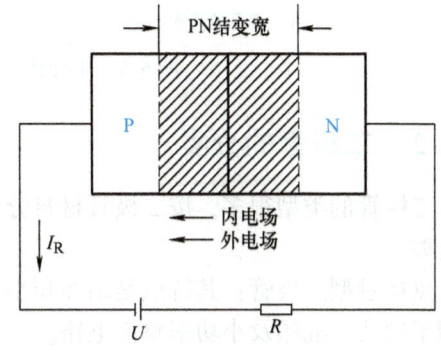

图 5-7　反向偏置的 PN 结

3. PN 结的击穿

PN 结处于反向截止时，在一定电压范围内，流过 PN 结的电流是很小的反向饱和电流。但是当反向电压超过某一数值（U_{BR}）后，反向电流将急剧增大，这种现象称为 PN 结的反向击穿。PN 结反向击穿时的反向电压 U_{BR} 称为击穿电压。

4. PN 结的结电容

PN 结内有电荷的存储，当外加电压变化时，存储的电荷量随之变化，表明 PN 结具有电容的性质。结电容的大小与结面积有关，通常很小，只有几皮法到几十皮法。

5.2 二极管

5.2.1 二极管的结构及符号

半导体二极管是在 PN 结的 P 区和 N 区分别引出两根金属引线，并用管壳封装而成，简称二极管。其中 P 区引出的引线称为正极（或阳极），N 区引出的引线称为负极（或阴极）。图 5-8a 是二极管的结构图，图 5-8b 是二极管的电路符号，用 VD 表示，图 5-8c 是一些常见二极管的外形图。

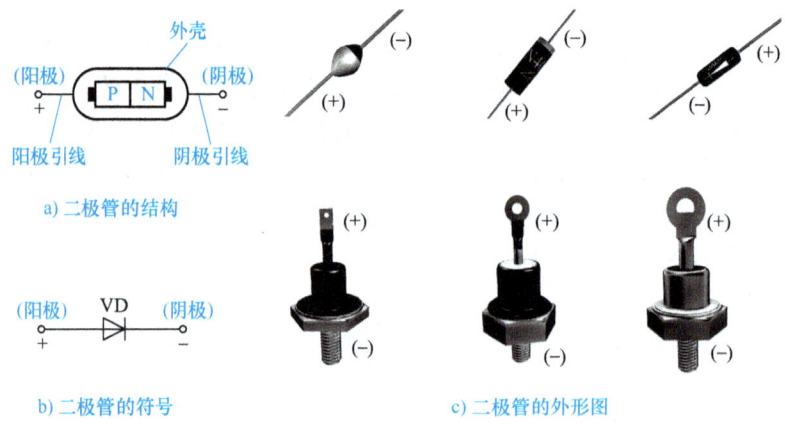

图 5-8 半导体二极管的结构、符号和外形图

5.2.2 二极管的分类

二极管的类型很多，按二极管材料分为硅二极管和锗二极管；按二极管结构分为以下几种类型。

点接触型二极管：其特点是结面积小，适用于高频下工作，但不能通过很大的电流。主要用于检波、混频及小功率整流电路。

面接触型二极管：其特点是结面积大，能通过较大电流，但结电容也大，只能工作在较低的频率下，可用于整流电路。

硅平面型二极管：其特点是结面积大的可通过较大电流，适用于大功率整流；结面积小的适用于脉冲数字电路中作开关管。

5.2.3 二极管的伏安特性

二极管的核心是 PN 结，它的特性就是 PN 结的特性，即单向导电性。常用伏安特性来描述二极管的单向导电性。二极管的伏安特性是指流过二极管的电流 i_D 随二极管两端所加的电

压 u_D 变化的关系，表示这种关系的曲线称为二极管的 伏安特性，如图 5-9 所示。

正向特性：当加在二极管上的正向电压比较小时，正向电流很小，几乎为零。只有当加在二极管两端的正向电压超过某一数值 U_{TH} 时，正向电流才明显增大。正向特性上的这一数值 U_{TH} 称为 死区电压（也称为门限电压、门槛电压、门坎电压或阈值电压），硅管为 0.4~0.7V，锗管为 0.2~0.4V。如图 5-9 的 A（A'）点。

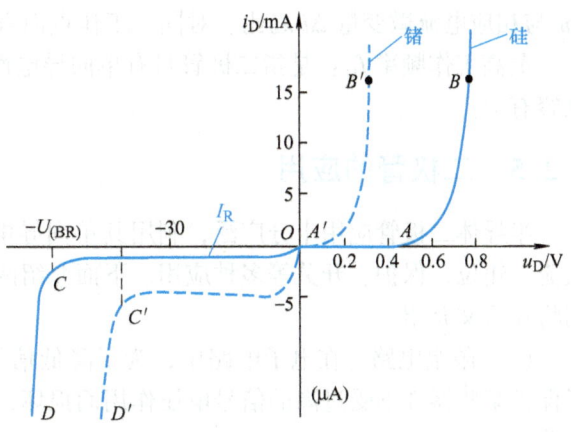

图 5-9　二极管的伏安特性曲线

当正向电压小于死区电压时，随电压的升高，正向电流极小，几乎不变（约为 0），称为死区，如图 5-9 的 OA（OA'）段。

当正向电压超过死区电压以后，随着电压的升高，正向电流迅速增大，二极管呈现很小的电阻而处于导通状态，称为正向导通区。一般硅管的正向导通电压取 0.7V，锗管 0.4V，如图 5-9 的 AB（$A'B'$）段。

反向特性：二极管两端加反向电压时，在起始的一定范围内，二极管呈现出非常大的电阻，反向电流很小，且不随反向电压的变化而变化，即达到了饱和，称为 反向饱和电流，用 I_R 表示。此时，二极管处于截止状态，如图 5-9 的 OC（$O'C'$）段。

反向击穿特性：当二极管反向电压增加到某一数值 U_{BR} 时，反向电流急剧增大，表明二极管被反向击穿，如图 5-9 的 CD（$C'D'$）段。

温度对二极管特性的影响：二极管的特性对温度很敏感，温度升高，正向特性曲线左移，正向电压减小；反向特性曲线下移，反向电流增大。

5.2.4　二极管的主要参数

半导体器件的参数是对其特性的定量描述，也是实际工作中选用器件的主要依据。各种器件的参数可由电子元件手册查得，二极管的主要参数有以下几个。

最大整流电流 I_F：是指二极管长期工作时允许通过的最大正向平均电流。使用时，二极管的正向平均电流不能超过此值，否则会使二极管因过热而损坏。

最高反向工作电压 U_R：是指二极管的反向工作状态下安全使用时的最高反向电压。为了保证二极管安全工作，U_R 值通常取击穿电压 U_{BR} 的一半左右。

反向电流 I_R：是指二极管未被击穿时的反向电流。I_R 越小，二极管的单向导电性越好。

二极管的直流电阻 R_D：是指二极管两端所加直流电压与流过二极管的直流电流的比值。由于二极管伏安特性的非线性，对应不同工作点（即不同电压、电流值）的直流电阻也不同。工作点位置低，直流电阻大；工作点位置高，直流电阻小。二极管正向电阻较小，为几欧到几千欧；反向电阻很大，一般可达到几十千欧以上。正向、反向电阻相差越大，二极管单向导电性越好。

二极管的交流电阻（动态电阻）r_d：是指二极管正向导通时，工作点附近电压的微变量

Δu 与相应电流微变量 Δi 之比。对同一工作点而言，直流电阻 R_D 大于交流电阻 r_d。

最高工作频率 f_M：是指二极管具有单向导电性能的最高工作频率。其大小与 PN 结的结电容有关。

5.2.5 二极管的应用

半导体二极管应用十分广泛，利用其单向导电特性，可实现整流、滤波、稳压、限幅、续流、钳位、保护、开关等多种应用。下面介绍两种基本应用电路，整流、滤波、稳压等作用将在后文介绍。

（1）限幅电路　在电子电路中，为了降低信号的幅度以满足电路工作的需要，或者为了保护某些器件不受过高的信号电压作用而损坏，常采用限幅电路，即限制输出信号幅度的电路。

图 5-10a 所示电路是由二极管组成的单向限幅电路。设输入电压 $u_i = 5\sin\omega t \text{V}$，直流电压 $U_S = +3\text{V}$，限流电阻 $R = 1\text{k}\Omega$。其工作原理为：输入交流电压 u_i 和直流电压 U_S 同时作用于二极管 VD 上，当 u_i 的幅值高于 3V 时，VD 导通，输出电压 $u_o = 3\text{V}$（忽略二极管正向压降）；当 u_i 的幅值小于 3V 时，VD 截止，$u_o = u_i$。输入、输出端电压波形如图 5-10b 所示。

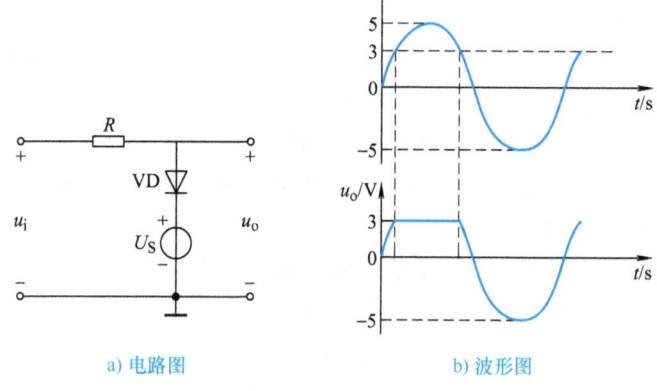

a) 电路图　　　　b) 波形图

图 5-10　单向限幅电路及波形图

通常将输出电压 u_o 开始不变的电压称为限幅电压（或限幅电平）。改变 u_o 的值，便可改变限幅电平的大小。

（2）钳位电路　钳位电路是利用二极管正向导通后其两端电压很小且基本不变的特性，使输出电位钳制在某一数值上保持不变的电路。如图 5-11 所示电路中，设二极管为理想元件，当输入 $U_A = U_B = 3\text{V}$ 时，二极管 VD_1、VD_2 正向偏置导通，输出电位被钳制在 U_A 和 U_B 上，即 $U_Y = 3\text{V}$；当 $U_A = 0\text{V}$，$U_B = 3\text{V}$，则 VD_1 导通，VD_2 反向偏置截止，输出电位被钳制在 U_A 上，即 $U_Y = U_A = 0\text{V}$。

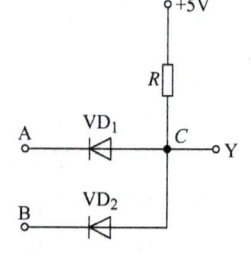

图 5-11　钳位电路

5.2.6 特殊二极管

除普通二极管外，另外还有一些特殊用途的二极管，如稳压二极管、发光二极管、光敏二极管、光耦合器件和变容二极管等。

（1）稳压二极管　稳压二极管简称为稳压管，是一个面接触型硅二极管。它具有陡峭的反向击穿特性，工作在反向击穿状态，其特性和符号如图 5-12 所示。在反向击穿工作区，电流变化很大（$I_{Zmin} \sim I_{Zmax}$），而电压变化却很小，即 U_Z 基本稳定，利用这一特性可实现稳压，而普通二极管不具此特性。但须注意：击穿时不能引起热击穿而烧坏稳压二极管。稳压二极管的主要参数有以下几个：

稳定电压 U_Z：是指稳压二极管反向击穿后两端的稳定工作电压。它是挑选稳压二极管的主要依据之一。不同型号的稳压二极管，其稳压值不同。对于同一型号的稳压二极管，由于制造工艺的分散性，其稳压值也会有差别。例如稳压二极管 2CW14 的 $U_Z = (6 \sim 7.5\text{V})$，但对每一只稳压二极管来说，$U_Z$ 是确定值。

稳定电流 I_Z：是指稳压二极管正常工作时的参考电流值。当稳压二极管稳定电流小于最小稳定电流 I_{Zmin} 时，无稳压作用；大于最大稳定电流 I_{Zmax} 时，稳压二极管将因过电流而损坏。

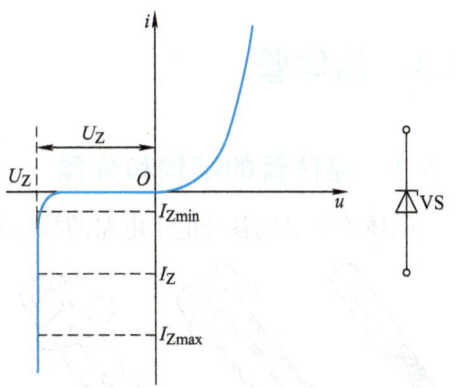

图 5-12 稳压二极管的特性曲线和符号

（2）发光二极管　发光二极管简称 LED，与普通二极管一样具有单向导电性，但正向导通时能发光，是一种能将电能转化为光能的半导体器件，其符号如图 5-13 所示。当加正向电压时，由于 P 区和 N 区的多数载流子扩散至对方产生复合，在复合的过程中有一部分能量以光子的形式放出，使二极管发光。根据制成半导体的化合物材料（如砷化镓、磷化镓等）的不同，发出光的频率不同，主要有红外线、红、绿、黄、橙等单色光。普通发光二极管常用作显示器件，如指示灯、七段数码管及手机背景灯等。红外线发光二极管可用在各种红外遥控发射器中。激光二极管常用于 CD 机及激光打印机等电子设备中。

图 5-13 发光二极管的符号

发光二极管的检测方法与普通二极管相同，正向电阻一般为几千欧，反向电阻为无穷大。

（3）光敏二极管　光敏二极管是将光能转换为电能的半导体器件，其符号如图 5-14 所示。其结构与普通二极管相似，只是在管壳上留有一个玻璃窗口，以便接受光照。光敏二极管在反向偏置下，产生漂移电流，在受到光照时，产生大量的自由电子和空穴，提高了少子的浓度，使反向电流增加。这时外电路的电流随光照的强弱而变化，此外还与入射光的波长有关。

图 5-14 光敏二极管的符号

光敏二极管广泛应用于遥控接收器、激光头中，还可作新能源器件（光电池）使用。

光敏二极管的检测方法与普通二极管相同，一般正向电阻为几千欧，反向电阻为无穷大。受光照时，正向电阻不变，反向电阻变化很大。

（4）变容二极管　变容二极管是利用 PN 结的势垒电容随外加反向电压的变化而变化的原理制成的一种半导体器件，其符号如图 5-15 所示。变容二极管在电路中作可变电容使用，主要用于高频电子线路中电子调谐、频率调制等。

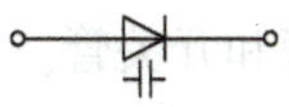

图 5-15 变容二极管

变容二极管的检测方法与普通二极管相同，一般正向电阻为几千欧，反向电阻为无穷大。

5.3 晶体管

5.3.1 晶体管的结构和分类

晶体管是组成各种电子电路的核心器件，它有三个电极，其外形如图 5-16 所示。

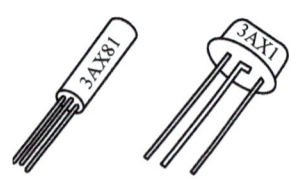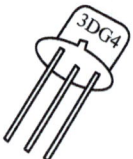

图 5-16 几种晶体管的外形图

1. 晶体管的结构及电路符号

通过半导体制作工艺将一块半导体用两个 PN 结分成三个区域，按 P 区和 N 区的不同组合方式可分为 NPN 型或 PNP 型晶体管，其结构示意图和电路符号如图 5-17 所示。

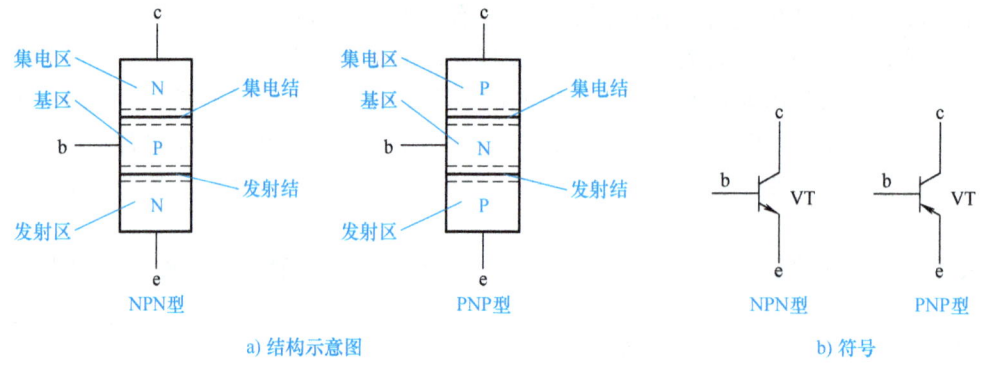

图 5-17 晶体管的结构示意图和电路符号

无论是 NPN 型管还是 PNP 型管，内部均包含三个区：发射区、基区、集电区。从三个区分别引出三个电极：发射极（e）、基极（b）、集电极（c），同时在三个区的交界处形成两个 PN 结，发射区与基区之间形成的 PN 结称为发射结，集电区与基区之间形成的 PN 结称为集电结。

2. 晶体管的分类

晶体管的种类很多；主要有以下几种分类方式：按其结构类型分为 NPN 型晶体管和 PNP 型晶体管；按其制作材料分为硅管和锗管；按制作工艺可分为合金管和平面管；按工作频率分为高频管和低频管；按功率大小可分为大功率、中功率和小功率管；按工作状态分为放大管和开关管。

5.3.2 电流分配与放大原理

1. 晶体管电流放大作用的条件

为实现晶体管的电流放大作用，应使晶体管满足一定的内部与外部条件。内部条件是为保证晶体管具有良好的电流放大作用,在晶体管的制作工艺中应做到:发射区掺杂浓度最高,以有效地发射载流子;基区掺杂浓度最低,且做得很薄,以有效地传输载流子;集电区面积最大,以有效地收集到从发射区发射的载流子。从外部条件来看,应保证发射结正向偏置,集电结反向偏置。

2. 晶体管内部载流子的运动过程

在满足了上述内部和外部条件的情况下,晶体管内部载流子的运动有三个过程,下面以 NPN 型晶体管为例来讨论其运动过程。图 5-18 为晶体管内部载流子运动的示意图。

(1)发射区向基区发射电子的过程 由于发射结正向偏置,有利于多数载流子的扩散运动。发射区的多子电子向基区扩散,形成电子电流,因为电子带负电,所以电流的方向与电子流动的方向相反,如图 5-18 所示。与此同时,基区的多子空穴也向发射区扩散形成空穴电流,由于基区空穴浓度远低于发射区电子浓度,与电子电流相比,空穴电流可忽略,可以认为,发射区向基区发射电子形成了发射极电流 I_E。

(2)电子在基区扩散和复合过程 电子到达基区后,由于基区很薄,而且掺杂浓度很低,因而只有很少一部分电子与基区空穴复合,复合了的空穴由外电源 U_{BB} 不断补充,形成基极电流 I_B,因而基极电流 I_B 比发射极电流 I_E 小得多。大多数电子在基区中继续扩散,到达靠近集电结的一侧。

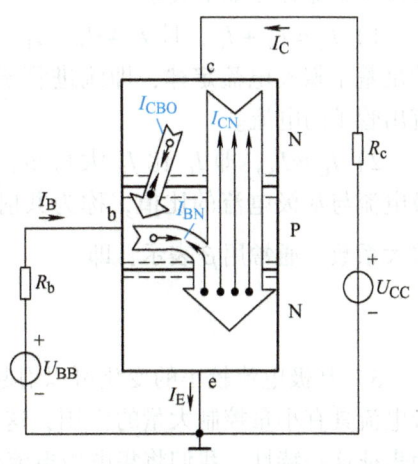

图 5-18 晶体管内部载流子运动情况

(3)集电区收集电子的过程 由于集电结反向偏置,外电场将阻止集电区中的多子向基区的扩散,却有利于将基区扩散到集电结附近的电子(是由发射区发射的电子)收集到集电区,在外电源 U_{CC} 的作用下形成集电极电流 I_C。

以上分析了晶体管中多数载流子的运动过程,由于集电结反偏,所以集电区中的少子空穴和基区中的少子电子在外电场作用下,进行漂移运动而形成反向电流,用 I_{CBO} 表示。I_{CBO} 数值很小,但受温度影响很大,是晶体管工作不稳定的原因之一。

3. 晶体管的电流分配关系与放大作用

图 5-19a 是为 NPN 型晶体管提供偏置的电路,确保满足外部放大条件,三个电极之间的电位关系应为:$U_C > U_B > U_E$,图 5-19b 为 PNP 型晶体管的偏置电路,和 NPN 型晶体管的偏置电路相比,电源极性正好相反。同理,为保证晶体管实现放大作用,则必须

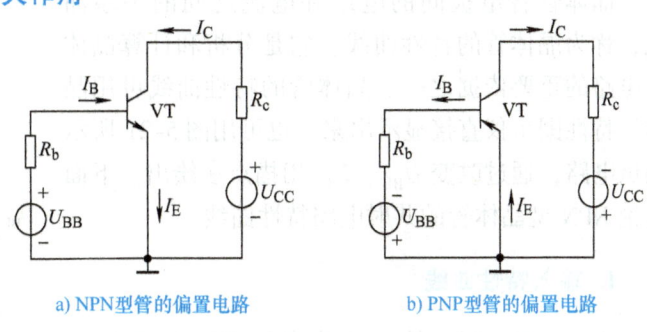

a) NPN型管的偏置电路 b) PNP型管的偏置电路

图 5-19 晶体管具有放大作用的外部条件

满足：$U_C < U_B < U_E$。

为了解晶体管各极电流分配关系，以 NPN 型晶体管为例，用图 5-20 所示电路进行测试，调节电位器 RP，可测得几组数据，见表 5-1。

表 5-1 晶体管各极电流测试数据

基极电流 $I_B/\mu A$	0	10	20	30	40	50
集电极电流 I_C/mA	0.1	1	2	3	4	5
发射极电流 I_E/mA	0.1	1.01	2.02	3.03	4.04	5.05

通过对表 5-1 进行分析、计算，可发现晶体管极间电流存在如下关系：

1）$I_E = I_B + I_C$，且 $I_C \gg I_B$，$I_E \approx I_C$，此结果满足基尔霍夫电流定律，即流进管子的电流等于流出管子的电流。

2）$I_C \gg I_B$，即 I_C 比 I_B 大得多，我们将集电极电流与基极电流的比值，称为共射极直流电流放大系数，通常用 $\bar{\beta}$ 表示，即

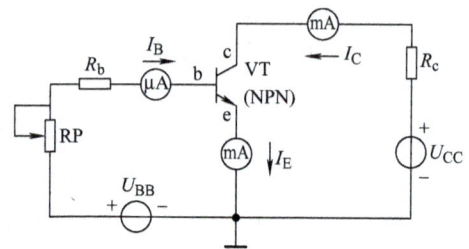

图 5-20 晶体管电流分配关系测试电路

$$\bar{\beta} = \frac{I_C}{I_B}$$

3）基极电流较小的变化可以引起集电极电流较大的变化。也就是说，基极电流对集电极电流具有小量控制大量的作用，这就是晶体管的电流放大作用（实质是电流控制作用）。为表征这一特性，我们将集电极电流变化量与基极电流变化量的比值，称为交流电流放大系数，通常用 β 表示，即

$$\beta = \frac{\Delta I_C}{\Delta I_B}$$

由上述数据分析可知：$\bar{\beta}$ 和 β 基本相等，为了表示方便，以后不加区分，统一用 β 表示。

4）当 $I_E = 0$ 时，即发射极开路，$I_C = -I_B$，为集电结反偏而产生的反向饱和电流 I_{CBO}。

5）当 $I_B = 0$ 时，即基极开路，$I_C = I_E$，为集电极–发射极的穿透电流 I_{CEO}。

5.3.3 晶体管的伏安特性及主要参数

晶体管各电极间的电压和电流之间的关系曲线，称为晶体管的特性曲线，它是分析和计算晶体管电路的重要依据之一。晶体管的特性曲线可用晶体管特性图示仪直接显示出来，也可用图 5-21 所示测试电路，通过改变 U_{BB}、U_{CC} 用描点法绘出。下面讨论 NPN 型晶体管的共射电路特性曲线。

1. 输入特性曲线

当 U_{CE} 不变时，输入回路中的基极电流 i_B 与

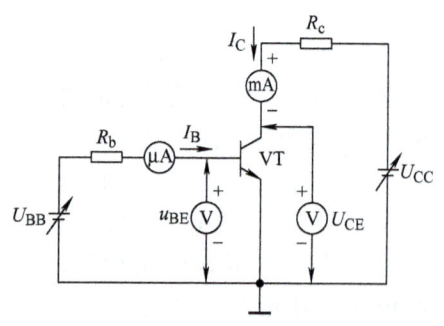

图 5-21 晶体管特性曲线测试电路

基-射电压 u_{BE} 之间的关系曲线称为<u>输入特性曲线</u>，如图 5-22a 所示。用函数式可表示为

$$i_B = f(u_{BE})|_{u_{CE}=常数}$$

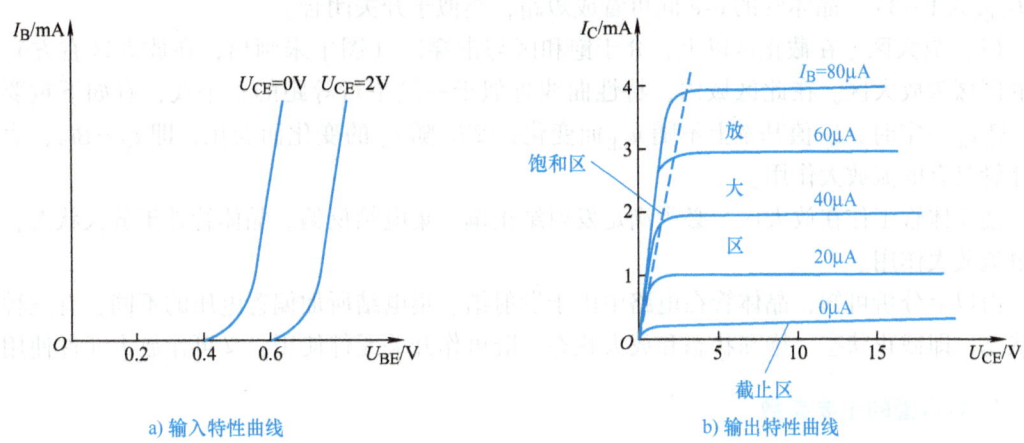

a) 输入特性曲线　　　　　　　　　b) 输出特性曲线

图 5-22　晶体管的共射特性曲线

1) $u_{CE}=0$ 的一条曲线与二极管正向特性相似。

2) u_{CE} 由零开始逐渐增大时，输入特性曲线右移，当 $u_{CE} \geq 1V$，各曲线几乎重合。这是因为 u_{CE} 由零逐渐增大时，集电结宽度逐渐增大，基区宽度相应减小，基区的复合电流减小，即 i_B 减小。如保证 i_B 为定值，就必须增加 u_{BE}，故曲线右移。当 $u_{CE} \geq 1V$ 时，集电结反偏电压已足以将注入基区的载流子都收集到集电区，即 u_{CE} 再增大，i_B 也不会减小很多，故曲线重合。

在实际的放大电路中，晶体管的 u_{CE} 一般都大于零，因此 $u_{CE} \geq 1V$ 的输入特性更有实用意义。晶体管输入特性也有一段死区，只有当 u_{BE} 大于死区电压时，输入回路才有 i_B 产生。常温下硅管死区电压为 0.4~0.7V，锗管为 0.2~0.4V。另外，当发射结完全导通后，晶体管发射结具有恒压特性。常温下，硅管导通电压为 0.6~0.7V，锗管导通电压为 0.2~0.4V。

2. 输出特性曲线

当 i_B 不变时，输出回路中的电流 i_C 与电压 u_{CE} 之间的关系曲线称为<u>输出特性曲线</u>。其函数式可表示为

$$i_C = f(u_{CE})|_{i_B=常数}$$

固定一个 i_B 值，可绘出一条输出特性曲线，取不同的 i_B 值（如 $i_B=0\mu A$、$20\mu A$、$40\mu A$、$60\mu A$），可绘出一簇输出特性曲线，如图 5-22b 所示。在输出特性上可以划分为三个区域：截止区、饱和区和放大区。

（1）截止区　一般将 $i_B=0$ 以下的区域称为截止区。使晶体管工作在截止区，晶体管的发射结和集电结都应处于反向偏置。晶体管处于截止状态，没有放大作用，集电极只有微小的穿透电流 I_{CEO}，晶体管的 c-e 之间几乎相当于开路，类似于开关断开。

（2）饱和区　一般认为，当 $u_{CE}=u_{BE}$，即 $u_{CB}=0$ 时，晶体管达到临界饱和状态，用临界饱和线用虚线表示。临界饱和线和纵轴之间的区域称为饱和区。在此区域内 $u_{CE}<u_{BE}$，因此，晶体管的发射结和集电结都应处于正向偏置。晶体管处于饱和状态，无放大作用，此

时 i_C 由外电路决定,与 i_B 无关,晶体管集电极与发射极之间的电压称为饱和压降,用 U_{CES} 表示。一般情况下,小功率管 U_{CES} 小于 0.4V(硅管约为 0.3V,锗管约为 0.1V),大功率管的 U_{CES} 为 1~3V。晶体管的 c-e 间可看成短路,类似于开关闭合。

(3) 放大区 在截止区以上,介于饱和区与击穿区(图中未画出,在放大区右方)之间的区域为放大区。在此区域内,特性曲线近似于一簇平行等距的水平线,有如下重要特征:① i_B 一定时,i_C 值基本上不随 u_{CE} 而变化;② i_C 随 i_B 的变化而变化,即 $i_C = \beta i_B$,表明晶体管具有电流放大作用。

使晶体管工作在放大区,必须满足发射结正偏、集电结反偏。晶体管处于放大状态,具有电流放大作用。

由以上分析可知,晶体管在电路中由于发射结、集电结所加偏置电压的不同,有三种工作状态,即截止状态、饱和状态和放大状态。既可作开关元件使用,又可作放大元件使用。

3. 晶体管的主要参数

晶体管的参数反映了晶体管的各项性能指标和适用范围,是分析、设计晶体管电路和选用晶体管的依据。晶体管的参数很多,这里只介绍常用的主要参数。

(1) 电流放大系数 是表征晶体管放大能力的参数,可有以下几种。

共发射极交流电流放大系数 β:动态时,集电极电流变化量 ΔI_C 与基极电流变化量 ΔI_B 的比值。也称为动态电流(交流)放大系数。

$$\beta = \frac{\Delta I_C}{\Delta I_B}$$

共发射极直流放大系数 $\bar{\beta}$:在静态时,集电极电流 I_C 与基极电流 I_B 的比值。

$$\bar{\beta} = \frac{I_C}{I_B}$$

β 和 $\bar{\beta}$ 的含义是不同的,但两者数值相差不大,可认为 β 和 $\bar{\beta}$ 为同一值。一般 β 为 20~200,目前工艺可制作出 β 为 300~400 的低噪声管。

(2) 反向饱和电流

集电极-基极反向饱和电流 I_{CBO}:是指发射极开路,集电结在反向电压作用下,少子的漂移运动形成的反向电流,它受温度变化的影响很大。常温下,小功率硅管的 $I_{CBO} < 1\mu A$,锗管的 I_{CBO} 为几微安到几十微安。

集电极-发射极穿透电流 I_{CEO}:是指基极开路,集电极和发射极之间的电流,它与 I_{CBO} 的关系为

$$I_{CEO} = (1+\beta) I_{CBO}$$

I_{CBO} 和 I_{CEO} 是衡量晶体管热稳定性的重要参数,实际使用中应选用 I_{CBO} 和 I_{CEO} 小的晶体管,这两个反向电流值越小,表明晶体管的质量越高。

(3) 极限参数 晶体管的极限参数是指使用晶体管时不得超过的极限值,以保证晶体管安全工作或工作性能正常。

集电极最大允许电流 I_{CM}:当集电极电流过大时,晶体管的 β 值就要下降,一般规定在 β 值下降到正常值的 2/3 时对应的集电极电流为集电极最大允许电流 I_{CM}。为保证晶体管正

常工作，必须满足 $i_C < I_{CM}$。

集电极发射极之间的击穿电压 $U_{(BR)CEO}$：是指当基极开路时，集电极与发射极间的反向击穿电压。为安全工作，必须满足 $u_{CE} < U_{(BR)CEO}$。

集电极最大允许耗散功率 P_{CM}：是指晶体管工作时最大允许耗散的功率。超过此值会使晶体管因温度过高而导致性能变坏甚至烧毁。为保证晶体管正常工作，必须满足 $P_C = u_{CE}i_C < P_{CM}$。

根据给定的极限参数 I_{CM}、$U_{(BR)CEO}$、P_{CM} 可以在晶体管的输出特性上画出晶体管的安全工作区，如图 5-23 所示。

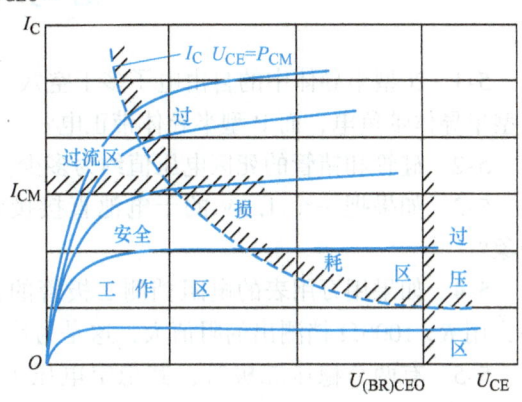

图 5-23　晶体管的安全工作区

另外，晶体管是一个温度敏感器件，当温度升高时，由于半导体的本征激发，使载流子浓度增加，晶体管的参数也会有所变化。主要体现在以下三个参数的变化上：

U_{BE} 随温度升高而减小；

I_{CBO} 和 I_{CEO} 随温度升高而增大；

β 值随温度升高而增大。

U_{BE} 的减小，I_{CBO} 和 β 的增大，集中体现为晶体管的集电极电流 i_C 增大，从而影响晶体管的工作状态。

本 章 小 结

1. 半导体的基础知识

电子电路中常用的半导体器件有二极管、稳压二极管、晶体管和场效应晶体管等。制造这些器件的材料为硅和锗等。

半导体中有两种载流子：自由电子和空穴。纯净的半导体单晶称为本征半导体，没有导电能力。在本征半导体中掺入微量的三价或五价元素，形成杂质半导体。杂质半导体分为两种：P 型半导体——多数载流子是空穴；N 型半导体——多数载流子是自由电子。把 P 型半导体和 N 型半导体结合在一起时，在两者的交界面形成一个 PN 结，它是制造各种半导体器件的基础。

2. 二极管

二极管是把一个 PN 结封装起来引出金属电极而制成的，其主要特点是具有单向导电性。稳压二极管是利用二极管的反向击穿特性制成的，即流过二极管的电流变化很大，而二极管两端的电压变化却很小。

3. 晶体管

晶体管是由三层不同性质的半导体组合而成的，有 NPN 和 PNP 两种类型，其特点是具有电流放大作用。晶体管实现放大作用的条件是：发射结正偏、集电结反偏。晶体管有三个工作区域：放大区、饱和区、截止区。在放大区，晶体管具有基极电流控制集电极电流的特性；在饱和区和截止区，具有开关特性。

思考与习题

5-1 N 型半导体中的自由电子多于空穴，而 P 型半导体中的空穴多于自由电子，是否 N 型半导体带负电，而 P 型半导体带正电？

5-2 硅管和锗管的死区电压值约为多少？

5-3 如果把一个 1.5V 的干电池直接接到（正向接法）二极管的两端，会发生什么现象？

5-4 如果用万用表的电阻档测二极管的正向电阻时，发现用 $R \times 100\Omega$ 档测出的阻值小，用 $R \times 1000\Omega$ 档测出的阻值大，这是为什么？

5-5 有两个稳压二极管，其稳定电压 U_{z1}、U_{z2} 分别为 5.5V 和 8.5V，正向压降都是 0.5V。如果要得到 3V、6V、9V 和 14V 几种稳定电压，这两个稳压二极管（还有限流电阻）应如何连接？画出电路图。

5-6 晶体管有哪几种工作状态，不同工作状态的外部条件是什么？

5-7 将 PNP 型晶体管接成共发射极电路，要使它具有电流放大作用，E_C 和 E_B 的正、负极应如何连接？请画出电路图。

5-8 有两个晶体管。一个管子 $\beta = 50$，$I_{CBO} = 0.5\mu A$；另一个 $\beta = 150$，$I_{CBO} = 2\mu A$。如果其他参数一样，选用哪一个管子较好，为什么？

5-9 图 5-24a 是输入电压 u_i 的波形。试根据图 5-24b 所示电路画出对应于 u_i 的输出电压 u_o、电阻 R 上电压 u_R 和二极管 VD 上电压 u_D 的波形，并用基尔霍夫电压定律检验各电压之间的关系。二极管的正向压降忽略不计。

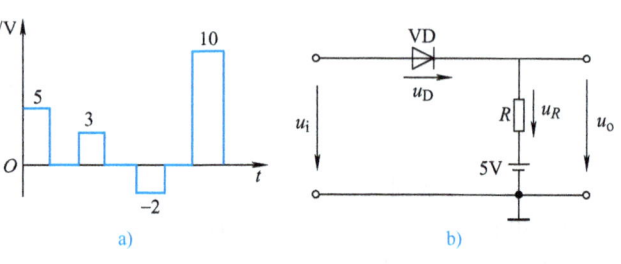

图 5-24 习题 5-9 图

5-10 在图 5-25 的各电路图中，$E = 5V$，$u_i = 10\sin\omega t V$，二极管的正向压降忽略不计，试分别画出输出电压 u_o 的波形。

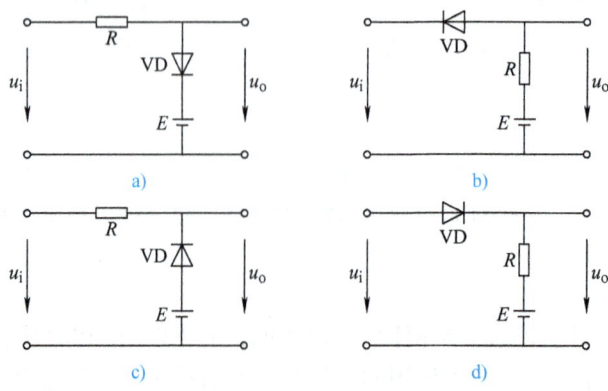

图 5-25 习题 5-10 图

5-11 在图 5-26 中，试求下列几种情况下输出端 F 的电位 V_F 及各元件（R、VD_A、VD_B）中通过的电流：

(1) $V_A = V_B = 0V$；(2) $V_A = +3V$，$V_B = 0V$；

(3) $V_A = V_B = +3V$。二极管的正向电压可忽略不计。

5-12 测得某电路中几个晶体管的各极电位如图 5-27 所示，试判断各晶体管分别工作在截止区、放大区还是饱和区？

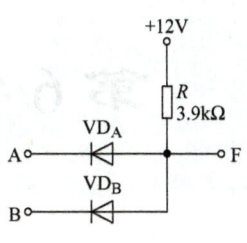

图 5-26 习题 5-11 图

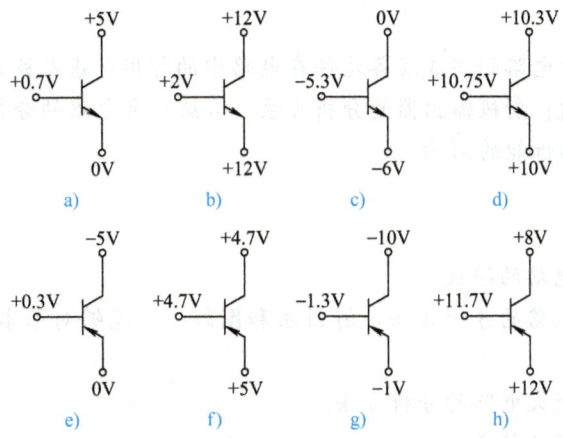

图 5-27 习题 5-12 图

5-13 分别测得两个放大电路中晶体管的各极电位如图 5-28 所示，试识别它们的管脚，分别标上 e、b、c，并判断这两个晶体管是 NPN 型，还是 PNP 型，是硅管还是锗管。

5-14 某一晶体管的 $P_{CM} = 100mW$，$I_{CM} = 20mA$，$U_{(BR)CEO} = 1.5V$，试问在下列几种情况下，哪种是正常工作？（1）$U_{CE} = 3V$，$I_C = 10mA$；（2）$U_{CE} = 2V$，$I_C = 40mA$；（3）$U_{CE} = 2V$，$I_C = 20mA$。

5-15 在图 5-29 中，$E = 20V$，$R_1 = 900\Omega$，$R_2 = 1100\Omega$。稳压二极管 VS 的稳定电压 $U_Z = 10V$，最大稳定电流 $I_{Zmax} = 8mA$。试求稳压二极管中通过的电流 I_Z，是否超过 I_{Zmax}？如果超过 I_{Zmax}，该怎么办？

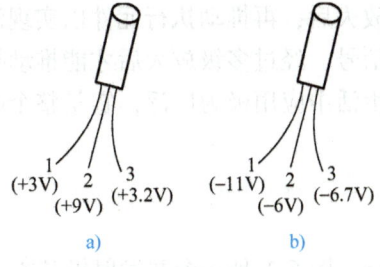

图 5-28 习题 5-13 图

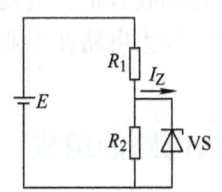

图 5-29 习题 5-15 图

第6章 基本放大电路分析

[本章概述]

主要介绍基本放大电路的组成及各元件在电路中的作用；基本放大电路的分析方法；静态工作点的稳定性问题；射极输出器的分析方法；多级放大电路的分析方法；反馈电路的分类及负反馈对放大电路性能的影响。

[知识与能力目标]

1. 了解基本放大电路的组成。
2. 掌握基本放大电路的分析方法：解析法和图解法。能够对基本放大电路进行静态和动态分析。
3. 掌握分压偏置放大电路的分析方法。
4. 掌握射极输出器的特点。
5. 了解多级放大电路的耦合方式和分析方法。
6. 理解反馈电路的类型及判断方法，了解负反馈对放大电路性能的影响。

[相关知识链接]

6.1 共发射极放大电路

晶体管的主要用途之一是利用其放大作用组成各种放大器，将微弱电信号放大到满足要求的信号，以便有效地进行观察、测量、控制或调节。例如，在温度控制系统中，首先将温度这个非电量通过温度传感器变为微弱的电信号，经放大后，再推动执行元件以实现温度的自动调节等。再如收音机、电视机的天线收到的微弱信号，经过多级放大后才能推动扬声器和显像管工作。放大电路在工业、农业、国防和日常生活中应用极为广泛，它是整个电子电路的基础。

6.1.1 放大电路的组成

由一个放大元件组成的放大电路称为基本放大电路。图6-1是一个共发射极基本放大电路，它是最基本的交流放大电路。输入端接需要放大的信号（通常可用一个理想电压源 u_S 和电阻 R_S 串联的交流电压源表示），它可以是收音机天线收到的包含声音信息的微弱电信号，也可以是某种传感器根据被测量转换出的微弱电信号。假定信号源的输出电压即放大器的输入电压为 u_i，放大电路的输出端接负载电阻 R_L，输出电压为 u_o。

放大电路中各元件的作用如下：

1) 晶体管 VT：它是放大（控制）元件，是放大电路的核心。利用它的电流控制作用，实现用微小的输入电压变化而引起基极电流的微小变化，在集电极上得到与输入信号成比例变化的较大集电极电流，从而在负载上获得比输入信号 u_i 幅度大得多但又与其成比例的输出信号 u_o。

2) 基极电源 V_B 和基极电阻 R_B：它们的作用是给晶体管的发射结提供正向偏置电压和合适的静态基极电流 I_B，简称偏置电路，R_B 称为偏置电阻，R_B 一般为几十千欧至几百千欧。

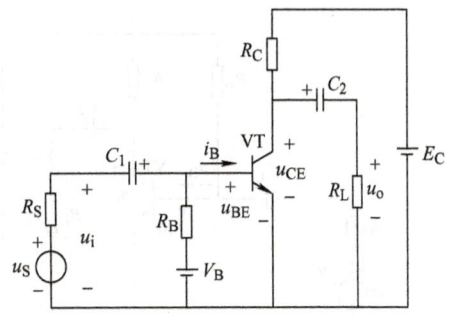

图 6-1 共发射基本放大电路

3) 集电极电源 E_C：它的作用有两个，一是在受输入信号控制的晶体管作用下，适时的向负载提供能量；二是保证晶体管工作在放大状态，即给集电结加反偏电压。E_C 一般为几伏至几十伏。

4) 集电极电阻 R_C：它的主要作用是将集电极电流变化转换为电压变化后输出，即将电流信号的放大转换为电压信号的放大。R_C 一般为几千欧到几十千欧。

5) 耦合电容 C_1 和 C_2：它们的作用是"隔直通交"。对于直流分量电容视为开路，C_1 隔断信号源与放大器的直流联系，C_2 则隔断放大器与负载的直流联系。对于交流信号，C_1、C_2 的容抗值较小，其交流压降可忽略不计，对交流信号来说，可将 C_1、C_2 视为短路。因此，需将其容量取的大些，一般为几微法至几十微法，常用的是极性电容器，正极必须接高电位，连接时需注意极性。

图 6-1 所示电路的电压信号放大过程如下：设置电路参数保证晶体管 VT 工作于放大状态。输入信号通过电容 C_1 直接耦合到晶体管发射结上，从而引起基极电流的变化，基极电流的变化经过晶体管放大后，集电极电流便有较大的变化量，使集电极电阻 R_C 上有较大的电压变化量。从集电极回路（即输出回路）可以看出，电阻 R_C 上的电压与集-射极间的电压之和恒为电压源 E_C，所以，在集-射极之间就有一个与 R_C 上等大反相的电压变化量，该变化量经电容 C_2 耦合输出，在输出端便得到了放大的电压信号。

组成电压放大电路的原则为：
1) 晶体管工作于合适的放大状态。
2) 输入信号能引起控制量——基极电流的变化。
3) 能将集电极电流变化转换为电压变化而输出。

在图 6-1 中使用了两个直流电源，但实际放大电路，可以将 V_B 省去，采用单电源供电，如图 6-2a 所示。只要适当调整 R_B 的阻值，仍可保证发射结正向偏置，产生合适的基极偏置电流 I_B。在放大电路中，通常把公共端设为参考点，设其电位为零电位，而该端常用接"地"来表示。同时为简化电路的画法，习惯上不画电源 E_C 的符号，而只在连接电源正极的一端标出它对参考点"地"的电压值 U_{CC} 和极性（"+"或"-"），如图 6-2b 所示。

由于在放大电路中既有直流分量也有交流分量，电压和电流的名称较多，符号不同，为便于对放大电路进行分析，现规定如下，以便区别。

1) 直流分量用大写字母加大写下标表示，如 I_B、I_C、U_{CE} 等。
2) 交流分量的瞬时值用小写字母加小写下标表示，如 i_b、i_c、u_{ce} 等；有效值用大写字

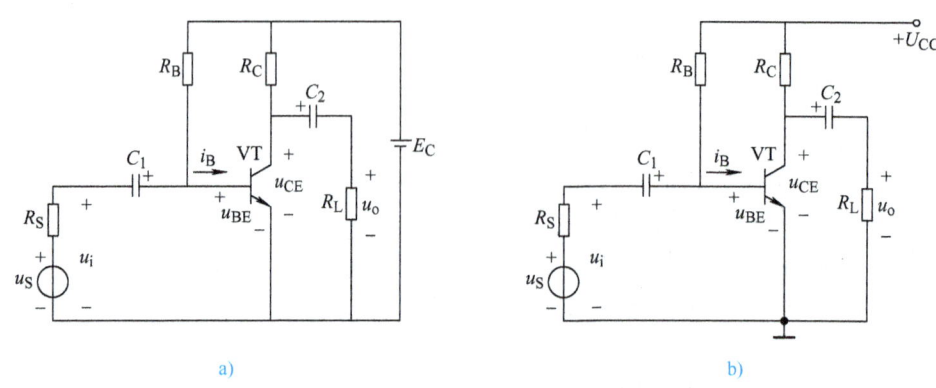

图 6-2 放大电路的习惯画法

母加小写下标表示，如 I_b、I_c、U_{ce} 等，而幅值是在有效值基础上加小写下标"m"表示，如 I_{bm}、I_{cm}、U_{cem} 等。

3）总电压或总电流则用小写字母加大写下标表示，如 i_B、u_{CE} 等，其中 $i_B = I_B + i_b$。

将放大电路中晶体管各电极电量的符号归纳见表 6-1。

表 6-1 电压、电流符号的简要归纳

类 别	符 号	下 标	示 例
静态值	大写	大写	I_B、I_C、I_E、U_{BE}、U_{CE}
交流瞬时值	小写	小写	i_b、i_c、i_e、u_{be}、u_{ce}
总瞬时值	小写	大写	i_B、i_C、i_E、u_{BE}、u_{CE}
有效值	大写	小写	I_b、I_c、I_e、U_{be}、U_{ce}
幅值	大写	小写	I_{bm}、I_{cm}、I_{em}、U_{bem}、U_{cem}

6.1.2 放大电路的分析

放大电路的分析包括两个方面的内容，即静态分析和动态分析，分析过程一般是先静态后动态。常用分析方法有解析法（也称估算法）和图解法两种。解析法是根据电路特性和晶体管等效电路实现对放大电路工作点和各性能指标进行估算的分析方法；图解法是在晶体管特性曲线上，通过作图的方法分析放大电路的工作情况。

1. 解析法（估算法）

放大电路中既有直流电源 U_{CC} 又有输入的交流信号 u_i，所以说放大电路是一个交流、直流共存的非线性的复杂电路，其中直流分量所通过的路径叫直流通路，而交流分量所通过的路径则叫交流通路。

直流电源单独作用时，C_1、C_2 可视为开路，由图 6-2 可得其直流通路如图 6-3a 所示。

交流电源单独作用时，C_1、C_2 可视为短路，直流电源作用为零，可视为短路，由图 6-2 可得其交流通路如图 6-3b 所示。

（1）放大电路的静态分析 放大电路在没加输入信号，即 $u_i = 0$ 时，所处的工作状态叫

静止工作状态，简称静态，也就是放大电路的直流状态。对放大电路进行静态分析的目的是找出放大电路的静态工作点。

所谓静态工作点 Q，就是指输入信号为零的条件下，晶体管各极电流值和各极间

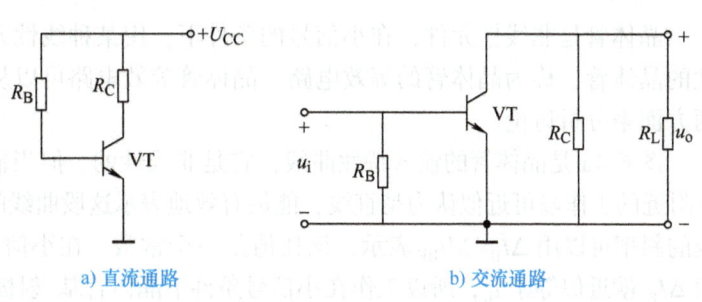

a) 直流通路　　　　　　　b) 交流通路

图6-3　基本放大电路的交、直流通路

电压值。由于三个极电流只有两个是独立的，通常求基极电流 I_B 与集电极电流 I_C。而三个极间电压也是有两个独立的，且因发射结正向偏置而导通压降基本不变（硅管 0.7V 左右，锗管 0.4V 左右），所以只求一个集-射极电压 U_{CE} 的值即可。因此，静态工作点 Q，就是指输入信号为零时，晶体管的基极电流 I_B，集电极电流 I_C 和集-射极间的电压 U_{CE}，通常为表示在静态时的值在其下标处加字母"Q"，即用（I_{BQ}、I_{CQ}、U_{CEQ}）表示。

解析法静态分析的步骤：

第一步：根据放大电路图画出直流通路。

第二步：求出静态工作点 Q。

在输入回路根据基尔霍夫第二定律可得基极电流 I_{BQ}：

$$I_{BQ} = \frac{U_{CC} - U_{BE}}{R_B} \approx \frac{U_{CC}}{R_B} \quad (U_{CC} \gg U_{BE}) \tag{6-1}$$

由 I_{BQ} 可得静态时集电极电流 I_{CQ}，即

$$I_{CQ} = \beta I_{BQ} \tag{6-2}$$

在输出回路根据基尔霍夫第二定律可求集-射极电压 U_{CEQ}，即

$$U_{CEQ} = U_{CC} - I_{CQ} R_C \tag{6-3}$$

由式（6-1）可以看出，当电路参数一定，基极偏置电流 I_B 将基本不变，故也称图 6-2 所示基本放大电路为固定偏置共发射极放大电路。

【**例6-1**】在图 6-2 所示基本放大电路中，已知 $U_{CC} = 10V$，$R_B = 250k\Omega$，$R_C = 3k\Omega$，$\beta = 50$，试求放大电路的静态工作点。

【**解**】根据图 6-3 所示的直流通路可得出

$$I_{BQ} = \frac{U_{CC}}{R_B} = \frac{10}{250} mA = 0.04 mA = 40\mu A$$

$$I_{CQ} = \beta I_{BQ} = 50 \times 0.04 mA = 2 mA$$

$$U_{CEQ} = U_{CC} - I_{CQ} R_C = (10 - 2 \times 3) V = 4V$$

（2）放大电路的动态分析　放大电路有输入信号，即 $u_i \neq 0$ 时的工作状态称为动态。对放大电路进行动态分析的目的主要是：获得用元件参数表示的放大电路的电压放大倍数 A_u、输入电阻 r_i、输出电阻 r_o 这三个放大电路的参数。以便知道该放大电路对输入信号的放大能力，与信号源及负载进行最佳匹配的条件。

解析法动态分析的步骤：

第一步：根据放大电路图画出交流通路。

第二步：根据放大电路的交流通路画出其等效电路图。

晶体管是非线性元件，在小信号的条件下，用某种线性元件组合的电路模型来等效非线性的晶体管，称为晶体管的等效电路。晶体管等效电路可以从晶体管的输入特性和输出特性两方面来分析讨论。

图 6-4a 是晶体管的输入特性曲线，它是非线性的。但当输入信号很小时，在静态工作点 Q 附近的工作段可近似认为是直线，能最有效地表示这段曲线的直线是工作点处的切线。该切线的斜率可以用 $\Delta I_B/\Delta U_{BE}$ 表示，该比值是一个常数。在小信号条件下 ΔU_{BE} 就近似等于 u_{be}，而 ΔI_B 就近似等于 i_b，所以工作在小信号条件下晶体管基-射极之间的伏安关系可以表示为

$$r_{be} = \frac{\Delta U_{BE}}{\Delta I_B} = \frac{u_{be}}{i_b} \tag{6-4}$$

称为晶体管的输入电阻 r_{be}，因此对工作在小信号条件下的晶体管基-射极之间可用一个线性电阻来等效代替，如图 6-5b 所示。同一个晶体管，静态工作点不同时，r_{be} 值也不同。低频小功率晶体管的输入电阻常用下式估算：

$$r_{be} = (100 \sim 300)\Omega + (1+\beta)\frac{26\text{mV}}{I_E} \tag{6-5}$$

式中，I_E 是发射极电流的静态值，单位为 mA。r_{be} 一般为几百欧到几千欧。它是一个动态电阻，在晶体管器件手册中常用 h_{ie} 表示。

图 6-4b 是晶体管的输出特性曲线，在放大区是一簇近似与横轴平行的直线。

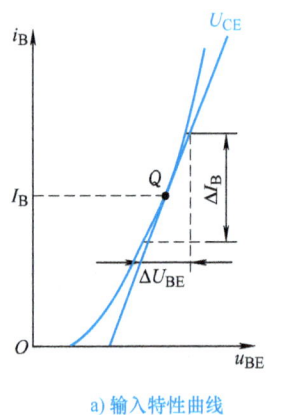

a) 输入特性曲线

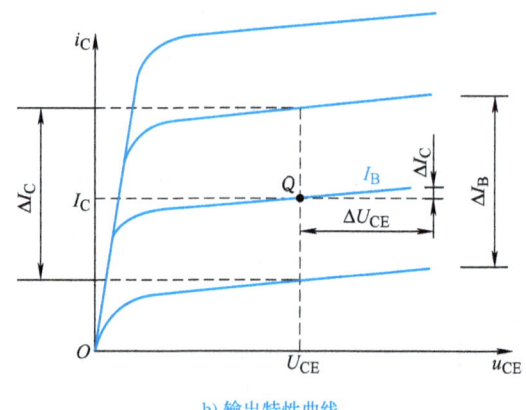

b) 输出特性曲线

图 6-4 晶体管的特性曲线

当 U_{CE} 为常数时，Δi_C 的大小主要与 Δi_B 的大小有关。在小信号的条件下，Δi_C 与 Δi_B 基本成线性关系，其比例系数 β 近似为一个常数，即

$$\beta = \frac{\Delta i_C}{\Delta i_B}$$

β 为晶体管的电流放大系数。由它确定 i_c 受 i_b 控制的关系，因此，晶体管的输出电路可用一个 $i_c = \beta i_b$ 的受控电流源来等效代替。这样晶体管的微变等效电路就可用图 6-5b 所示电路表示。

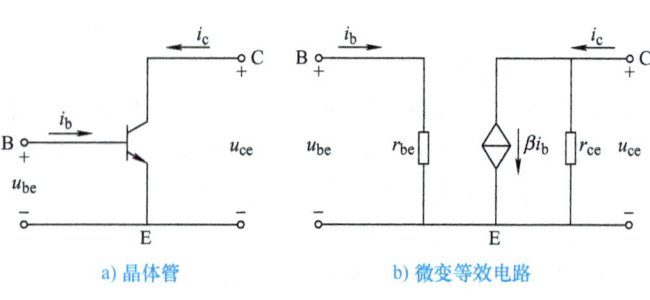

a) 晶体管   b) 微变等效电路

图 6-5 晶体管的等效电路

此外，由于集-射电压 U_{CE} 的大小对晶体管的放大能力也有影响，考虑此因素，可用一电阻 r_{ce}（称晶体管的输出电阻）与受控电流源并联来表示，该电阻一般为几十千欧至几百千欧，由于 r_{ce} 阻值较大，故可视为开路。

对 PNP 型管子来讲，只是静态电压、电流极性与 NPN 型的相反，对于交流而言均有正负半周，可以认为是相同的，所以，其微变等效电路与 NPN 型的相同，同图 6-5b 所示。

放大电路的等效电路：是将放大电路的交流通路中的晶体管用其微变等效电路替代，即得到放大电路的等效电路，如图 6-6 所示。电路中的电压和电流都是交流分量，并表示了电压和电流的参考方向。

将放大电路等效为线性电路后便可按照线性电路理论，由图 6-6 求得电压放大倍数 A_u、输入电阻 r_i 和输出电阻 r_o 等参数。

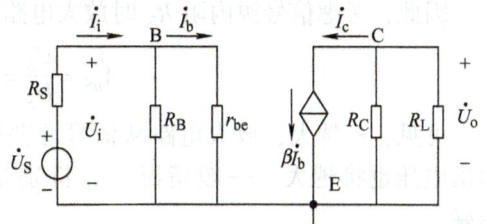

图 6-6　放大电路的等效电路

第三步：根据放大电路的等效电路分析放大电路的主要性能指标。

放大电路的质量要用一些性能指标来评价，常用的性能指标主要包括放大倍数 A_u、输入电阻 r_i 及输出电阻 r_o 等。

电压放大倍数 A_u（或电压增益）：表示放大电路的电压放大能力，它等于输出波形不失真时的输出电压与输入电压的比值，即

$$A_u = \frac{u_o}{u_i} \tag{6-6}$$

式中，u_o 和 u_i 分别是输出电压和输入电压。当考虑其附加相移时，可用复数值之比来表示。

根据图 6-6 可列出

$$u_i = i_b r_{be}$$
$$u_o = -i_c R'_L = -\beta i_b R'_L$$

式中，R'_L 为 R_C 和 R_L 并联的等效电阻，称为集电极等效负载，即

$$R'_L = \frac{R_C R_L}{R_C + R_L}$$

故电压放大倍数为

$$A_u = \frac{u_o}{u_i} = -\beta \frac{R'_L}{r_{be}} \tag{6-7}$$

式(6-7) 中的负号表示输出电压 u_o 与输入电压 u_i 相位相反。

当放大电路输出端开路（未接 R_L）时

$$A_u = \frac{u_o}{u_i} = -\beta \frac{R_C}{r_{be}} \tag{6-8}$$

可见，接入 R_L 会使 A_u 降低，且 R_L 越小，则放大倍数越低。

电压放大倍数的"分贝"表示法称为<u>电压增益</u>，即

$$A_u(\text{dB}) = 20 \lg A_u \tag{6-9}$$

输入电阻 r_i：指从放大电路的输入端看进去的交流电阻，相当于信号源的负载电阻。由图 6-6 输入端看进去的电阻即为输入电阻 r_i，考虑到 $R_B \gg r_{be}$ 有

$$r_i = \frac{R_B \cdot r_{be}}{R_B + r_{be}} \approx r_{be} \qquad (6\text{-}10)$$

设信号源内阻为 R_S、电压为 U_S，则放大电路输入端所获得的信号电压即输入电压为

$$u_i = \frac{r_i}{r_i + R_S} U_S \qquad (6\text{-}11)$$

因此，考虑信号源内阻 R_S 时放大电路的电压放大倍数，即源电压放大倍数为

$$A_{uS} = \frac{U_o}{U_S} = \frac{u_i}{U_S} \frac{U_o}{u_i} = \frac{r_i}{r_i + R_S} A_u \qquad (6\text{-}12)$$

可见，r_i 越大，放大电路从信号源获得的电压越大，同时从信号源获取的电流越小，输出电压也将越大。一般情况下，特别是测量仪表用的第一级放大电路中，r_i 应越大越好。

输出电阻 r_o：指从放大电路的输出端看进去的交流电阻值。由图 6-6 所示电路的输出端看进去的电阻即为输出电阻 r_o，可见

$$r_o \approx R_C \qquad (6\text{-}13)$$

上式的近似是因为忽略了晶体管输出电阻 r_{ce} 的影响。

注意：输出电阻 r_o 不包括负载电阻 R_L。

输出电阻 r_o 的大小直接影响放大电路的带负载能力，r_o 越小，输出电压 U_o 随负载电阻 R_L 的变化就越小，则带负载能力就越强。

【例 6-2】 图 6-2 所示放大电路中晶体管的 $\beta = 60$，$U_{CC} = 6\text{V}$，$R_C = R_L = 5\text{k}\Omega$，$R_B = 530\text{k}\Omega$。

（1）估算静态工作点；
（2）求 r_{be} 的值；
（3）求电压放大倍数 A_u、输入电阻 r_i 和输出电阻 r_o。

【解】 （1） $I_{BQ} = \dfrac{U_{CC} - U_{BE}}{R_B} = \dfrac{(6-0.7)\text{V}}{530\text{k}\Omega} = 10\mu\text{A}$

$I_{CQ} = \beta I_{BQ} = 0.6\text{mA}$

$U_{CEQ} = U_{CC} - I_{CQ} R_C = 6\text{V} - 0.6\text{mA} \times 5\text{k}\Omega = 3\text{V}$

（2） $r_{be} = 300\Omega + (1+\beta)\dfrac{26\text{mV}}{I_E} \approx \left(300 + 61 \times \dfrac{26}{0.6}\right)\Omega \approx 2.9\text{k}\Omega$

（3） $A_u = -\beta\dfrac{R_L'}{r_{be}} = \dfrac{-60 \times \dfrac{5\text{k}\Omega \times 5\text{k}\Omega}{5\text{k}\Omega + 5\text{k}\Omega}}{2.9\text{k}\Omega} \approx -52$

$r_i \approx r_{be} = 2.9\text{k}\Omega$

$r_o \approx R_C = 5\text{k}\Omega$

2. 图解法

就是利用晶体管输出特性曲线按照作图的方法对放大电路的静态和动态进行分析的一种方法。

（1）静态分析的图解法　在图 6-2 所示放大电路的直流通路（图 6-3）中，按输出回路

(集电极回路）可列出

$$U_{CE} = U_{CC} - I_C R_C$$

或

$$I_C = -\frac{1}{R_C}U_{CE} + \frac{U_{CC}}{R_C} \tag{6-14}$$

式（6-14）在 $I_C - U_{CE}$ 输出特性曲线坐标系中表示，这是一个直线方程，其斜率为 $-1/R_C$，可过两点作出。它在横轴上的截距为 U_{CC}，在纵轴上的截距为 U_{CC}/R_C。因为它是由直流通路得出的，且与集电极电阻 R_C 有关，故称为直流负载线。

用图解法确定静态工作点的步骤：

第一步：在直流通路中，由输入回路求出基极电流，即

$$I_{BQ} \approx \frac{U_{CC}}{R_B}$$

可知，所要求的静态工作点 I_{CQ}、U_{CEQ} 一定在 I_{BQ} 所对应的那条输出特性曲线上。

第二步：作直流负载线。

$$U_{CE} = U_{CC} - I_C R_C$$

即过（U_{CC}，0）、（0，U_{CC}/R_C）两点作直线。所要求的静态工作点（I_{CQ}、U_{CEQ}）一定在直流负载线上。

第三步：I_{BQ} 所对应的输出特性曲线与直流负载线的交点即为静态工作点 Q，其纵、横坐标值即为所求 I_{CQ}、U_{CEQ} 值。

【例6-3】 在图6-2所示电路中，已知 $U_{CC} = 12V$，$R_C = 4k\Omega$，$R_B = 300k\Omega$。晶体管的输出特性曲线已给出（如图6-7所示），试求静态值。

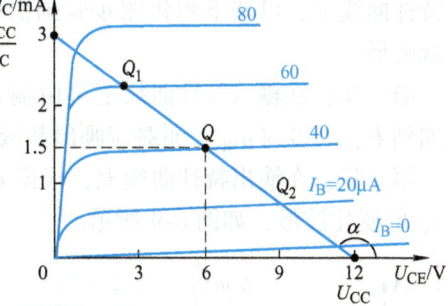

图6-7 例6-3图

【解】 1）由式（6-1）有

$$I_{BQ} \approx \frac{U_{CC}}{R_B} = \frac{12V}{300 \times 10^3 \Omega} = 40\mu A$$

2）直流负载线为

$$U_{CE} = U_{CC} - I_C R_C = 12V - 4I_C$$

可得出

$$I_C = 0 \text{ 时}, U_{CE} = U_{CC} = 12V$$

$$U_{CE} = 0 \text{ 时}, I_C = \frac{U_{CC}}{R_C} = 3mA$$

连接（12，0）和（0，3）两点即可得直流负载线。

3）直流负载线与 $I_{BQ} = 40\mu A$ 的输出特性曲线的交点 Q 即为所求静态值，即

$$I_{BQ} = 40\mu A$$
$$I_{CQ} = 1.5mA$$
$$U_{CEQ} = 6V$$

由图6-7可以看出 Q 点对应的三个值（I_{BQ}、I_{CQ}、U_{CEQ}），这也就是静态工作点的由来。改变电路的参数，即可改变静态工作点。通常是改变 R_B 的阻值来调整 I_{BQ} 的大小，从而实现静态值的调节。

(2) 动态分析的图解法　利用晶体管特性曲线在静态工作点的基础上，用作图的方法可以进行动态分析，即分析各电压和电流交流分量之间的关系。

交流负载线：放大电路动态工作时，电路中的电压和电流都是在静态值的基础上产生与输入信号相对应的变化，晶体管的工作也将在静态工作点附近变化。根据如图 6-3 所示的交流通路得

$$u_o = u_{ce} = -i_C R'_L \tag{6-15}$$

式中，R'_L 为集电极等效负载电阻，$R'_L = \dfrac{R_C R_L}{R_C + R_L}$，（$R'_L$ 为 R_C 与 R_L 并联的等效电阻）。

式（6-15）反映了交流电压 u_{ce} 与电流 i_C 的关系，是一线性关系，故称为交流负载线，其斜率为 $-1/R'_L$。而当交流信号为零时，其晶体管的工作点一定是静态工作点，所以，交流负载线一定过静态工作点。交流负载线的画法：交流负载线是过静态工作点的斜率为 $-1/R'_L$ 的直线。

因为直流负载线的斜率为 $-1/R_C$，而交流负载线的斜率为 $-1/R'_L$，故交流负载线比直流负载线要陡，如图 6-8 所示。

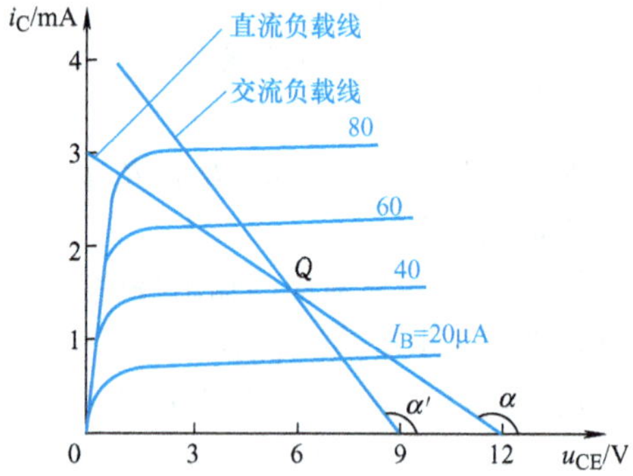

动态分析图解法步骤：

在确定静态工作点后画出交流负载线的基础上，根据已知的输入电压信号 u_i 的波形，在晶体管特性曲线上，可按下列作图步骤画出有关电压电流波形。

第一步：在输入特性曲线上可由输入信号 u_i 叠加到 U_{BE} 上得到 u_{BE}，而对应画出基极电流 i_B 的波形，如图 6-9 所示。

第二步：在输出特性曲线上，根据 i_B 的变化波形可对应得到集-射电压 u_{CE} 及集电极电流 i_C 的变化波形，如图 6-9 所示。

图 6-8　直流负载线与交流负载线

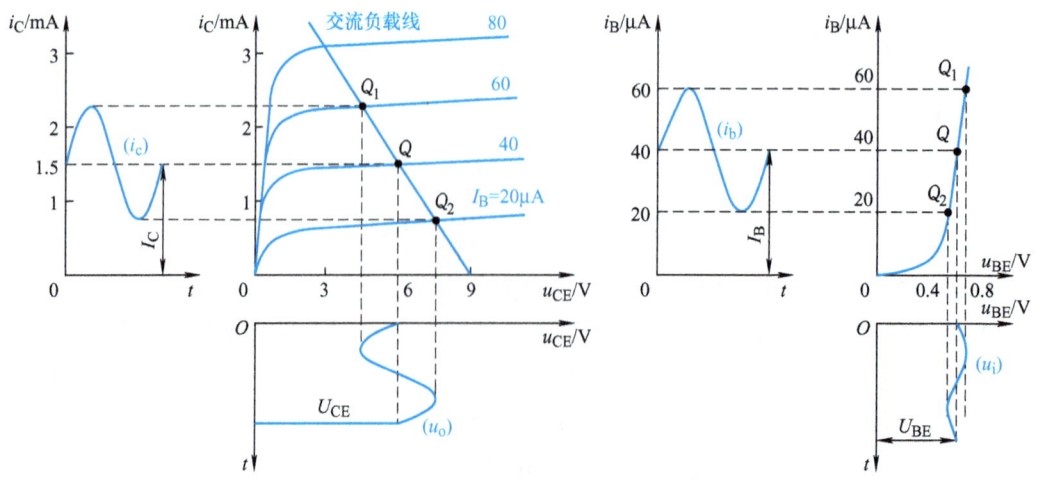

图 6-9　交流图解分析

由以上分析可以得出下述结论：

① 晶体管各极电压和电流均有两个分量，即直流分量和交流分量。

② 输出电压 u_o（u_{ce}）与输入电压 u_i（u_{be}）相位相反，即晶体管具有倒相作用，集电极电位的变化与基极电位的变化极性相反。

③ 负载电阻 R_L 越小，交流负载线就越陡直，输出电压就越小，即接入 R_L 后使放大倍数降低，负载电阻 R_L 越小，电压放大倍数越小。

6.1.3 放大电路的改进

1. 非线性失真问题

所谓失真，是指输出信号的波形与输入信号的波形不同。显然，要求放大电路应该尽量不发生失真现象。引起失真的主要原因是静态工作点选择不合适或者信号过强，使晶体管工作于饱和状态或截止状态。由于这种失真是因为晶体管工作于非线性区所致，所以通常称为非线性失真。

图 6-10 所示为静态工作点 Q 不合适引起输出电压波形失真的情况。其中图 6-10a 表示静态工作点 Q_1 的位置太低，输入正弦电压时，输入信号的负半周进入了晶体管的截止区，使输出电压交流分量的正半周削平。这是由于晶体管的截止而引起的，故称为截止失真。

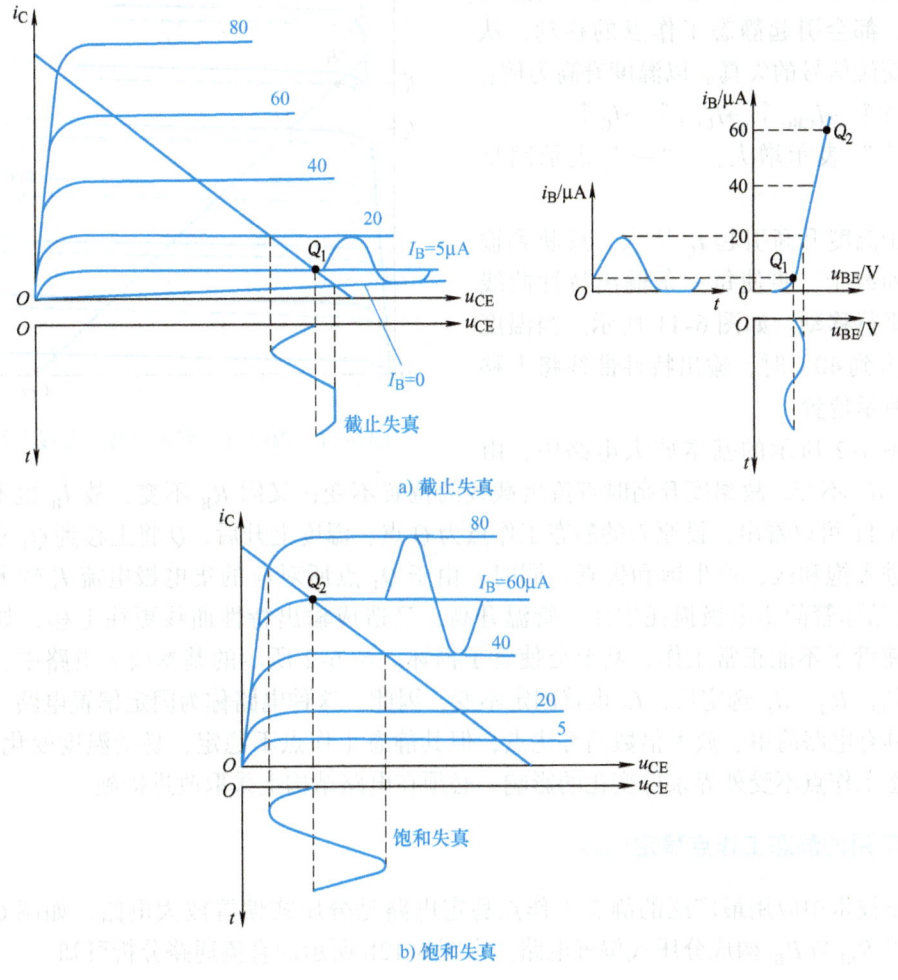

图 6-10 工作点不合适引起输出电压波形失真

图 6-10b 所示为静态工作点 Q_2 过高,在输入电压的正半周,晶体管进入了饱和区,使输出严重失真。这是由于晶体管的饱和而引起的,故称为饱和失真。

因此,要使放大电路不产生非线性失真,就必须有一个合适的静态工作点,因此一般设置在直流负载线的中点附近。当发生截止失真或饱和失真时可通过改变电阻 R_B 的大小来调整静态工作点,实用电路中常用一固定电阻和一电位器的串联作为偏置电阻,以实现静态工作点的调节。另外,输入信号 u_i 的幅值不能太大,以免放大电路的工作范围超过特性曲线的线性范围,发生"双向"失真。在小信号放大电路中,一般不会发生这种情况。

2. 静态工作点的不稳定问题

当静态工作点不断变化时,即静态工作点不稳定时,会引起输出交流信号失真。静态工作点不稳定的原因主要是因为温度变化使晶体管参数发生变化。

当温度升高时,晶体管的发射结导通压降 U_{BE} 降低,β 和 I_{CEO} 都将增大,这些参数的变化都将使 I_C 增大,使静态工作点上移。反之,温度降低时,管子参数的变化将使 I_C 减小,使静态工作点下移。因此,当温度变化时,都会引起静态工作点的移动,从而导致交流信号的失真。以温度升高为例:

$$T\uparrow \to I_{CBO}\uparrow \to I_{CEO}\uparrow \to I_C\uparrow$$

这里"↑"表示增大,"→"表示因果关系。

由于温度升高引起 I_C 增大,反映到输出特性曲线上,将使每一条输出特性曲线均向上平行移动。如图 6-11 所示。当温度从 20℃ 升到 40℃ 时,输出特性曲线将上移至虚线所示位置。

在图 6-2 所示的基本放大电路中,由

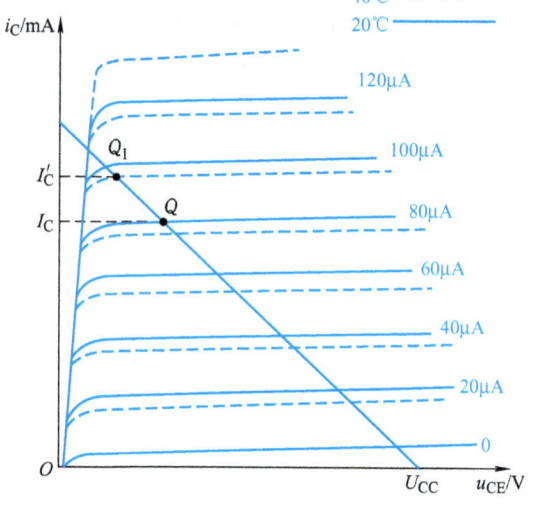

图 6-11 温度升高使输出特性曲线上移

于 U_{CC}、R_C 不变,故温度升高时直流负载线的位置不变;又因 R_B 不变,故 I_B 也不变。于是从图 6-11 可以看出,设原来的静态工作点为 Q 点,温度上升后,Q 将上移到 Q_1 点,动态信号将进入饱和区,产生饱和失真。同时,由于 Q_1 点所对应的集电极电流 I'_C 较大($I'_C > I_C$),使晶体管的集电极损耗增加,管温升高,又造成输出特性曲线更往上移,如此恶性循环,使管子不能正常工作,甚至会使管子损坏。图 6-2 所示的基本放大电路中,基极电流 $I_B \approx U_{CC}/R_B$,R_B 选定后,I_B 也就固定不变,因此,这种电路称为固定偏置电路。固定偏置电路具有电路简单、放大倍数高等优点,但其静态工作点不稳定,易受温度变化的影响。为使静态工作点不受外界条件变化的影响,必须在电路结构上采取改进措施。

3. 常用的静态工作点稳定电路

电子技术中应用最广泛的静态工作点稳定电路是分压式偏置放大电路,如图 6-12a 所示。电阻 R_{B1} 与 R_{B2} 构成分压式偏置电路。由图 6-12b 所示的直流通路分析可知

$$I_1 = I_2 + I_B$$

选择电路参数，使

$$I_2 \gg I_B$$

则有

$$U_B \approx \frac{R_{B2}}{R_{B1}+R_{B2}} U_{CC} \quad (6\text{-}16)$$

由式（6-16）可见，基极电位由偏置电阻 R_{B1}、R_{B2} 分压所得，与晶体管的参数基本无关，不受温度影响，故也称该电路为分压偏置共发射极放大电路。

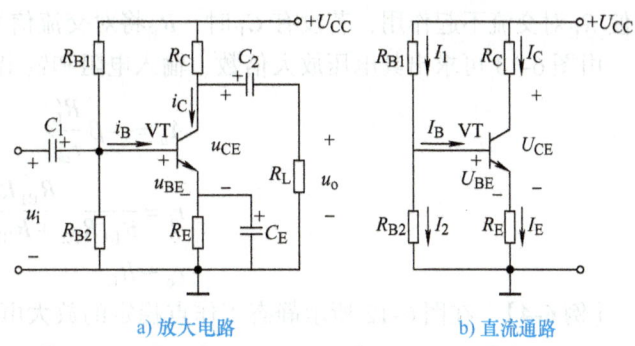

a) 放大电路　　　　b) 直流通路

图 6-12　静态工作点稳定的放大电路

图 6-12a 所示放大电路的静态工作点稳定的物理过程为：

温度升高　$T\uparrow \to I_C\uparrow \to U_E\uparrow \to U_{BE}\downarrow$（$U_{BE}=U_B-U_E$）$\to I_B\downarrow \to I_C\downarrow$

即当温度升高晶体管参数变化而使 I_C 和 I_E 增大时，$U_E=I_E R_E$ 也增大。由于基极电位由 R_{B1}、R_{B2} 分压电路所固定，所以发射结正偏电压 U_{BE} 将减小，从而引起 I_B 减小，I_C 也自动下降，使静态工作点恢复到原来位置而基本不变。可见，R_E 越大，U_E 随 I_E 的变化就会越明显，稳定性能就越好。R_E 一般取值几百欧到几千欧。

R_E 的接入，使发射极电流的交流分量在 R_E 上也要产生压降，这样会降低放大电路的电压放大倍数。为实现既稳定工作点又不减小电压放大倍数，可以利用电容器通交隔直的特性，在 R_E 两端并联大容量的电容器 C_E，只要 C_E 容量足够大，对交流就可视为短路，而对直流分量并无影响，故 C_E 称为发射极交流旁路电容，其容量一般为几十微法到几百微法，因容量大常采用电解电容器。

4. 静态分析（静态工作点的估算）

由图 6-12b 所示直流通路不难列出下列各式：

$$U_B \approx \frac{R_{B2}}{R_{B1}+R_{B2}} U_{CC}$$

$$I_{CQ} \approx I_{EQ} = \frac{U_B - U_{BE}}{R_E} \approx \frac{U_B}{R_E} \quad (6\text{-}17)$$

$$I_{BQ} = \frac{I_{CQ}}{\beta} \quad (6\text{-}18)$$

$$U_{CEQ} = U_{CC} - I_{CQ}R_C - I_{EQ}R_E \approx U_{CC} - I_{CQ}(R_C+R_E) \quad (6\text{-}19)$$

对硅管而言，一般取 $I_2=(5\sim10)I_B$，$U_B=(5\sim10)U_{BE}$。

5. 动态分析（性能指标的估算）

将图 6-12a 所示放大电路中的电容 C_1、C_2、C_E 和直流电源 U_{CC} 短路可得到交流通路，由此可画出分压式偏置放大电路的微变等效电路，如图 6-13 所示。

可以看出 C_E 的作用是让交流分量通过

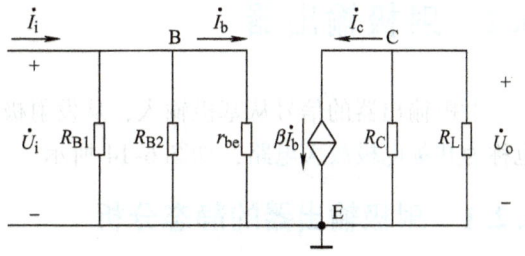

图 6-13　图 6-12a 所示放大电路的等效电路

而使 R_E 对交流不起作用,若没有 C_E 时,R_E 将对交流信号有抑制作用使放大倍数 A_u 减小。

由图 6-13 可求出其电压放大倍数、输入电阻和输出电阻,分别为

$$A_u = -\beta \frac{R'_L}{r_{be}} \tag{6-20}$$

$$r_i = \frac{R_{B1} R_{B2} r_{be}}{R_{B1} R_{B2} + R_{B1} r_{be} + R_{B2} r_{be}} \approx r_{be} \tag{6-21}$$

$$r_o \approx R_C \tag{6-22}$$

【例 6-4】 在图 6-12 所示静态工作点稳定的放大电路中,已知晶体管的 $\beta = 40$,$U_{CC} = 12V$,$R_C = 2k\Omega$,$R_E = 2k\Omega$,$R_{B1} = 20k\Omega$,$R_{B2} = 10k\Omega$,$R_L = 2k\Omega$。试求:

(1) 估算静态值。
(2) 晶体管输入电阻 r_{be}。
(3) 电压放大倍数 A_u。
(4) 输入电阻 r_i 和输出电阻 r_o。

【解】 (1) 由式 (6-16) ~ 式 (6-19) 可求出静态工作点:

$$U_B = \frac{R_{B2}}{R_{B1} + R_{B2}} U_{CC} = \frac{10 \times 10^3 \Omega}{(20 + 10) \times 10^3 \Omega} \times 12V = 4V$$

$$I_{CQ} \approx \frac{U_B}{R_E} = \frac{4V}{2 \times 10^3 \Omega} = 2mA$$

$$I_{BQ} = \frac{I_{CQ}}{\beta} = \frac{2mA}{40} = 50\mu A$$

$$U_{CEQ} \approx U_{CC} - I_{CQ}(R_C + R_E) = 12V - 2mA \times (2+2)k\Omega = 4V$$

(2) 由式 (6-5) 得晶体管输入电阻为

$$r_{be} = 300\Omega + (1+\beta)\frac{26mV}{I_E} \approx (300 + 41 \times \frac{26}{2})\Omega \approx 0.8k\Omega$$

(3) 由式 (6-20) 得电压放大倍数为

$$A_u = -\beta \frac{R'_L}{r_{be}} = -\frac{40 \times \frac{2k\Omega \times 2k\Omega}{(2+2)k\Omega}}{0.8k\Omega} = -50$$

(4) 由式 (6-21)、式 (6-22) 得输入、输出电阻为

$$r_i \approx r_{be} = 0.8k\Omega$$

$$r_o \approx R_C = 2k\Omega$$

6.2 射极输出器

射极输出器的信号从基极输入,从发射极输出,集电极为交流输入、输出的公共极,故也称为共集电极放大电路,如图 6-14 所示。

6.2.1 射极输出器的静态分析

由图 6-14 可画出其直流通路,如图 6-15 所示,可推导出静态工作点的计算公式如下:

$$U_{CC} = I_{BQ}R_B + U_{BE} + (1+\beta)I_{BQ}R_E$$

$$I_{BQ} = \frac{U_{CC} - U_{BE}}{R_B + (1+\beta)R_E} \approx \frac{U_{CC}}{R_B + (1+\beta)R_E} \quad (6\text{-}23)$$

$$I_{CQ} = \beta I_{BQ} \quad (6\text{-}24)$$

$$U_{CEQ} \approx U_{CC} - I_{CQ}R_E \quad (6\text{-}25)$$

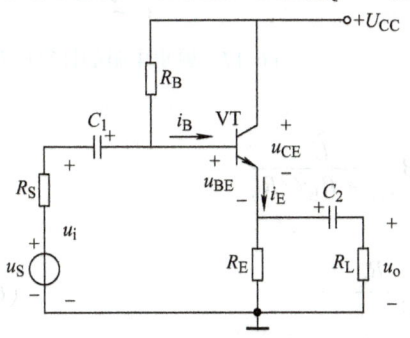

图 6-14 射极输出器

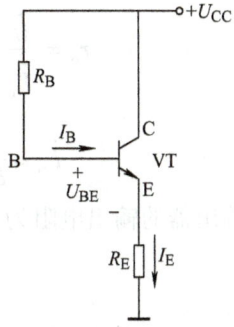

图 6-15 射极输出器的直流通道

6.2.2 射极输出器的动态分析

由图 6-14 可画出射极输出器的交流通道和微变等效电路，如图 6-16 所示，则输出电压为

$$\dot{U}_o = R'_L \dot{I}_e = (1+\beta)R'_L \dot{I}_b \quad (6\text{-}26)$$

式中，R'_L 为射极等效负载电阻，$R'_L = R_E // R_L = \dfrac{R_E R_L}{R_E + R_L}$。

输入电压为

$$\dot{U}_i = r_{be}\dot{I}_b + R'_L \dot{I}_e = r_{be}\dot{I}_b + (1+\beta)R'_L \dot{I}_b$$

$$\dot{A}_u = \frac{\dot{U}_o}{\dot{U}_i} = \frac{(1+\beta)R'_L}{r_{be} + (1+\beta)R'_L} \quad (6\text{-}27)$$

式 (6-27) 表明：射极输出器的电压放大倍数小于 1，且接近于 1。从等效电路可看出输出电压与输入电压是同相的，大小近似相等，所以射极输出器又称为射极跟随器。

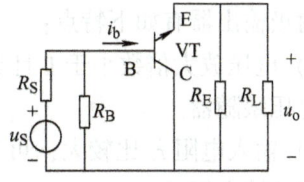

a) 交流通道

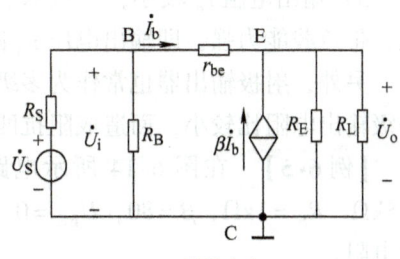

b) 等效电路

图 6-16 射极输出器的交流通道和等效电路

射极输出器的输入电阻 r_i 也可以从图 6-16b 所示的等效电路经过计算得出，即

$$r_i = \frac{\dot{U}_i}{\dot{I}_i} = \frac{\dot{U}_i}{\dfrac{\dot{U}_i}{R_B} + \dfrac{\dot{U}_i}{r_{be} + (1+\beta)R'_L}} = R_B // [r_{be} + (1+\beta)R'_L] \quad (6\text{-}28)$$

由式 (6-28) 可见，射极输出器的输入电阻是由偏置电阻 R_B 和电阻 $[r_{be} + (1+\beta)R'_L]$ 并联而得的。通常 R_B 的阻值很大（几十千欧至几百千欧），同时，$[r_{be} + (1+\beta)R'_L]$ 也比共

发射极放大电路的输入电阻 r_{be} 大得多。因此，射极输出器的输入电阻很高，可达几十千欧到几百千欧。

计算射极输出器的输出电阻时，需要将输入信号源置零，去掉负载，然后在输出端加一个电压已知的电压源向电路提供电流，如图 6-17 所示。

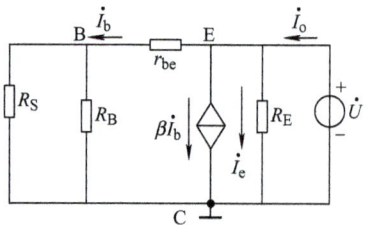

图 6-17 输出电阻的计算电路

$$r_o = \frac{\dot{U}}{\dot{I}_o}$$

$$\dot{I}_o = \frac{\dot{U}}{R_E} + \frac{\dot{U}}{r_{be}+R_B//R_S} + \beta\frac{\dot{U}}{r_{be}+R_B//R_S}$$

则射极输出器的输出电阻为

$$r_o = R_E // \frac{r_{be}+R_B//R_S}{1+\beta} \tag{6-29}$$

由式（6-29）可知射极输出器的输出电阻很小。射极输出器的输出电阻，一般为几十欧到几百欧，比共发射极放大电路的输出电阻低得多。不论负载大小如何变化，u_o 都不会有太大的变化，因此射极输出器具有较强的带负载能力。

6.2.3 射极输出器的特点

射极输出器有如下特点：

1）电压放大倍数小于 1 且近似等于 1，相位相同，即 $u_o \approx u_i$，具有电压跟随作用，也称为电压跟随器。

2）输入电阻 r_i 比较大，可达几十千欧到几百千欧。因而常被用在电子测量仪表等多级放大器的输入级。

3）输出电阻 r_o 较小，一般只有几十欧到几百欧。因此，射极输出器具有恒压输出特性，带负载能力强，即输出电压 u_o 随负载的变化而变化很小，常用作多级放大器的输出级。

另外，射极输出器也常作为多级放大器的中间缓冲级，解决前一级输出电阻比较大，后一级输出电阻比较小，而造成阻抗匹配不好的问题。射极输出器的应用极为广泛。

【例 6-5】 在图 6-14 所示电路中，已知 $U_{CC}=12\text{V}$，$R_B=300\text{k}\Omega$，$R_E=5\text{k}\Omega$，$R_L=0.5\text{k}\Omega$，$R_S=1\text{k}\Omega$，$\beta=80$，$U_{BE}=0.7\text{V}$。试计算静态工作点及电压放大倍数、输入电阻、输出电阻。

【解】 1）求静态工作点。

$$I_{BQ} = \frac{U_{CC}-U_{BE}}{R_B+(1+\beta)R_E} = \frac{12-0.7}{300+81\times5}\text{mA} = 0.016\text{mA} = 16\mu\text{A}$$

$$I_{CQ} = \beta I_{BQ} = 80\times0.016\text{mA} = 1.28\text{mA}$$

$$I_{EQ} = (1+\beta)I_{BQ} = 81\times0.016\text{mA} = 1.3\text{mA}$$

$$U_{CEQ} = U_{CC}-I_{EQ}R_E = (12-1.3\times5)\text{V} = 5.5\text{V}$$

2）求电压放大倍数。

$$r_{be} = 300\Omega+(1+\beta)\frac{26\text{mV}}{I_E} = 1.92\text{k}\Omega$$

$$R'_L = R_E // R_L = 0.46 \text{k}\Omega$$

$$A_u = \frac{(1+\beta)R'_L}{r_{be}+(1+\beta)R'_L} = \frac{81 \times 0.46}{1.92 + 81 \times 0.46} \approx 1$$

3）求输入电阻和输出电阻。

$$r_i = R_B // [r_{be}+(1+\beta)R'_L] = [300//(1.92+81\times0.46)]\text{k}\Omega = 33.14\text{k}\Omega$$

$$r_o = \frac{r_{be}+R_S//R_B}{1+\beta}//R_E = \left(\frac{1.92+1//300}{81}//5\right)\text{k}\Omega = 34.7\Omega$$

6.3 多级放大电路

单级放大器的放大倍数一般只有几十倍。而应用中常需要把一个微弱的信号放大到几千倍，甚至几万倍以上。这就需要用几个单级放大电路联接起来组成多级放大器，把前级的输出加到后级的输入，使信号逐级放大到所需要的数值。

6.3.1 耦合方式及其特点

多级放大电路级与级之间的联接，称为耦合，常用的耦合方式有阻容耦合、变压器耦合和直接耦合等。

1. 阻容耦合

级与级之间的联接是通过一个耦合电容和下一级输入电阻联接起来，称为阻容耦合，如图 6-18 所示。

阻容耦合方式的优点是：由于耦合电容的存在，使得前、后级之间直流通路相互隔断，即前、后级静态工作点各自独立，互不影响，这样就给分析、设计和调试静态工作点带来了很大的方便。另一方面，若耦合电容选得足够大，就可以将一定频率范围内的信号几乎无衰减地加到后一级的输入端，使信

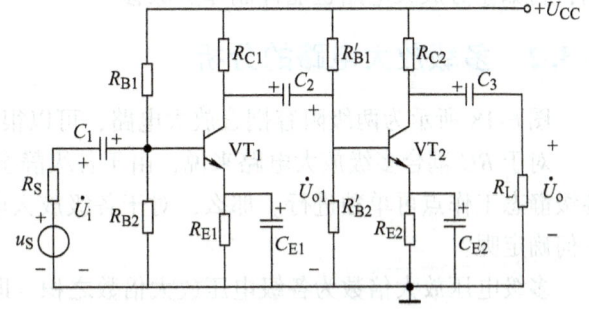

图 6-18 两级阻容耦合放大电路

号得以充分的利用。因此，阻容耦合方式在多级放大电路中获得了广泛的应用。

阻容耦合方式也有它的局限性：不适合于传送缓慢变化的信号，否则会有很大的衰减。对于输入信号的直流分量，不能传送到下级。另外，由于集成电路中不易制造大容量的电容，因此阻容耦合方式在集成电路中几乎无法采用。

2. 变压器耦合

因为变压器能够通过磁路的耦合把一次侧的交流信号传送到二次侧，所以，可以采用它作为耦合器件，将放大器连接起来，实现级间连接，称为变压器耦合方式。

变压器耦合多级放大器，除静态工作点前、后级各自独立外，还有一个重要的特点，就是它可以在传递信号的同时，实现阻抗变换，从而实现阻抗匹配。

变压器耦合，在半导体收音机的中频放大级和扩音器的功率放大级中常用到，但现在用得越来越少了，主要原因是它的体积大，不易集成，不易传送变化缓慢的信号等。

3. 直接耦合

为了放大缓慢变化的信号或直流信号，不能采用上述两种耦合方式，只能把前级的输出端直接接到后级的输入端，称为直接耦合方式。

直接耦合放大电路主要存有两个问题：一个是前后级静态工作点相互影响，相互牵制，这就需要采取一定的措施，保证既能有效地传送信号，又能使每一级静态工作点合适；另一个问题是零点漂移现象严重。

一个理想的直接耦合放大电路，当输入信号为零时，其输出电压应保持不变。但实际上，当输入信号为零（即将输入端短路）时，输出端的值在无规则地、缓慢地变化，这种现象称为零点漂移。

当放大电路输入信号后，零点漂移就伴随着实际信号共同输出，使信号失真。若零点漂移严重则放大电路就很难工作，特别是在多级直接耦合放大电路中，前级放大电路的零点漂移影响更为严重。所以，必须搞清产生零点漂移的主要原因，并采取措施加以抑制。

引起零点漂移的原因很多，其中主要的原因是晶体管的参数（U_{BE}、I_{CEO}、β）随温度的变化而发生变化，电源电压的波动以及电路元件参数的变化等。特别是温度的影响最为严重，通常称为温漂。特别是第一级的温漂，应该着重抑制。

抑制零点漂移的措施很多，比如选取高质量的硅管作为放大元件，其温度特性比较稳定，零点漂移就小。比如利用热敏元件进行补偿，以抵消温度变化对晶体管参数带来温度影响；再如差分放大电路也能抑制零点漂移。

6.3.2 多级放大电路的分析

图 6-18 所示为两级阻容耦合放大电路，可以很容易推广到 3 级、4 级、n 级放大电路。

对于 RC 耦合多级放大电路来说，由于各级静态工作点各自独立，互不影响，所以计算各级静态工作点可单独进行。那么，对于各级放大电路的主要性能指标（A_u、r_i、r_o）应该如何确定呢？

多级电压放大倍数为各级电压放大倍数之积，即对于两级放大电路有

$$A_u = \frac{u_{o2}}{u_{i2}} \times \frac{u_{o1}}{u_{i1}} = A_{u1} A_{u2} \quad （其中：u_{o1} = u_{i2}） \tag{6-30}$$

多级放大器的输入电阻等于第一级的输入电阻，即

$$r_i = r_{i1} \tag{6-31}$$

多级放大器的输出电阻等于最后一级的输出电阻，即对于两级放大器而言有

$$r_o = r_{o2} \tag{6-32}$$

【例 6-6】 在图 6-18 所示两级阻容耦合放大电路中，已知 $U_{CC} = 12V$，$R_{B1} = 30k\Omega$，$R_{B2} = 15k\Omega$，$R'_{B1} = 20k\Omega$，$R'_{B2} = 10k\Omega$，$R_{C1} = 3k\Omega$，$R_{C2} = 2.5k\Omega$，$R_{E1} = 3k\Omega$，$R_{E2} = 2k\Omega$，$R_L = 5k\Omega$，$\beta_1 = \beta_2 = 40$。试求：1）各级静态工作点。2）两级放大电路的电压放大倍数。3）两级放大电路的输入电阻和输出电阻。

【解】 1）各级静态值：

第一级

$$U_{B1} = \frac{R_{B2}}{R_{B1}+R_{B2}}U_{CC} = \frac{15\text{k}\Omega}{(30+15)\text{k}\Omega} \times 12\text{V} = 4\text{V}$$

$$I_{C1} = \frac{U_{B1}-U_{BE}}{R_{E1}} = \frac{(4-0.7)\text{V}}{3\text{k}\Omega} = 1.1\text{mA}$$

$$I_{B1} = \frac{I_{C1}}{\beta_1} \approx 28\mu\text{A}$$

$$U_{CE1} \approx U_{CC} - I_{C1}(R_{C1}+R_{E1}) = 12\text{V} - 1.1\text{mA} \times (3+3)\text{k}\Omega = 5.7\text{V}$$

第二级

$$U_{B1} = \frac{R'_{B2}}{R'_{B1}+R'_{B2}}U_{CC} = \frac{10\text{k}\Omega}{(20+10)\text{k}\Omega} \times 12\text{V} = 4\text{V}$$

$$I_{C2} = \frac{U_{B2}-U_{BE}}{R_{E2}} = \frac{(4-0.7)\text{V}}{2\text{k}\Omega} \approx 1.6\text{mA}$$

$$I_{B2} = \frac{I_{C2}}{\beta_2} = 40\mu\text{A}$$

$$U_{CE2} \approx U_{CC} - I_{C2}(R_{C2}+R_{E2}) = 12\text{V} - 1.6\text{mA} \times (2.5+2)\text{k}\Omega = 4.8\text{V}$$

2）电压放大倍数：

晶体管 VT_1 的输入电阻为

$$r_{be1} = 300\Omega + (1+\beta_1)\frac{26\text{mA}}{I_{E1}} \approx 300\Omega + (1+40) \times \frac{26}{1.1}\Omega \approx 1.27\text{k}\Omega$$

晶体管 VT_2 的输入电阻为

$$r_{be2} = 300\Omega + (1+\beta_2)\frac{26}{I_{E2}} \approx 300\Omega + (1+40) \times \frac{26}{1.6}\Omega \approx 0.97\text{k}\Omega$$

第二级输入电阻为

$$r_{i2} = \frac{R'_{B1}R'_{B2}r_{be2}}{R'_{B1}R'_{B2} + R'_{B1}r_{be2} + R'_{B2}r_{be2}} \approx 0.85\text{k}\Omega$$

第一级等效负载电阻为

$$R'_{L1} = \frac{R_{C1}r_{i2}}{R_{C1}+r_{i2}} = \frac{3\text{k}\Omega \times 0.85\text{k}\Omega}{3\text{k}\Omega + 0.85\text{k}\Omega} \approx 0.7\text{k}\Omega$$

第一级电压放大倍数为

$$A_{u1} = -\beta_1 \frac{R'_{L1}}{r_{be1}} = -\frac{40 \times 0.7\text{k}\Omega}{1.27\text{k}\Omega} = -22$$

第二级的等效负载电阻为

$$R'_{L2} = \frac{R_{C2}R_L}{R_{C2}+R_L} = \frac{2.5\text{k}\Omega \times 5\text{k}\Omega}{2.5\text{k}\Omega + 5\text{k}\Omega} \approx 1.7\text{k}\Omega$$

第二级的电压放大倍数为

$$A_{u2} = -\beta_2 \frac{R'_{L2}}{r_{be2}} = -\frac{40 \times 1.7\text{k}\Omega}{0.97\text{k}\Omega} = -70$$

两级电压放大倍数为

$$A_u = A_{u1}A_{u2} = 1540$$

A_u 是一个正实数，说明输入电压 u_i 经过两次反相后，输出电压 u_o 和 u_i 同相位。

3）输入电阻和输出电阻：

两级放大器的输入电阻等于第一级的输入电阻，即

$$r_i = r_{i1} = \frac{R_{B1}R_{B2}r_{be1}}{R_{B1}R_{B2} + R_{B1}r_{be1} + R_{B2}r_{be1}} \approx 1.1\text{k}\Omega$$

两级放大器的输出电阻等于第二级的输出电阻，即

$$r_o = R_{C2} = 2.5\text{k}\Omega$$

6.4 放大电路中的负反馈

负反馈放大器在电子技术中应用相当广泛。负反馈的目的是稳定静态工作点，改善放大电路的放大性能等。

6.4.1 反馈的概念及分类

在放大电路中，将放大电路的输出信号（电压或电流）全部（或一部分）经过某一个电路（称为反馈网络或反馈电路）回送到放大电路的输入端（此返回的信号称为反馈信号），从而影响输入信号的作用，我们把这种作用称为反馈。

反馈电路包含两部分：一部分是基本放大电路 A，它可以是单级或多级放大电路；另一部分是反馈电路（又称反馈网络）F，它是联系输出电路和输入电路的环节，如图 6-19 所示。若反馈电路接入，则称为"闭环"；若反馈电路不接入，则称为"开环"。图中用 x 表示信号（电压或电流），x_i、x_o、x_f 分别为输入、输出、反馈信号。x_i 和 x_f 在输入端叠加（⊗表示叠加的符号）后的信号 x_{id} 为放大器 A 的净输入信号，则净输入信号为

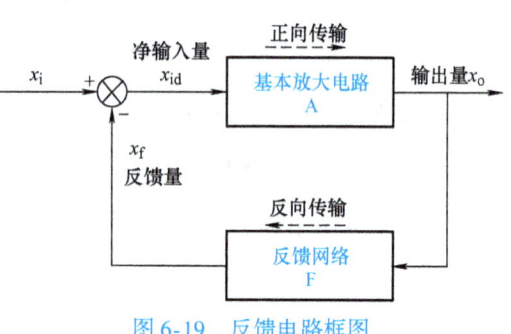

图 6-19　反馈电路框图

$$x_{id} = x_i - x_f \tag{6-33}$$

根据反馈对放大器的作用不同，可从以下几个方面对反馈进行分类。

1. 正反馈和负反馈

根据反馈的极性对输入信号的影响分为正反馈和负反馈。

若反馈信号与原输入信号同相，则叠加后，使净输入信号加强的反馈，称为正反馈。在式（6-33）中，则有

$$x_{id} = x_i + x_f > x_i$$

即反馈信号使净输入信号增强，则为正反馈。

若反馈信号与原输入信号反相，则叠加后，使净输入信号削弱的反馈，称为负反馈。在式（6-33）中，则有

$$x_{id} = x_i - x_f < x_i$$

即反馈信号使净输入信号削弱，则为负反馈。

反馈网络的反馈系数为反馈信号与输出信号的比值，它反映了反馈网络将输出信号反馈到输入端的程度。用 F 表示，即

$$F = \frac{x_f}{x_o} \tag{6-34}$$

设开环时放大电路的放大倍数（又称开环增益）为

$$A = \frac{x_o}{x_{id}} \tag{6-35}$$

引入反馈后的闭环放大倍数（又称闭环增益）为

$$A_F = \frac{x_o}{x_i} \tag{6-36}$$

将式（6-33）可写成：$x_i = x_{id} + x_f$ 形式，则有

$$x_i = x_{id} + x_f = x_{id} + Fx_o = x_{id} + FAx_{id} = (1+AF)x_{id}$$

代入式（6-36），可得：

$$A_F = \frac{x_o}{x_i} = \frac{Ax_{id}}{(1+AF)x_{id}} = \frac{A}{1+AF} \tag{6-37}$$

式（6-37）反映了反馈放大电路闭环放大系数、开环放大系数、反馈系数三者之间的基本关系，其中 $|1+AF|$ 的大小反映了反馈的强弱，称为反馈深度。

(1) 若 $|1+AF|>1$，则 $|A_F|<|A|$，即加入反馈后，使闭环放大倍数减小，此类反馈为负反馈。

(2) 若 $|1+AF|<1$，则 $|A_F|>|A|$，即加入反馈后，使闭环放大倍数增大，此类反馈为正反馈。

(3) 若 $|1+AF|=0$，则 $|A_F|\to\infty$，即在没有输入信号时，也会有输出信号，这种现象称为自激振荡。

可见，正反馈能使放大倍数增大，而负反馈则使放大倍数减小。虽然正反馈能使放大倍数增大，但会使放大器的性能变差，例如，使放大器的工作不稳定、失真增加等。所以在放大电路中一般不采用正反馈。正反馈多用于振荡电路中。

2. 电压反馈和电流反馈

按反馈信号从放大电路输出取样方式不同，可分为电压反馈和电流反馈。

若反馈信号取自于输出电压则称为电压反馈，如图 6-20a 所示。若反馈信号取自于输出电流，则称为电流反馈，如图 6-20b 所示。

电压反馈可使输出电阻减小，输出电压稳定，带负载能力强；电流反馈可使输出电阻增大，输出

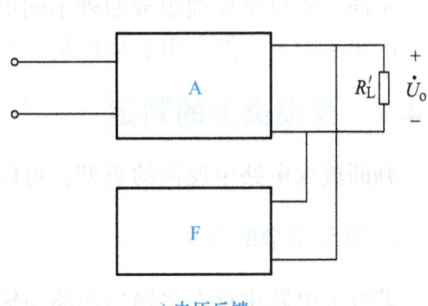

a) 电压反馈

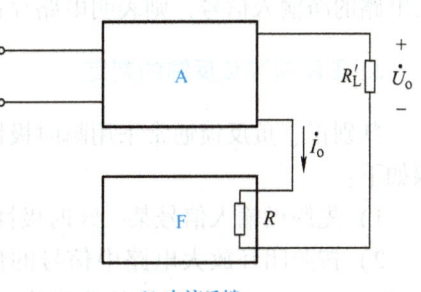

b) 电流反馈

图 6-20 电压反馈和电流反馈

电流稳定。

3. 串联反馈和并联反馈

根据反馈信号与输入信号在放大电路输入端连接形式的不同,可分为串联反馈和并联反馈。

如果反馈信号与输入信号串联在输入回路中,称为串联反馈,如图6-21a所示,此时反馈信号与输入信号接在不同的输入端子上。如果反馈信号与输入信号并联在输入回路中,则称为并联反馈,如图6-21b所示,此时反馈信号与输入信号接在相同的输入端子上。

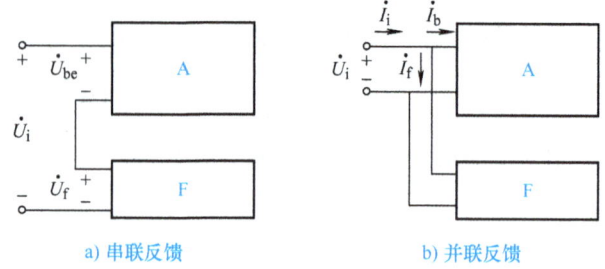

a) 串联反馈   b) 并联反馈

图 6-21 串联反馈与并联反馈

串联反馈可增大输入电阻;并联反馈可减小输入电阻。对于串联反馈,信号源内阻越小,反馈效果就越好;而对于并联反馈,信号源内阻越大,反馈效果就越好。

4. 直流反馈与交流反馈

根据反馈信号是直流信号还是交流信号,可分为直流反馈和交流反馈。

若反馈信号是直流量,则为直流反馈;若反馈信号是交流量,则为交流反馈。

5. 负反馈电路的四种组态

常用的放大电路是负反馈放大电路。根据反馈网络在输出端的取样方式和输入端的连接方式不同,常见负反馈组成四种不同形式的组态:

电压串联负反馈、电流串联负反馈、电压并联负反馈和电流并联负反馈。

6.4.2 反馈类型的判定

判断放大电路中反馈的类型,可以按如下步骤进行:

1. 有无反馈的判定

若放大电路中存在将输出回路与输入回路相连接的通道,即反馈通道,并由此影响了放大电路的净输入信号,则表明电路存在反馈;否则电路没有反馈。

2. 正反馈和负反馈的判定

判别正、负反馈通常采用瞬时极性法。瞬时极性是指交流信号某一瞬间的极性。具体步骤如下:

1) 先假设输入信号某一瞬时极性,一般设为"+"。

2) 按照闭环放大电路中信号的传递方向,依次标出有关各点在同一瞬间的极性(用"+"或"-"表示),从而确定输出信号和反馈信号的极性。

3) 再根据反馈信号与输入信号的连接情况,分析净输入量的变化,如果反馈信号使净输入信号削弱（极性相反），则为负反馈；反之，使净输入信号增强（极性相同），则为正反馈。

3. 电压反馈和电流反馈的判定

判断电压、电流反馈常采用输出端短路法（即将负载电阻短路，$u_o=0$）。若反馈信号消失，则为电压反馈。反之，若反馈信号仍然存在，则为电流反馈。

4. 串联反馈和并联反馈的判定

判断串联、并联反馈是根据反馈信号与输入信号在输入端的连接方式进行判定，若反馈信号与输入信号接在不同的输入端子上，则为串联反馈；如果反馈信号和输入信号连接在同一输入端子上，则为并联反馈。

5. 直流、交流反馈的判定

根据直流反馈与交流反馈的定义判定，若反馈存在于放大电路的直流通道中，则为直流反馈；若存在于放大电路的交流通道中，则为交流反馈。

【**例 6-7**】 判断图 6-22 所示电路的反馈类型。

【**解**】 从图 6-22 可以看出，电阻 R_E 将输出回路和输入回路相连接，因而电路引入了反馈。在直流通道和交流通道中，R_E 均存在，所以既是直流反馈，也是交流反馈。

根据图 6-22，设输入电压 u_i 某一瞬时的极性为 "+"，经电容 C_1、晶体管、电阻 R_E 到公共端，反馈信号在公共端极性为 "+"，则在输入端的上端的极性为 "−"，使净输入信号消弱，则反馈为负反馈。

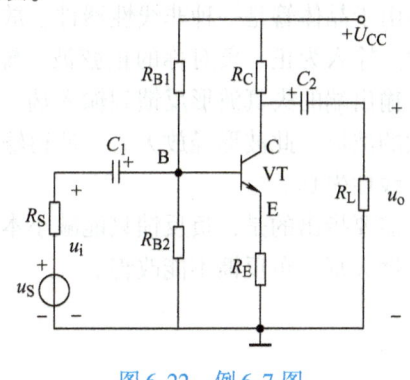

图 6-22 例 6-7 图

从放大电路的输出端看，若将负载电阻 R_L 两端短路，而反馈信号仍然存在，则反馈为电流反馈。

从放大电路的输入端看，由于输入信号从上端输入，而反馈信号返回到输入端的下端（公共端），即反馈信号与输入信号连接到输入端的不同端子上，则为串联反馈。由此可见，该电路引入了"电流串联负反馈"。

6.4.3 负反馈对放大电路性能的影响

在放大电路中引入负反馈后，虽然使放大倍数有所下降，却使放大器性能得到改善。例如，使放大器放大倍数的稳定性提高，减小非线性失真，改变输入电阻和输出电阻，提高放大器的抗干扰能力以及展宽通频带等。

1. 降低放大倍数

由式（6-37）可看出闭环电路的放大倍数为 $A_F=\dfrac{A}{1+AF}$，因负反馈电路 $|1+AF|>1$，

则有 $|A_F| < |A|$,即负反馈电路使放大倍数降低。

2. 提高放大倍数的稳定性

放大倍数的稳定性通常用它的相对变化量来表示。无负反馈时放大倍数的相对变化量为 $\dfrac{dA}{A}$,有负反馈时的相对变化量为 $\dfrac{dA_F}{A_F}$,由式(6-37)对 A_F 求 A 的导数,可得

$$\frac{dA_F}{dA} = \frac{1}{1+AF} - \frac{AF}{(1+AF)^2} = \frac{1}{(1+AF)^2} = \frac{1}{1+AF} \cdot \frac{A_F}{A}$$

$$\frac{dA_F}{A_F} = \frac{1}{1+AF} \cdot \frac{dA}{A} \tag{6-38}$$

式(6-38)表明,闭环放大倍数的相对变化量是开环放大倍数相对变化量的 $1/(1+AF)$。也就是说,引入负反馈后,虽然放大倍数下降到了 A 的 $1/(1+AF)$,但其稳定性却提高到原来的 $(1+AF)$ 倍。且反馈深度越深,放大倍数越稳定。

3. 减小非线性失真

由于晶体管是一种非线性器件,放大电路在工作中往往会产生非线性失真,如图 6-23 所示。输入为正、负对称的正弦波,输出为正半周大、负半周小的失真波形。加入负反馈后,输出端的失真波形反馈到输入端,与输入波形叠加后,净输入信号成为正半周小、负半周大的波形。此波形经放大后,使得输出端正、负半周波形的差减小,从而减小了输出波形的非线性失真。

需要指出的是,负反馈只能减小本级放大电路自身产生的非线性失真,而对输入信号的非线性失真,负反馈不能改善。

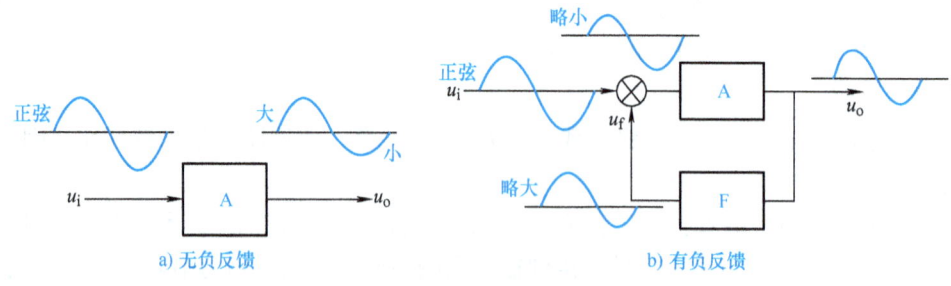

图 6-23 负反馈减小非线性失真的示意图

4. 改变输入电阻和输出电阻

引入负反馈后,放大电路的输入、输出电阻将受到影响。反馈类型不同,对输入、输出电阻的影响也不同。

(1) 可以改变输入电阻 r_i 串联负反馈能提高输入电阻,并联负反馈能减小输入电阻,这样就可以根据对输入电阻的要求,引入适当的反馈。

(2) 对输出电阻 r_o 的影响 电压负反馈能够减小输出电阻,提高带负载能力,稳定输出电压;而电流负反馈则能提高输出电阻,稳定输出电流。

5. 扩展通频带

放大电路中由于存在电容，将引起低频段和高频段放大倍数下降和产生相位移。无论任何原因引起的放大倍数下降，负反馈将起到稳定作用。如反馈系数 F 为一定值（不随频率而变），在低频段和高频段由于输出减小，反馈到输入端的信号也减小，于是净输入信号增加，放大倍数减小，使通频带展宽。

本 章 小 结

1. 放大电路（固定偏置共发射极放大电路、分压偏置共发射极放大电路、射极输出器、多级放大电路）的组成结构。

2. 放大电路的分析方法——解析法和图解法。

解析法是根据电路特性和晶体管的等效电路实现对放大电路的工作点和各性能指标进行定量估算的分析方法；图解法是在晶体管的输出特性曲线上，直接用作图的方法，对放大电路工作情况进行定性分析的方法。

3. 放大电路分析的内容——静态分析和动态分析。

静态分析就是在静态时，分析放大电路的静态工作点 Q（I_{BQ}、I_{CQ}、U_{CEQ}）的值；动态分析是在动态时，分析放大电路的主要性能参数（电压放大倍数 A_u、输入电阻 r_i、输出电阻 r_o）的值。

4. 晶体管是一种温度敏感器件，当温度变化时，晶体管的各种参数将随之发生变化，使放大电路的静态工作点不稳定，甚至不能正常工作。常采用分压式偏置电路，实际上是采用负反馈原理来稳定静态工作点。

5. 射极输出器具有高输入阻抗和低输出阻抗的特点，电压放大倍数恒小于 1，但接近于 1，所以电路不能进行电压放大，但能进行电流放大。

6. 多级放大电路的耦合方式有三种：阻容耦合、变压器耦合和直接耦合。多级放大电路的电压放大倍数 A_u 等于各级电压放大倍数的乘积，输入电阻 r_i 为第一级放大电路的输入电阻，输出电阻 r_o 为末级电路的输出电阻。估算时应注意耦合时前后级之间的互相影响。

7. 反馈的基本概念、类型和判断方法；负反馈对放大电路性能的影响。

思 考 与 习 题

6-1 如何画出放大电路的直流通路和交流通路？

6-2 怎样画出放大电路中直流负载线和交流负载线？

6-3 晶体管的输入电阻 r_{be} 怎样估算？

6-4 在固定偏置放大电路中，调整晶体管的静态工作点时，常用一个固定电阻 R 和电位器 RP 串联来代替 R_B，为什么？

6-5 在放大电路中，静态工作点的不稳定会对放大电路的工作有什么影响？

6-6 与阻容耦合放大电路相比，直接耦合放大电路有哪些特殊问题？

6-7　如果需要实现下列要求，在交流放大电路中应引入哪种类型的负反馈？
（1）要求输出电压基本稳定，并能提高输入电阻。
（2）要求输出电流基本稳定，并能减小输入电阻。
（3）要求输出电流基本稳定，并要求从信号源摄取的电流要小。

6-8　在图 6-24 中，若 $U_{CC}=10V$，今要求 $U_{CE}=5V$，$I_C=2mA$，试求 R_C 和 R_B 的阻值。设晶体管的 $\beta=40$，U_{BE} 忽略不计。

6-9　在图 6-25 中，晶体管是 PNP 型锗管。
（1）U_{CC} 和 C_1、C_2 的极性如何考虑？请在图上标出。
（2）设 $U_{CC}=-12V$，$R_C=3k\Omega$，$\beta=75$，如果要将 I_C 调到 $1.5mA$，问 R_B 应调到多大？
（3）在调整静态工作点时，如果不慎将 R_B 调到零，对晶体管有无影响？为什么？如何防止这种情况发生？

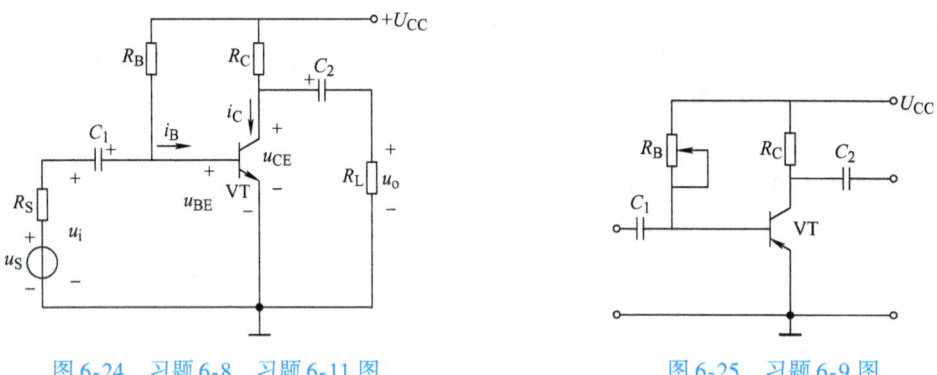

图 6-24　习题 6-8、习题 6-11 图　　　　图 6-25　习题 6-9 图

6-10　试判断图 6-26 所示各电路能否放大交流信号？若不能，说明为什么。

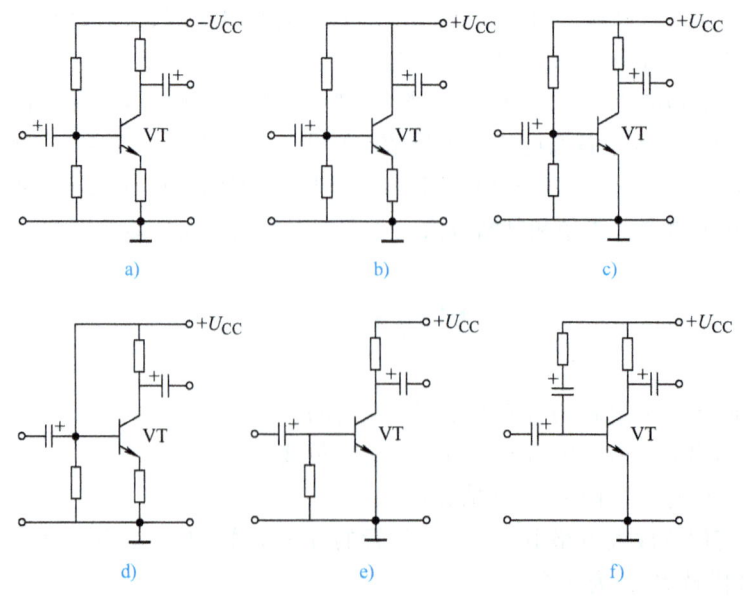

图 6-26　习题 6-10 图

6-11　在图6-24所示放大电路中，已知$U_{CC}=12V$，$R_B=240k\Omega$，晶体管$\beta=40$，$r_{be}=0.8k\Omega$，$R_C=3k\Omega$，试求：

(1) 静态工作点；

(2) 输出端开路时电压放大倍数A_u；

(3) 接入负载$R_L=6k\Omega$时的电压放大倍数A_u；

(4) 放大电路的输入电阻r_i和输出电阻r_o。

6-12　在图6-27所示电路中，已知$U_{CC}=24V$，$R_C=3.3k\Omega$，$R_E=1.5k\Omega$，$R_{B1}=33k\Omega$，$R_{B2}=10k\Omega$，$R_L=5.1k\Omega$，晶体管的$\beta=66$，试完成：

(1) 画出直流通路，并估算静态工作点（I_{CQ}、I_{BQ}、U_{CEQ}）；

(2) 画出微变等效电路；

(3) 估算晶体管的输入电阻r_{be}；

(4) 计算电压大倍数A_u；

(5) 计算输入电阻r_i和输出电阻r_o；

(6) 当C_E断开时，说明对静态工作点是否有影响。定性说明断开C_E对A_u、r_i、r_o的影响。

6-13　如图6-28所示，设$U_{CC}=12V$，$R_C=3k\Omega$，$\beta=80$，若将静态值I_{CQ}调到5mA，问：

① RP应调多大？

② 若在调试静态工作点时，不慎将RP调为零，对晶体管有无影响，为什么？通常采取何种措施来防止此情况的发生？

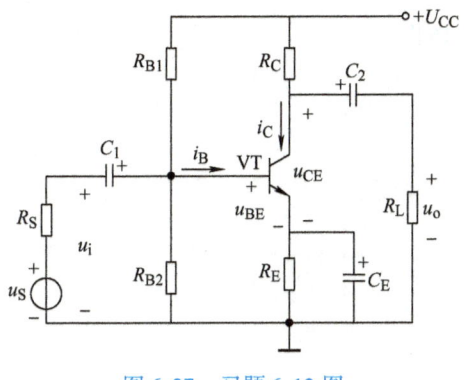

图6-27　习题6-12图

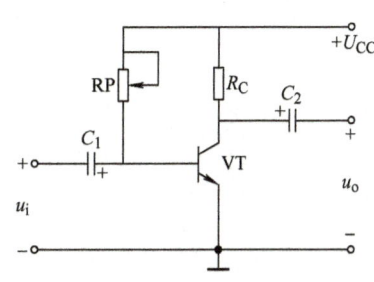

图6-28　习题6-13图

6-14　在图6-29中，已知晶体管的电流放大系数$\beta=60$，输入电阻$r_{be}=1.8k\Omega$，信号源内阻$R_S=0.6k\Omega$，各电阻和电容的数值已标在电路图中。

(1) 估算静态工作点（I_{CQ}、I_{BQ}、U_{CEQ}）；

(2) 试求输入电阻r_i和输出电阻r_o；

(3) 计算电压大倍数A_u和源电压放大倍数A_{uS}；

(4) 若$E_S=15mV$，输出电压$U_o=$？

6-15　两级放大电路如图6-30所示，晶体管的$\beta_1=\beta_2=40$，$r_{be1}=1.37k\Omega$。$r_{be2}=0.89k\Omega$，其他参数图中已标出，试完成：

(1) 计算该两级放大电路的输入电阻 r_i；

(2) 计算 A_{u1}、A_{u2} 和 A_u。

6-16 如图 6-31 所示电路中，哪些元件构成反馈电路？并判断电路的反馈类型。

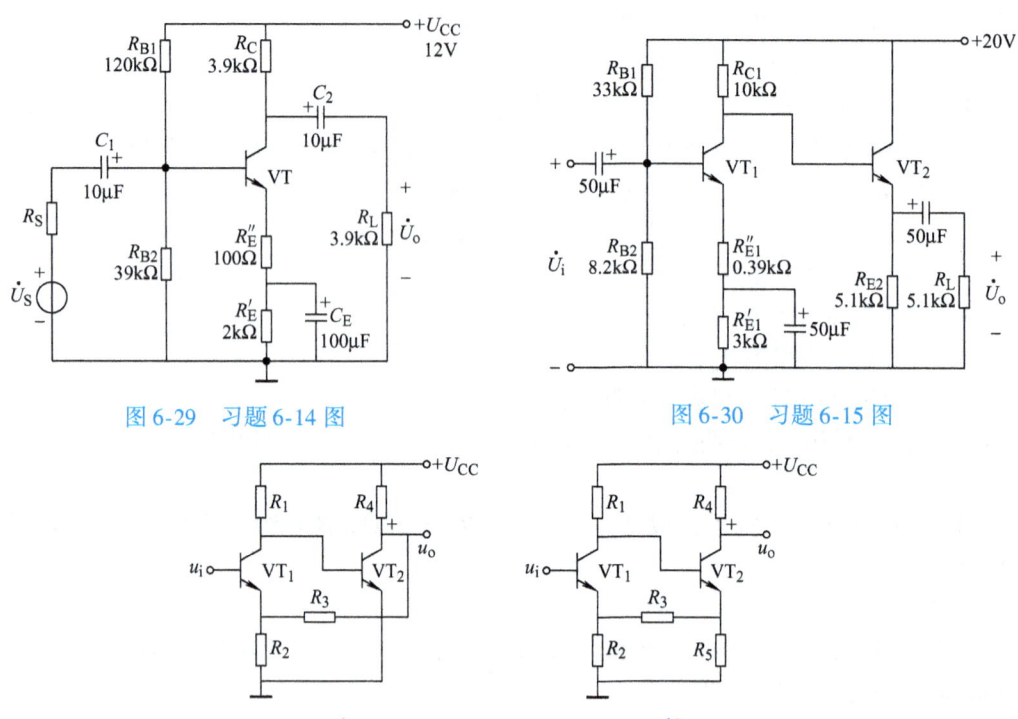

图 6-29 习题 6-14 图   图 6-30 习题 6-15 图

图 6-31 习题 6-16 图

第 7 章 集成运放及其应用

[本章概述]

本项目分析集成运算放大电路的主要组成部分——差动放大电路；集成运算放大电路的组成、工作原理、主要参数及集成运算放大电路的计算方法；集成运算放大器的线性和非线性应用。

[知识与能力目标]

1. 理解差动放大电路的作用。
2. 掌握集成运放的组成、工作原理、主要参数及其电路分析的方法。
3. 理解集成运放的线性和非线性运用。
4. 掌握比例运算、加减运算、微分和积分运算电路的分析方法。
5. 了解电压比较器的结构，理解其工作原理。

[相关知识链接]

集成电路是 20 世纪 60 年代发展起来的一种新型电子器件。集成电路是相对于分立元器件电路而言的，分立元器件电路是由各种单个元件连接起来的电路。而集成电路是利用氧化、光刻、扩散、外延、蒸铝等集成工艺，将整个电路的各个元器件及导线集中制作在一小块半导体基片上，成为不可分割的整体。即将元器件及电路的连线都集成在一块半导体基片上，故称为集成电路。

集成电路可分为模拟集成电路和数字集成电路两大类。集成运算放大器是属于模拟集成电路的一种，它实际上是一个高增益的多级直接耦合放大电路。集成运算放大器最初作运算、放大使用，目前它在信号处理、信号变换及信号发生等各方面都有非常广泛的应用，在自动控制、测量、仪表等领域中占有重要地位。

7.1 差动放大电路

7.1.1 零点漂移的概念

在直接耦合多级放大电路中，由于各级之间的工作点相互联系、相互影响，会产生零点漂移现象。所谓零点漂移，是指放大电路在没有输入信号时，由于温度变化、电源电压波动、元器件老化等原因，使放大电路的工作点发生变化，这个变化量会被直接耦合放大电路逐级加以放大并传送到输出端，使输出电压偏离原来的起始点而上下漂动。产生零点漂移的原因，主要是晶体管的参数受温度的影响，称为温度漂移，简称温漂。

差动放大电路是抑制零点漂移最有效的电路结构。

7.1.2 差动放大电路的工作原理

差动放大电路是由两个固定偏置的共发射极放大电路对称构成,如图 7-1 所示,它是具有两个输入端、两个输出端且电路结构对称的放大电路。在理想情况下,两管的特性及对应电阻元件的参数值都完全相等,则两放大电路的电压放大倍数相等,设单管的放大倍数为 A_u。

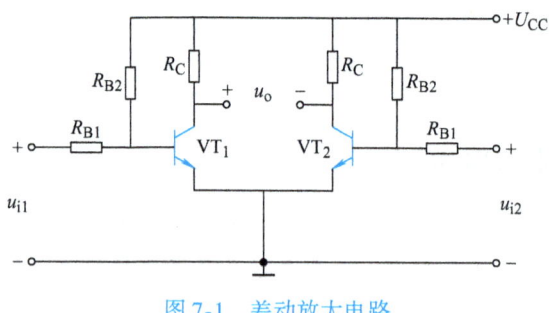

图 7-1 差动放大电路

设两个输入端分别输入的电压为 u_{i1}、u_{i2},则电路的输入电压为

$$u_i = u_{i1} - u_{i2}$$

两输出端的输出电压为 u_{o1}、u_{o2},则输出电压为

$$u_o = u_{o1} - u_{o2}$$

当温度变化时,由于电路对称,引起两管各极电流、电位变化均对称,设两管分别产生输出漂移为 Δu_{o1} 和 Δu_{o2},则 $\Delta u_{o1} = \Delta u_{o2}$,电路的输出漂移 $\Delta u_o = \Delta u_{o1} - \Delta u_{o2} = 0$,即消除了零点漂移。

当两输入端输入大小相等、极性相反的信号时,即 $u_{i1} = -u_{i2}$,称为差模输入。则两输出电压为

$$u_{o1} = A_u u_{i1}, u_{o2} = A_u u_{i2} = -A_u u_{i1}$$

电路的输出电压为

$$u_o = u_{o1} - u_{o2} = 2A_u u_{i1}$$

由上式可得差模电压放大倍数为

$$A_{ud} = \frac{u_o}{u_i} = \frac{2A_u u_{i1}}{2u_{i1}} = A_u \tag{7-1}$$

式(7-1)说明差动放大电路对差模信号具有电压放大能力,其差模电压放大倍数等于单管放大电路的电压放大倍数。

当两输入端输入大小相等、极性相同的信号时,即 $u_{i1} = u_{i2}$,称为共模输入。则两输出电压为

$$u_{o1} = A_u u_{i1}, u_{o2} = A_u u_{i2} = A_u u_{i1}$$

电路的输出电压为

$$u_o = u_{o1} - u_{o2} = 0$$

则共模电压放大倍数为

$$A_{uc} = \frac{u_o}{u_i} = 0 \tag{7-2}$$

式(7-2)说明差动放大电路对共模信号无放大作用,即对共模信号具有抑制作用。

当两输入端输入任意信号时,即 u_{i1} 和 u_{i2} 大小不等、极性任意,称为非共非差输入。对于任意一对信号,可看成一对共模信号 u_c 与差模信号 u_d 的叠加,即 u_{i1}、u_{i2} 可分别分解为

$$u_{i1} = u_c + u_d, \quad u_{i2} = u_c - u_d$$

式中，$u_c = \frac{1}{2}(u_{i1} + u_{i2})$，$u_d = \frac{1}{2}(u_{i1} - u_{i2})$

由以上分析可知，差动放大电路仅对差模信号有放大能力，而对共模信号无放大能力。只有两个输入端的输入信号有差值时才能进行放大，即差动放大电路放大的是两个输入信号的差，故称为差动放大电路。即"差动，差动，有差才动"，这也是"差动"放大电路名称的由来。

7.1.3 差动放大电路的改进

图 7-1 所示差动放大电路存在以下两个问题：

一是差动放大电路完全抑制零点漂移是建立在电路完全对称的假设下，电路完全对称仅是一个理想状态，实际上完全对称电路是不存在的。二是差动放大电路是由两个集电极输出的，输出电压 u_o 是利用两管集电极电位的共模电压同相相互抵消而进行抑制的，若负载需一端接地，只由一个集电极输出时，零点漂移就无法进行抑制。

为克服上述问题，差动放大电路常采用长尾式差动放大电路，如图 7-2 所示。与图 7-1 电路比较，多了电位器 RP，发射极电阻 R_E 和负电源 E_E，去掉电阻 R_{B2}。R_E 称为共模抑制电阻，其阻值越大，对共模信号（零点漂移）的抑制能力越强。负电源 E_E 用来抵消 R_E 两端的直流压降，获得合适的静态工作点，保证基极静态电位值在零伏左右。电位器 RP 称为调零电位器，当输入的两端接"地"但输出电压不为零时，可用 RP 进行调零。

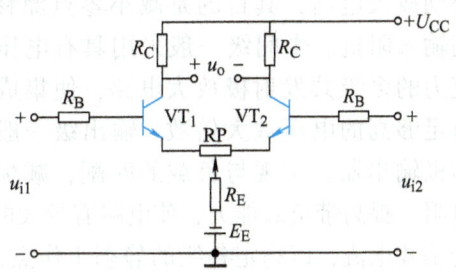

图 7-2 典型差动放大电路

7.1.4 共模抑制比

对差动放大电路来说，差模信号是有用信号，对差模信号应有较大的放大倍数，而共模信号是无用干扰信号，对共模信号则放大倍数应越小越好，越小说明对零点漂移的抑制作用越强。

差模电压放大倍数 A_{ud} 与共模电压放大倍数 A_{uc} 的比值，称为差动放大电路的共模抑制比，用 K_{CMRR} 表示，即

$$K_{CMRR} = \frac{A_{ud}}{A_{uc}}$$

常用对数形式表示

$$K_{CMR} = 20\lg \frac{A_{ud}}{A_{uc}} (\text{dB}) \tag{7-3}$$

共模抑制比是电路对有用信号和干扰信号的对比，共模抑制比越大，差动放大电路分辨差模信号的能力越强，即对差模信号放大能力就越强；而受共模信号的干扰越小，对共模信号的抑制能力就越强。理想情况 $K_{CMRR} \rightarrow \infty$，实际中 K_{CMRR} 不可能趋于无穷大，提高 K_{CMRR} 的方法是在保证 A_{ud} 不变的情况下，降低 A_{uc}。

7.2 集成运放简介

集成运放是集成运算放大器的简称,它是一种具有很高放大倍数的多级直接耦合放大电路,是把许多晶体管、各种元件和连接导线制造在一小块半导体基片上以实现某种电路功能的器件。它与分立元器件电路相比具有体积小、重量轻、工作可靠、安装与调试方便等优点。它首先应用于电子模拟计算机上,可以完成加减、乘除、积分和微分等数学运算。

7.2.1 集成运放的组成

集成运算放大器内部通常包含四个基本组成部分:输入级、中间级、输出级以及偏置电路,如图 7-3 所示。

输入级一般采用具有恒流源双输入端的差动放大电路,其目的是减小零点漂移,提高输入阻抗。中间级一般采用具有电压放大能力的多级共发射极放大电路,使集成运放有足够高的电压放大倍数。输出级一般采用射极输出器,实现与负载的匹配,减少输出

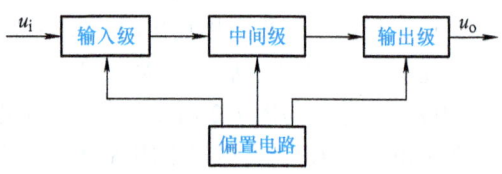

图 7-3 集成运算放大器的基本组成部分

电阻,提高带负载能力,使电路有较大的输出功率。偏置电路为上述各级电路提供稳定合适的偏置电流,以稳定各级的静态工作点,一般由各种恒流源电路构成。集成运放有多种型号,如 CF741、F007(5G24)、LM741、LM358 等,但其结构及应用基本相同。

图 7-4 是 CF741 集成运算放大器的符号、外形及引脚图。它有 8 个引脚,各引脚功能是:1 和 5 为外接调零电位器的两个端子;2 是反相输入端;3 是同相输入端;4 是负电源端,接 -15V 稳压电源;6 是输出端;7 是正电源端,接 +15V 稳压电源;8 是空脚。

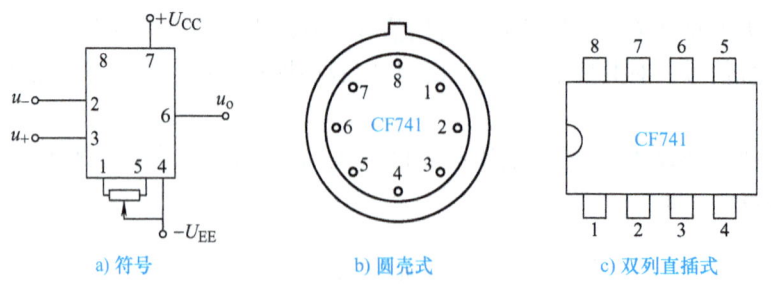

a) 符号 b) 圆壳式 c) 双列直插式

图 7-4 CF741 集成运算放大器的符号、外形及引脚

7.2.2 集成运放的主要参数

1. 输入失调电压 U_{io}

为使 $u_o = 0$,在输入端施加的补偿电压,叫作输入失调电压。它是表征运放内部电路对称性的指标。U_{io} 一般为几毫伏,并且越小越好。

2. 输入失调电流 I_{io}

当输入信号为零时，输入级两个差分输入端的静态电流之差，称为输入失调电流 I_{io}。它用于表征差分级输入电流不对称的程度。I_{io} 一般为 1nA ~ 0.1μA，并且越小越好。

3. 输入偏置电流 I_{IB}

输入信号为零时，运放两个输入端偏置电流的平均值，即 $I_{IB} = \frac{1}{2}(I_{B1} + I_{B2})$。它用于衡量差分放大管输入电流的大小。$I_{IB}$ 一般为 10nA ~ 1μA，并且越小越好。

4. 最大输出电压 U_{opp}

能使输出电压和输入电压保持不失真关系的最大输出电压，称为运算放大器的最大输出电压。如 F007 的最大输出电压为 ±12V；CF741 的最大输出电压为 ±15V。

5. 开环电压放大倍数 A_{uo}

指运放在无外加反馈情况下，输出电压变化量与输入电压变化量之比，即为开环电压放大倍数。它是决定运放精度的重要因素，其值越高越好。A_{uo} 一般为 10^4 ~ 10^7，即 80 ~ 140dB。

6. 开环差模输入电阻 r_{id} 和输出电阻 r_o

差模输入电阻是指运放两个输入端之间的电阻 r_{id}，它是一个动态电阻，一般为几十千欧到几十兆欧，以场效应晶体管作为输入级的集成运放，r_{id} 可高达 $10^6 kΩ$。

输出电阻是指运放开环时，从输出端看进去的等效电阻 r_o，其值越小，说明集成运放的带负载能力越强。

7. 共模抑制比 k_{CMR}

共模抑制比是差模电压放大倍数与共模电压放大倍数的比值，它是衡量输入级各参数对称程度的标志，反映了集成运放抑制共模信号的能力。

集成运算放大器具有开环电压放大倍数高、输入电阻高、输出电阻低、漂移小、可靠性高、体积小等主要特点，所以它被广泛而灵活应用于各技术领域中。表 7-1 列出了四种通用型运算放大器的主要参数。

表 7-1 集成运算放大器的主要参数

类型 名称	型号 符号 及单位		原始型	第一代	第二代	第三代	第四代
			F001 BG301	F003 FG3	F007 5G24	F030 4E325	HA-2 2900
输入失调电压	U_{io}	mV	1 ~ 10	2	2 ~ 10		0.06
输入失调电流	I_{io}	nA	500 ~ 5000	100	50 ~ 100	0.3	0.5

(续)

类型 符号 名称	型号 及单位		原始型 F001 BG301	第一代 F003 FG3	第二代 F007 5G24	第三代 F030 4E325	第四代 HA-2 2900
输入基极电流	I_{IB}	nA	2500~10000	300	200	6	1
U_{io}温漂	dU_{io}/dT	μV/℃	10~30	5	20~30	0.3~0.6	0.6
开环电压放大倍数	A_{uo}	dB	60~66	93	100~106	140	
共模抑制比	k_{CMR}	dB	70~80	90	80~86	130	120
最大共模输入电压	U_{icM}	V	+0.7~-3.5	±10	±13	±15	
最大差模输入电压	U_{idM}	V		±5	±30		
差模输入电阻	r_{id}	MΩ	0.008~0.020	0.25	2		1
电大输出电压	U_{opp}	V	±4~±4.5	±14	±8~±12		
静态功能	P_D	mW	150	80	50	75	

在分析集成运算放大器的各种应用电路时,一般将集成运算放大器看成是一个理想运算放大器。所谓理想运算放大器,就是将集成运放的各项技术指标理想化,即:

开环电压放大倍数 $A_{uo} \to \infty$
差模输入电阻 $r_{id} \to \infty$
开环输出电阻 $r_o \to 0$
共模抑制比 $K_{CMR} \to \infty$

实际集成运放达不到理想化的技术指标,但是,由于现在的集成工艺不断改进,集成运放产品的各项性能指标越来越好,在工程计算上可视为理想运放。图7-5为理想集成运放的符号图。它有两个输入端和一个输出端。反相输入端标"-"号,同相输入端和输出端标"+"号。它们对"地"的电压(即各端对地电位)分别用 u_-、u_+ 和 u_o 表示。"∞"表示开环电压放大倍数的理想化条件。

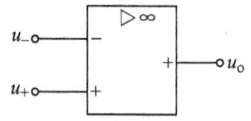

图7-5 理想运算放大器的符号

7.2.3 集成运放的电压传输特性

表示输出电压与输入电压之间的关系称为<u>电压传输特性</u>。集成运放的电压传输特性曲线如图7-6所示。图中横坐标为输入电压 $u_i = u_+ - u_-$,实线表示理想集成运放的电压传输特性,虚线表示实际集成运放的电压传输特性。从图中可看出电压传输特性可分为线性区和非线性区两个区域。

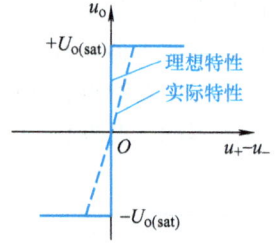

图7-6 运算放大器的传输特性

1. 线性工作区的特点

当运算放大器工作在线性区(图中斜直线部分)时,输出电压 u_o 和输入电压 $u_i = u_+ - u_-$ 之间是线性关系,即

$$u_o = A_{uo}(u_+ - u_-) \tag{7-4}$$

为使集成运放工作在线性区域，通常将外部电阻、电容、半导体器件等跨接在集成运放的输出端与反相端构成负反馈连接。

由于集成运放开环放大倍数很大，而输出电压是一个有限量，由式（7-4）可得

$$u_+ - u_- = \frac{u_o}{A_{uo}} = 0$$

即

$$u_+ = u_- \tag{7-5}$$

上式表明，同相输入端与反相输入端电位相等，相当于短路，事实上不是真正的短路，故称为"虚短"。

另外，集成运放的差模输入电阻 $r_{id} \to \infty$，可认为两输入端的输入电流为零。即

$$i_+ = i_- = 0 \tag{7-6}$$

上式表明，两输入端相当于断路，事实上不是真正的断路，故称为"虚断"。

2. 非线性工作区的特点

当集成运算放大器工作在非线性区域时，工作范围超出了线性区域而达到饱和区，此时输出电压 u_o 为饱合值，即

当 $u_+ > u_-$ 时，$u_o = +U_{o(sat)}$；

当 $u_+ < u_-$ 时，$u_o = -U_{o(sat)}$。

无论集成运放工作在线性区域还是工作在非线性区域，"虚断"总是成立的，而"虚短"只适应于线性区域。

为使集成运放工作在非线性区域，通常集成运处于开环或正反馈状态。

【例7-1】 已知运算放大器 CF741 的电源电压为 ±15V，开环电压放大倍数为 2×10^5，最大输出电压为 ±14V，求下列三种情况下运放的输出电压。

（1）$u_+ = 15\mu V$，$u_- = 5\mu V$

（2）$u_+ = -10\mu V$，$u_- = 20\mu V$

（3）$u_+ = 0$，$u_- = 2mV$

【解】 运放工作在线性区时 $u_o = A_{uo}(u_+ - u_-)$，由此得

$$u_+ - u_- = \frac{u_o}{A_{uo}} = \frac{\pm 14}{2 \times 10^5} V = \pm 70\mu V$$

可见，$|u_+ - u_-|$ 超过 $70\mu V$，输出电压就是最大输出电压，即饱和值。

（1）$u_+ - u_- = 15\mu V - 5\mu V = 10\mu V$，故 $u_o = A_{uo}(u_+ - u_-) = 2 \times 10^5 \times 10 \times 10^{-6} V = 2V$

（2）$u_+ - u_- = -10\mu V - 20\mu V = -30\mu V$，$u_o = -6V$

（3）$u_+ - u_- = -2mV$，输出为饱和输出，且 $u_+ < u_-$，故 $u_o = -14V$

7.3 集成运放的应用

7.3.1 集成运放的线性应用

运算放大器工作在线性区时，通常集成运放与外部电阻、电容、半导体器件等构成负反

馈电路后，能够实现比例、加法、减法、微分、积分等基本运算。运算电路是指电路的输出电压和输入电压之间的数学运算关系。

1. 反相比例运算电路

图 7-7 所示是反相比例运算电路，输入信号 u_i 经输入电阻 R_1 从反相输入端输入，而同相输入端通过电阻 R_2 接地，输出电压 u_o 经反馈电阻 R_f 接回到反相输入端。在实际电路中，为保证运放的两个输入端处于平衡的工作状态，应使 $R_2 = R_1 /\!/ R_f$，故 R_2 称为平衡电阻。

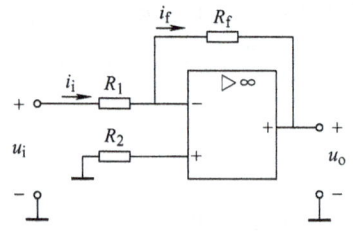

图 7-7 反相比例运算电路

图 7-7 中，由于同相输入端输入电流 $i_+ = 0$，电阻 R_2 上电压降为零，$u_+ = 0$。根据"虚短" $u_+ = u_-$，则有

$$u_- = 0$$

虽然反相输入端没有接"地"，但其电位等于零，称为"虚地"。"虚地"也是集成运放工作在线性区的一个重要特点。

由于反相输入端的输入电流 $i_- = 0$，所以 $i_i = i_f$。

由图 7-7 可以列出

$$i_i = \frac{u_i - u_-}{R_1} = \frac{u_i}{R_1}, \qquad i_f = \frac{u_- - u_o}{R_f} = -\frac{u_o}{R_f}$$

由此可得

$$u_o = -\frac{R_f}{R_1} u_i \tag{7-7}$$

因此闭环电压放大倍数为

$$A_{uf} = \frac{u_o}{u_i} = -\frac{R_f}{R_1} \tag{7-8}$$

式（7-7）表明，输出电压 u_o 与输入电压 u_i 的大小成正比，相位相反，即电路实现了反相比例运算，且比例系数取决于电阻 R_f 与 R_1，而与集成运放内部各项参数无关。

当 $R_f = R_1$ 时，$A_{uf} = -1$，$u_o = -u_i$，即输出电压 u_o 与输入电压 u_i 大小相等、相位相反，称为反相器或倒相器。

【例 7-2】 电路如图 7-8 所示，已知 $R_1 = 10\text{k}\Omega$，$R_f = 50\text{k}\Omega$。求：

（1）A_{uf}、R_2；

（2）若 R_1 不变，要求 A_{uf} 为 -15，则 R_f、R_2 应为多少？

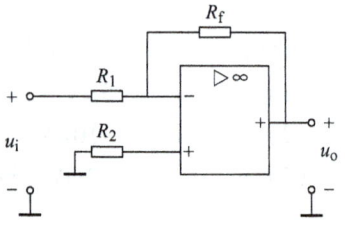

图 7-8 例 7-2 图

【解】（1）$A_{uf} = -\dfrac{R_f}{R_1} = -\dfrac{50}{10} = -5$

$R_2 = R_1 /\!/ R_f = \dfrac{10 \times 50}{10 + 50} \text{k}\Omega = 8.3 \text{k}\Omega$

（2）由题知 $A_{uf} = -\dfrac{R_f}{R_1} = -\dfrac{R_f}{10} = -15$

则 $R_f = 150\text{k}\Omega$

可得 $R_2 = R_1 // R_f = \dfrac{10 \times 150}{10 + 150}\text{k}\Omega = 9.4\text{k}\Omega$

2. 同相比例运算电路

图 7-9 所示是同相比例运算电路。输入信号 u_i 经平衡电阻 R_2 从同相输入端输入。

根据集成运放工作在线性区时的两个重要特点:

$$u_- = u_+ = u_i$$
$$i_i = i_f$$

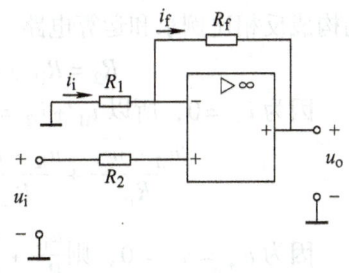

图 7-9 同相比例运算电路

由图 7-9 可列出

$$i_i = \dfrac{0 - u_-}{R_1} = -\dfrac{u_i}{R_1}$$

$$i_f = \dfrac{u_- - u_o}{R_f} = \dfrac{u_i - u_o}{R_f}$$

所以

$$u_o = \left(1 + \dfrac{R_f}{R_1}\right) u_i \tag{7-9}$$

闭环电压放大倍数为

$$A_{uf} = \dfrac{u_o}{u_i} = 1 + \dfrac{R_f}{R_1} \tag{7-10}$$

式(7-9)说明,输出电压 u_o 与输入电压 u_i 的大小成正比,相位相同,即电路实现了同相比例运算,且比例系数只取决于电阻 R_f 与 R_1,而与集成运放内部各项参数无关。所以比例运算的精度和稳定性主要取决于电阻 R_f 与 R_1 的精度和稳定度。一般情况下,A_{uf} 的值恒大于 1。

当 $R_f = 0$ 或 $R_1 = \infty$ 时, $A_{uf} = 1$, $u_o = u_i$, 即输出电压 u_o 与输入电压 u_i 大小相等、相位相同, 称为电压跟随器, 如图 7-10 所示。

【例 7-3】 电路如图 7-11 所示, 已知 $R_1 = 2\text{k}\Omega$, $R_f = 10\text{k}\Omega$, $R_2 = 2\text{k}\Omega$, $R_3 = 18\text{k}\Omega$, $u_i = 1\text{V}$。求 u_o。

【解】 此电路为同相比例运算电路, 由题意得

$$i_+ = 0$$

电阻 R_2、R_3 串联,根据串联分压定律可得:

$$u_- = u_+ = \dfrac{R_3}{R_2 + R_3} u_i = \dfrac{18}{2 + 18} \times 1\text{V} = 0.9\text{V}$$

$$-\dfrac{u_-}{R_1} = \dfrac{u_- - u_o}{R_f}$$

$$u_o = \left(1 + \dfrac{R_f}{R_1}\right) u_- = \left(1 + \dfrac{10}{2}\right) \times 0.9\text{V} = 5.4\text{V}$$

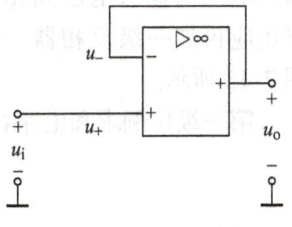

图 7-10 电压跟随器

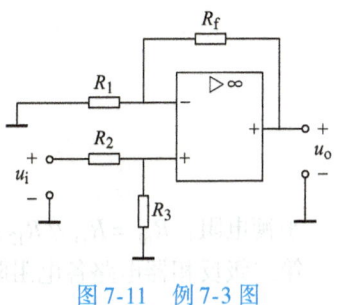

图 7-11 例 7-3 图

3. 反相比例求和运算电路

如图 7-12 所示，在反相输入端输入若干个输入信号时，则构成反相比例求和运算电路。图中平衡电阻为

$$R_2 = R_{i1} // R_{i2} // R_f$$

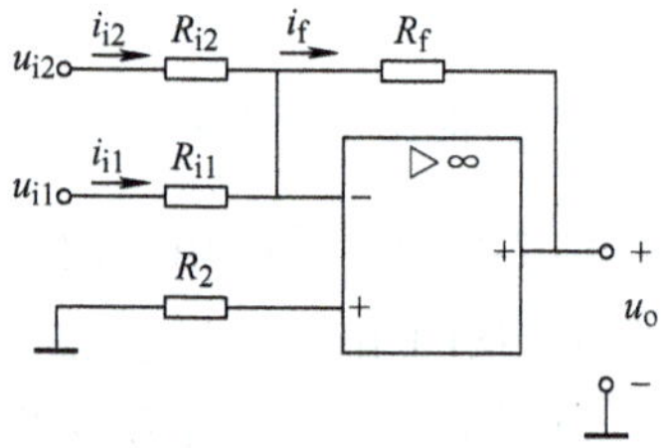

因为 $i_- = 0$，所以 $i_{i1} + i_{i2} = i_f$，于是

$$\frac{u_{i1} - u_-}{R_{i1}} + \frac{u_{i2} - u_-}{R_{i2}} = \frac{u_- - u_o}{R_f}$$

因为 $u_+ = u_- = 0$，则 $\frac{u_{i1}}{R_{i1}} + \frac{u_{i2}}{R_{i2}} = -\frac{u_o}{R_f}$，可得

$$u_o = -\left(\frac{R_f}{R_{i1}}u_{i1} + \frac{R_f}{R_{i2}}u_{i2}\right) \tag{7-11}$$

图 7-12 反相求和运算电路

当 $R_{i1} = R_{i2} = R_1$ 时，则有

$$u_o = -\frac{R_f}{R_1}(u_{i1} + u_{i2}) \tag{7-12}$$

当 $R_{i1} = R_{i2} = R_1 = R_f$ 时，则有

$$u_o = -(u_{i1} + u_{i2}) \tag{7-13}$$

式（7-11）表明，输出电压与若干个输入电压成比例求和运算关系，且相位相反。

【例 7-4】 一个测量系统的输出电压和一些待测量（经传感器变换为电压信号）的关系为 $u_o = 2u_{i1} + 0.5u_{i2} + 4u_{i3}$，试用集成运放设计一个信号处理电路。若取 $R_f = 100\text{k}\Omega$，求电路中各电阻的电阻值。

【解】 根据 $u_o = 2u_{i1} + 0.5u_{i2} + 4u_{i3}$ 分析，输出电压与输入电压成比例求和关系，则信号处理电路为比例求和电路，再根据输出电压与输入电压同相，则信号处理电路还应再加一级反相器。于是电路构成如图 7-13 所示。

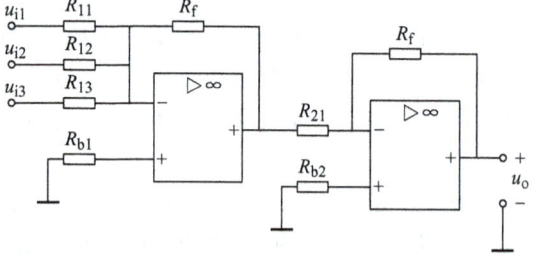

图 7-13 例 7-4 电路图

第一级比例求和电路各电阻阻值：

$$u_o = -\left(\frac{R_f}{R_{11}}u_{i1} + \frac{R_f}{R_{12}}u_{i2} + \frac{R_f}{R_{13}}u_{i3}\right)$$

$$R_{11} = \frac{R_f}{2} = \frac{100}{2}\text{k}\Omega = 50\text{k}\Omega$$

$$R_{12} = \frac{R_f}{0.5} = \frac{100}{0.5}\text{k}\Omega = 200\text{k}\Omega$$

$$R_{13} = \frac{R_f}{4} = \frac{100}{4}\text{k}\Omega = 25\text{k}\Omega$$

平衡电阻：$R_{b1} = R_{11} // R_{12} // R_{13} // R_f = 13\text{k}\Omega$

第二级反相器电路各电阻阻值：

$$R_{21} = R_f = 100\text{k}\Omega$$

平衡电阻：
$$R_{b2} = R_{21} /\!/ R_f = (100 /\!/ 100)\,k\Omega = 50\,k\Omega$$

4. 同相加法运算电路

如图 7-14 所示，在同相输入端输入若干个输入信号时，则构成同相比例求和运算电路。平衡电阻：
$$R_{i1} /\!/ R_{i2} = R_1 /\!/ R_f$$

根据叠加原理可得
$$u_+ = \frac{R_{i2}}{R_{i1}+R_{i2}}u_{i1} + \frac{R_{i1}}{R_{i1}+R_{i2}}u_{i2}$$

则
$$u_- = \frac{R_{i2}}{R_{i1}+R_{i2}}u_{i1} + \frac{R_{i1}}{R_{i1}+R_{i2}}u_{i2}$$

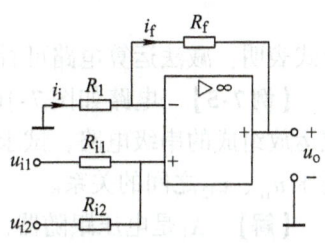

图 7-14 同相比例求和运算电路

再根据 $i_i = i_f$，可得
$$-\frac{u_-}{R_1} = \frac{u_- - u_o}{R_f}$$
$$u_o = \left(1 + \frac{R_f}{R_1}\right)u_-$$
$$u_o = \left(1 + \frac{R_f}{R_1}\right)\left(\frac{R_{i2}}{R_{i1}+R_{i2}}u_{i1} + \frac{R_{i1}}{R_{i1}+R_{i2}}u_{i2}\right) \tag{7-14}$$

上式表明，输出电压与若干个输入电压成比例求和运算关系，且相位相同。

5. 减法运算电路

如图 7-15 所示，同相输入端与反相输入端同时输入信号，称为差动输入，则构成减法运算电路，称为差动比例运算电路。

根据串联分压定律，可得
$$u_- = u_+ = \frac{R_3}{R_2 + R_3}u_{i2}$$

再根据 $i_i = i_f$，可得

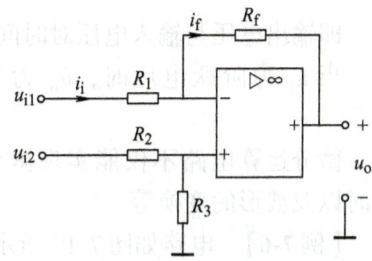

图 7-15 减法运算电路

$$\frac{u_{i1} - u_-}{R_1} = \frac{u_- - u_o}{R_f}$$
$$u_o = \left(1 + \frac{R_f}{R_1}\right)u_- - \frac{R_f}{R_1}u_{i1}$$
$$u_o = \left(1 + \frac{R_f}{R_1}\right)\frac{R_3}{R_2+R_3}u_{i2} - \frac{R_f}{R_1}u_{i1} \tag{7-15}$$

当 $R_1 = R_2$ 和 $R_3 = R_f$，则有
$$u_o = \frac{R_f}{R_1}(u_{i2} - u_{i1}) \tag{7-16}$$

当 $R_1 = R_2 = R_3 = R_f$，则有
$$u_o = u_{i2} - u_{i1} \tag{7-17}$$

式（7-16）、式（7-17）表明：输出电压 u_o 与两个输入电压的差值成正比，即构成减法运算关系。

当 R_3 断开（$R_3 = \infty$），则式（7-15）为

$$u_o = \left(1 + \frac{R_f}{R_1}\right)u_{i2} - \frac{R_f}{R_1}u_{i1} \tag{7-18}$$

上式表明：减法运算电路可看作反相比例运算电路与同相比例运算电路的叠加。

【例 7-5】 电路如图 7-16 所示，是由两级集成运放组成的串级电路，试求输出电压 u_o 与输入电压 u_{i1}、u_{i2} 之间的关系。

【解】 A_1 是电压跟随器，$u_{o1} = u_{i1}$

A_2 是减法运算电路，因此

$$\begin{aligned} u_o &= \left(1 + \frac{R_f}{R_1}\right)u_{i2} - \frac{R_f}{R_1}u_{o1} \\ &= \left(1 + \frac{R_f}{R_1}\right)u_{i2} - \frac{R_f}{R_1}u_{i1} \end{aligned}$$

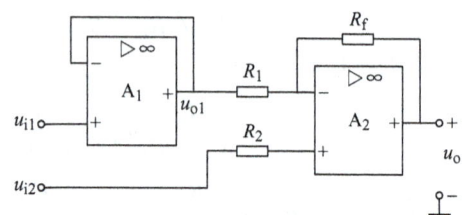

图 7-16　例 7-5 图

6. 微分运算电路

图 7-17 所示是微分运算电路。由虚短及虚断性质可得

$$i_i = i_f$$

$$C\frac{du_i}{dt} = -\frac{u_o}{R}$$

$$u_o = -RC\frac{du_i}{dt} \tag{7-19}$$

即输出电压与输入电压对时间的一次微分成正比。

当 u_i 为阶跃电压时，u_o 为尖脉冲电压，如图 7-18 所示。

微分运算电路不仅能实现微分运算，还可用于延时、定时以及波形的变换等。

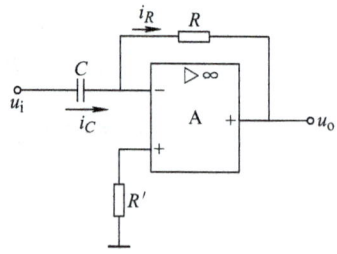

图 7-17　微分运算电路

图 7-18　微分运算电路的阶跃响应

【例 7-6】 电路如图 7-19 所示，求输出电压 u_o 与输入电压 u_i 的关系式。

【解】 由图 7-19 可得

$$i_f = i_R + i_C$$

$$-\frac{u_o}{R_f} = \frac{u_i}{R_1} + C_1\frac{du_i}{dt}$$

所以

$$u_o = -\left(\frac{R_f}{R_1}u_i + R_fC_1\frac{du_i}{dt}\right)$$

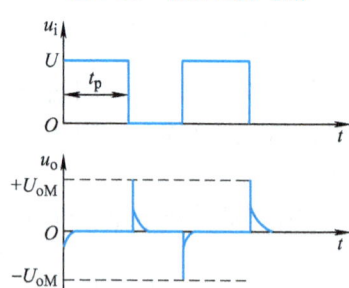

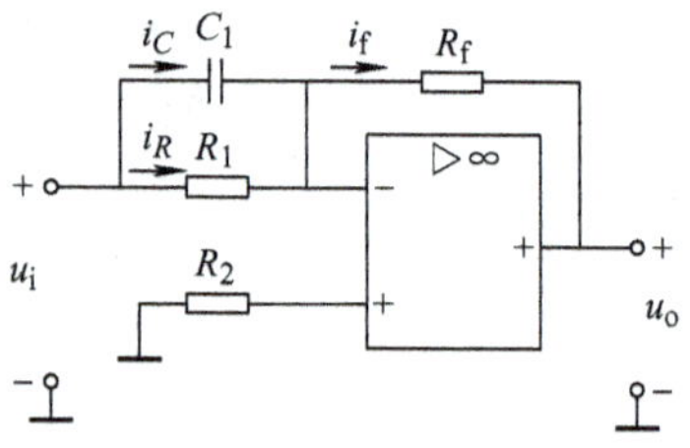

图 7-19　例 7-6 图

上式表明：输出电压是对输入电压的比例运算和微分运算。这种运算器又称 PD 调节器。控制系统中，PD 调节器在调节过程中起加速作用，使系统有较快的响应速度和工作稳定性。

7. 积分运算电路

图 7-20 所示是积分运算电路。

根据集成运放的虚短和虚断性质,可知

$$i_i = i_f$$

$$\frac{u_i}{R_1} = -C_f \frac{du_o}{dt}$$

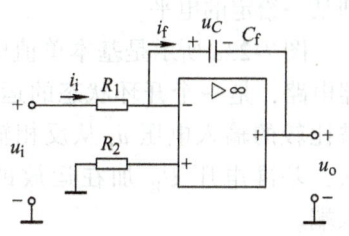

图 7-20 积分运算电路

$$u_o = -\frac{1}{R_1 C_f}\int u_i dt \qquad (7\text{-}20)$$

上式表明:u_o 与 u_i 的积分成比例,且两者反相。$R_1 C_f$ 称为积分时间常数。

若输入电压为恒定直流量,即 $u_i = U_i$ 时,则

$$u_o = -\frac{U_i}{R_1 C_f} t \qquad (7\text{-}21)$$

其波形如图 7-21 所示,u_o 是时间 t 的一次函数,它的最大值受运放最大输出电压控制,最后达到负饱和值 $-U_{o(sat)}$。

【例 7-7】 电路如图 7-22 所示,求输出电压 u_o 与输入电压 u_i 的关系式。

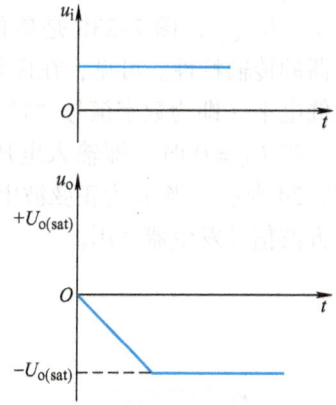

图 7-21 积分运算电路的阶跃响应

【解】 因为 $u_+ = u_- = 0$,$i_i = i_f$
所以

$$u_o = -(R_f i_f + u_C)$$

$$= -\left(R_f i_i + \frac{1}{C_f}\int i_i dt\right)$$

$$= -\left(\frac{R_f}{R_1}u_i + \frac{1}{R_1 C_f}\int u_i dt\right)$$

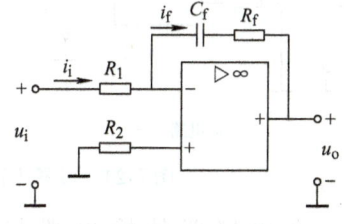

图 7-22 例 7-7 图

上式表明:输出电压是对输入电压的比例运算与积分运算。这种运算器又称 PI 调节器,常用于自动控制系统中,以保证自动控制系统的稳定性和控制精度。改变 R_f 和 C_f 的值,可调整比例系数和积分时间常数,以满足控制系统的要求。

7.3.2 集成运放的非线性应用

当集成运放工作于开环,或者处于正反馈工作状态时,运放就进入非线性工作区域。通过同相端与反相端电压的比较,使输出电压为正的饱和值(高电平)或负的饱和值(低电平),即根据输出电压的值,可实现输入电压比较,称为电压比较器。电压比较器是电子技术中基本单元电路,它是信号发生器、波形变换、模拟-数字转换等电路中常用的单元电路。

1. 单值电压比较器

单值电压比较器是指只有一个门限电平(阈值电压)的电压比较器,当输入电压等于此门限电平时,输出端的状态立即发生跳变。单值比较器可用于检测输入的模拟信号是否达

到某一给定的电平。

图 7-23a 所示是基本单值电压比较器电路,是一个开环状态的运放电路。被比较的输入电压 u_i 从反相输入端输入,基准电压 U_R 加在运放的同相输入端。

当 $u_+ > u_-$,即 $u_i < U_R$ 时,$u_o = +U_{o(sat)}$;当 $u_+ < u_-$,即 $u_i > U_R$ 时,$u_o = -U_{o(sat)}$,图 7-23b 是单值电压比较器的传输特性。可见,在比较器的输入端进行模拟信号大小的比较,在输出端则以高电平或低电平(即为数字信号"1"或"0")来反映比较结果。

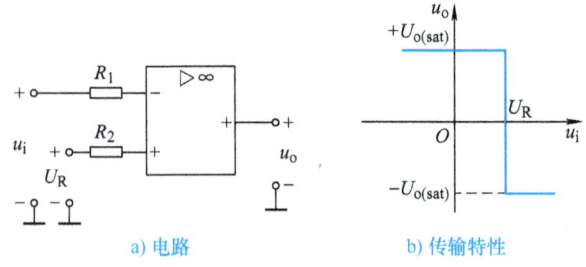

a) 电路　　　　　　　　b) 传输特性

图 7-23　单值电压比较器

当 $U_R = 0$ 时,即输入电压和零电平比较,称为<u>过零比较器</u>,其电路和传输特性如图 7-24 所示。当 u_i 为正弦波电压时,则 u_o 为矩形波电压,如图 7-25 所示。集成运放可作为方波信号发生器应用。

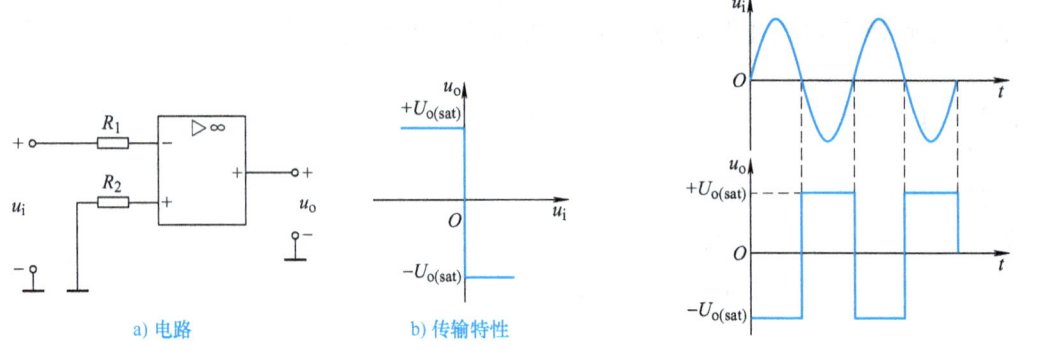

a) 电路　　　　　　　b) 传输特性

图 7-24　过零比较器

图 7-25　利用过零比较器将正弦波变为方波

在比较器的输出端与"地"之间接一个双向稳压管 VS,稳压管的电压为 U_Z,起双向限幅的作用,可以把输出电压限制在某一特定值。电路如图 7-26 所示。u_i 与参考电压 U_R 比较,输出电压 u_o 被限制在 $+U_Z$ 或 $-U_Z$。

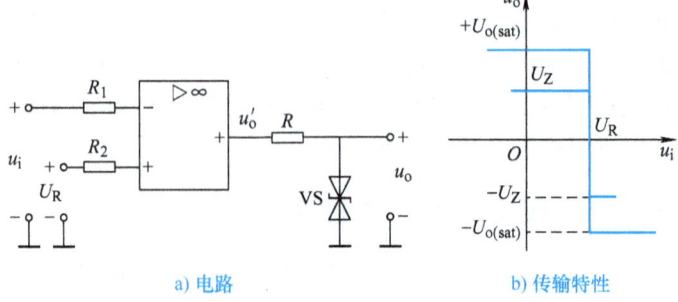

a) 电路　　　　　　　b) 传输特性

图 7-26　限幅的电压比较器

当 $u_i < U_R$ 时,$u_o' = +U_{o(sat)}$,$u_o = U_Z$;
当 $u_i > U_R$ 时,$u_o' = -U_{o(sat)}$,$u_o = -U_Z$。

2. 双值电压比较器

在实际生产实践中,不可避免会有各种干扰信号,干扰信号的幅值如果恰好在参考电压附近,就会引起电路输出电压的频繁跳转,致使电路的执行元件产生误动作。为解决这一问题,在运放中加入正反馈,形成具有两个阈值电压的比较器,可大大提高比较器的抗干扰能力。

图 7-27a 所示为双值电压比较器电路，运放引入了串联正反馈，工作于非线性区域。

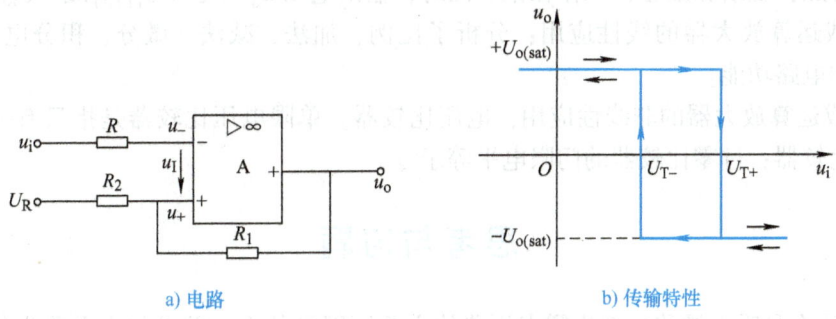

a) 电路　　　　　　　　　　　b) 传输特性

图 7-27　双值电压比较器

根据叠加原理可知，同相端电位为

$$u_+ = \frac{R_2}{R_1 + R_2}U_R + \frac{R_1}{R_1 + R_2}u_o$$

当输出电压 $u_o = +U_{o(sat)}$ 时，比较器的阈值为

$$U_{T+} = \frac{R_2}{R_1 + R_2}U_R + \frac{R_1}{R_1 + R_2}U_{o(sat)}$$

当输出电压 $u_o = -U_{o(sat)}$ 时，比较器的阈值为

$$U_{T-} = \frac{R_2}{R_1 + R_2}U_R - \frac{R_1}{R_1 + R_2}U_{o(sat)}$$

即比较器有两个阈值电压，其中 U_{T+} 称为上阈值电压（上门限电平），U_{T-} 称为下阈值电压（下门限电平），且 $U_{T+} > U_{T-}$。其电压传输特性如图 7-27b 所示。

当 u_i 由小于 U_{T-} 开始正向增大时，u_o 在 u_i 未达到 U_{T+} 时输出为 $u_o = +U_{o(sat)}$，直到 $u_i > U_{T+}$ 时，输出才翻转为 $u_o = -U_{o(sat)}$。反之，当 u_i 由大于 U_{T+} 开始负向减小时，u_o 在 u_i 未达到 U_{T-} 时输出为 $u_o = -U_{o(sat)}$，直到 $u_i < U_{T-}$ 时，输出翻转为 $u_o = +U_{o(sat)}$。

由此可见，不论 u_i 正向还是负向通过阈值点时，u_o 都是在下一个阈值点处发生翻转，曲线在阈值点处形成回环，具有滞后特点，因此双值电压比较器又称为滞回比较器。

滞回比较器的两个阈值电压之间的差值，称为回差电压，用 ΔU 表示，即

$$\Delta U = U_{T+} - U_{T-}$$

回差电压是滞回比较器的一个重要参数，回差电压越大，滞回比较器的抗干扰能力就越强。在生产实践中，经常需要对温度、水位进行控制，这些都可用滞回比较器来实现。

本 章 小 结

1. 集成运算放大器实际上是一个高增益的多级直接耦合放大电路。差动放大电路是其主要组成部分。合理选择差动放大电路的结构形式，能够有效地提高共模抑制比，减小零点漂移。不同的输入输出接法时，差动放大电路的性能有所不同。

2. 集成运算放大器内部通常包含四个基本组成部分：输入级、中间级、输出级以及偏置电路。

3. 集成运算放大器理想化的条件主要是：开环电压放大倍数 $A_{uo} \to \infty$；差模输入电阻

$r_{id}\to\infty$;开环输出电阻 $r_o\to\infty$;共模抑制比 $K_{CMRR}\to\infty$。理想运算放大器工作在线性区时,有两个重要特点:虚断和虚短;工作在饱和区时,输出电压 u_o 等于 $+U_{o(sat)}$ 或 $-U_{o(sat)}$。

4. 集成运算放大器的线性应用:分析了比例、加法、减法、微分、积分电路的组成、工作原理和电路功能。

5. 集成运算放大器的非线性应用:电压比较器。单限电压比较器是指只有一个门限电平的电压比较器;过零比较器的门限电平等于零。

思考与习题

7-1 什么是零点漂移?产生零点漂移的主要原因是什么?差动放大电路为什么能抑制零点漂移?

7-2 何谓差模信号?何谓共模信号?若在差动放大电路的一个输入端加上信号 $u_{i1}=4\text{mV}$,而在另一个输入端加入信号 u_{i2},当 u_{i2} 分别为 (1) $u_{i2}=4\text{mV}$;(2) $u_{i2}=-4\text{mV}$;(3) $u_{i2}=-6\text{mV}$;(4) $u_{i2}=6\text{mV}$ 时,分别求出上述四种情况的差模信号 u_{id} 和共模信号 u_{ic} 的数值。

7-3 如图 7-28 所示电路,试求:

(1) 当 $R_1=200\text{k}\Omega$,$R_f=100\text{k}\Omega$ 时,u_o 与 u_i 的运算关系;

(2) 当 $R_f=100\text{k}\Omega$ 时,欲使 $u_o=-25u_i$,则 R_1 应为何值?

7-4 在图 7-29 所示电路中,已知 $R_1=50\text{k}\Omega$,$R_2=33\text{k}\Omega$,$R_3=3\text{k}\Omega$,$R_f=100\text{k}\Omega$,求电压放大倍数。如果 $R_3=0\Omega$,要使电路得到同样的电压放大倍数,R_f 的阻值应增大到多少?

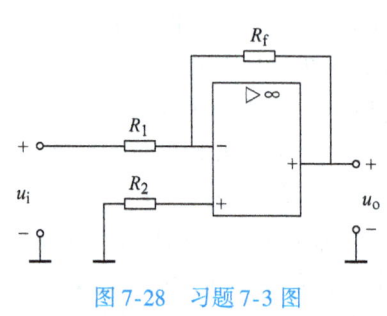

图 7-28 习题 7-3 图

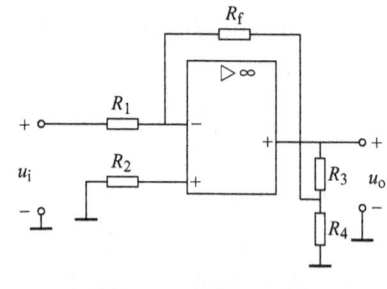

图 7-29 习题 7-4 图

7-5 图 7-30a 所示为两信号相加的反相加法运算电路,其电阻 $R_1=R_2=R_f$,如果输入电压 u_{i1} 和 u_{i2} 分别为图 7-30b 所示的三角波和矩形波,试画出其输出电压的波形。

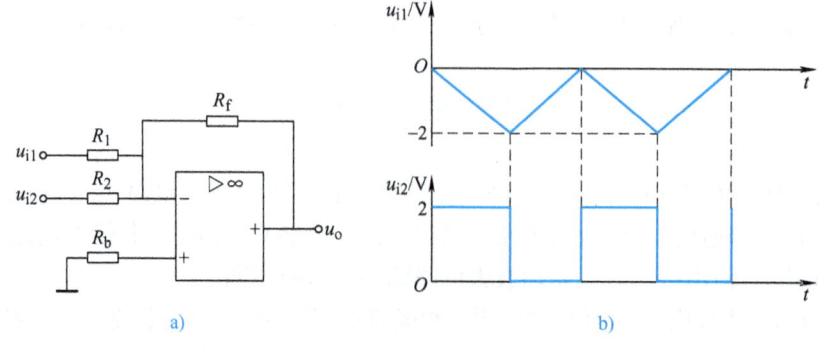

图 7-30 习题 7-5 图

7-6 在图 7-31 所示电路中，当调节电位器 RP 时，输出电压 u_o 可调，如果 $u_i = 0.1\text{V}$，试求输出电压 u_o 的调节范围。

7-7 求图 7-32 所示电路中输出电压 u_o 与各输入电压 u_{i1}、u_{i2}、u_{i3} 的运算关系式。

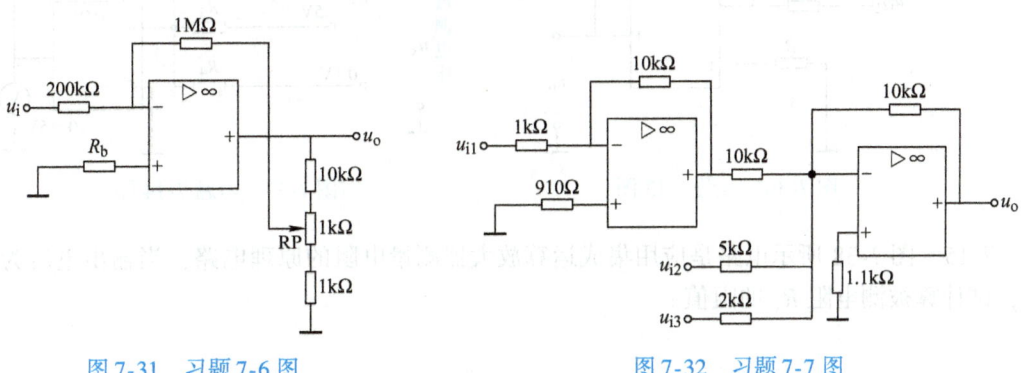

图 7-31 习题 7-6 图　　　　图 7-32 习题 7-7 图

7-8 试设计一个能实现 $u_o = 2u_{i1} - 5u_{i2} + 0.1u_{i3}$ 的运算电路，取 $R_f = 100\text{k}\Omega$。

7-9 求图 7-33 所示电路中 u_o 和 u_i 的运算关系式。

7-10 在图 7-34 中，已知 $R_f = 2R_1$，$u_i = -2\text{V}$，试求输出电压 u_o。

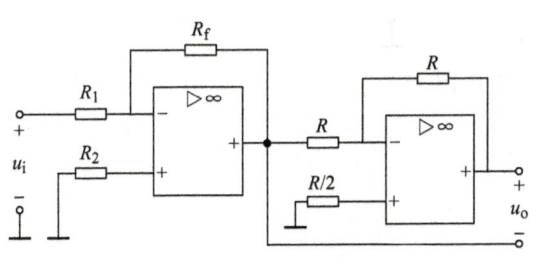 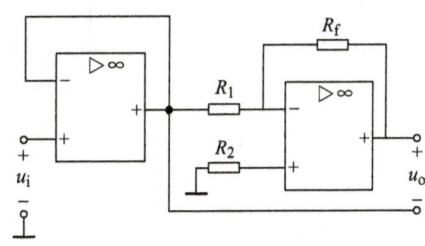

图 7-33 习题 7-9 图　　　　图 7-34 习题 7-10 图

7-11 图 7-35 所示电路是一种求和积分电路，设集成运放为理想元件，当取 $R_1 = R_2 = R$ 时，证明输出电压信号 u_o 与两个输入信号的关系为 $u_o = -\dfrac{1}{RC_f}\int(u_{i1} + u_{i2})\text{d}t$。

7-12 设计出实现如下运算功能的运算电路图。

(1) $u_o = -3u_i$

(2) $u_o = 2u_{i1} - u_{i2}$

(3) $u_o = -(u_{i1} + 0.2u_{i2})$

(4) $u_o = -10\int u_{i2}\text{d}t - 2\int u_{i2}\text{d}t$

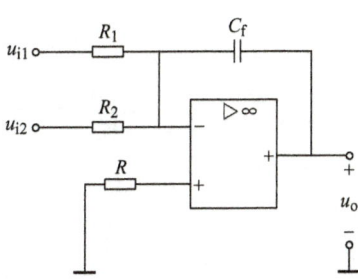

图 7-35 习题 7-11 图

7-13 如图 7-36 所示电路，设集成运放为理想元件，试推导 u_o 与 u_{i1} 及 u_{i2} 的关系。（设 $u_o(0) = 0$）。

7-14 图 7-37 所示电路是应用集成运算放大器测量电压的原理电路，输出端接有满量程为 5V、500μA 的电压表，欲得到 50V、10V、5V、0.1V 四种量程，试计算各量程 $R_1 \sim R_4$ 的阻值。

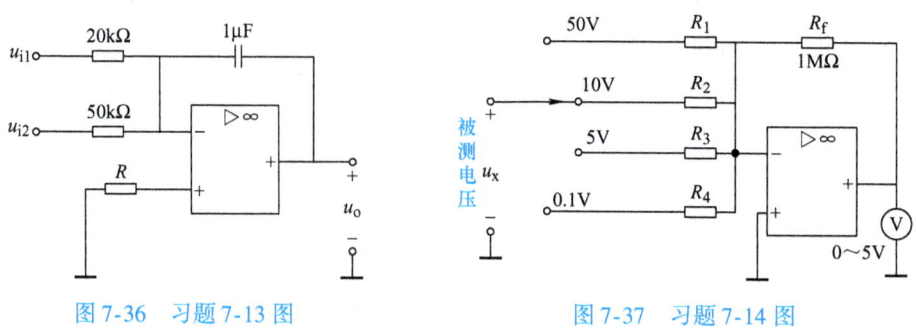

图 7-36 习题 7-13 图　　　　　图 7-37 习题 7-14 图

7-15 图 7-38 所示电路是应用集成运算放大器测量电阻的原理电路，当输出电压为 5V 时，试计算被测电阻 R_x 的阻值。

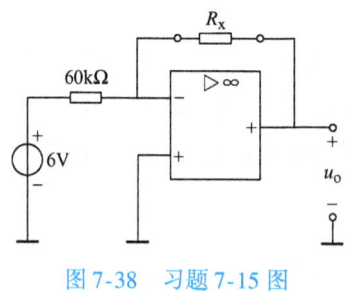

图 7-38 习题 7-15 图

第8章 直流稳压电源

[本章概述]

主要介绍整流电路的工作原理；各种滤波电路的特性；稳压电路的稳压原理；三端集成稳压器。

[知识与能力目标]

1. 掌握整流电路的工作原理及参数计算方法。
2. 了解滤波电路的结构与原理。
3. 掌握稳压二极管稳压电路和串联型稳压电路的工作原理。
4. 了解三端集成稳压电路的性能及使用。

[相关知识链接]

在各种电子设备和装置（测量仪器、家用电器、自动控制系统等）中，通常需要电压稳定的直流电源供电。目前广泛采用的是各种半导体直流电源，一般是由电网提供的交流电经过电压变换、整流、滤波和稳压之后得到，如图8-1所示，直流稳压电源由4个组成部分，它们的作用是：

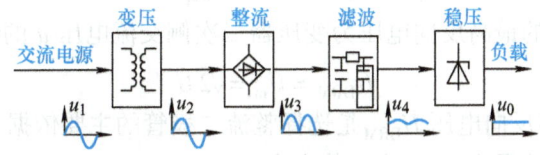

图8-1 直流稳压电源的结构图

电源变压器：把输入的交流电压变成所需要幅值的交流电压幅值。

整流电路：利用整流器件的单向导电性，将交流电压转变为脉动的直流电压。

滤波电路：利用储能元件电容两端的电压（或通过电感中的电流）充放电的特性，滤掉整流电路输出电压中的交流成分，保留其直流成分，达到平滑输出电压波形的目的。

稳压电路：为电路或负载提供稳定的输出电压。稳压电路可以由分立的电子元器件组成，也可以由集成元件组成。

8.1 整流电路

利用二极管的单向导电性，将交流电转换成单向脉动直流电的电路称为整流电路。整流电路按输入电源的相数可分为单相整流电路和三相整流电路，按输出波形可分为半波整流和全波整流电路。目前应用最广泛的是桥式整流电路。

8.1.1 单相半波整流电路

图 8-2 所示电路是单相半波整流电路。它由电源变压器 T、整流二极管 VD 和负载 R_L 组成。

当变压器二次电压 u（有效值为 U）为正半周时，二极管 VD 导通，负载电阻 R_L 上得到一个极性上正下负的电压 u_o，流过的电流为 i_o。当变压器二次电压 u 为负半周时，二极管截止，负载电阻 R_L 上没有电压，电流为零。所以，负载电阻 R_L 上得到的是半波整流电压。为便于分析，将二极管视为理想元件，即二极管的正向导通电阻为零，反向电阻为无穷大。因此，u_o 与 u 的正半波相同，如图 8-3 所示。

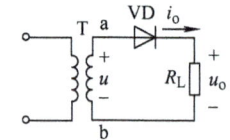

图 8-2 单相半波整流电路

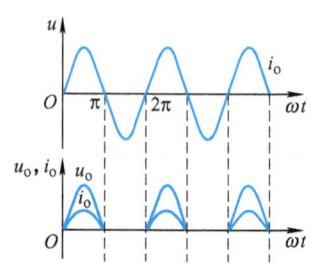

图 8-3 单相半波整流电路的电压与电流波形

负载上得到的整流电压是单向脉动电压，即极性一定，大小变化。它的大小常用 1 个周期的平均值来表示。单相半波整流电压 u_o 的平均值 U_o 为

$$U_o = \frac{1}{T}\int_0^T \sqrt{2}U\sin\omega t\, dt = \frac{1}{2\pi}\int_0^\pi \sqrt{2}U\sin\omega t\, d(\omega t) = \frac{\sqrt{2}}{\pi}U \approx 0.45U \quad (8-1)$$

流过负载电阻 R_L 的整流电流平均值为

$$I_o = \frac{U_o}{R_L} = 0.45\frac{U}{R_L} \quad (8-2)$$

二极管上的平均电流值为

$$I_D = I_o = 0.45\frac{U}{R_L} \quad (8-3)$$

二极管截止时承受的最高反向电压为变压器二次侧交流电压 u 的最大值 U_m，即

$$U_{DRM} = U_m = \sqrt{2}U \quad (8-4)$$

平均电流 I_D 与最高反向电压 U_{DRM} 是选择整流二极管的主要依据。一般情况下，二极管的反向工作峰值电压要选得比 U_{DRM} 大 1 倍左右。

单相半波整流电路结构比较简单、使用元器件少，但是输出电压脉动大、直流成分比较低、利用率低。因此，单相半波整流电路适用于输出电流较小、要求较低的场合。

【例 8-1】 电路如图 8-2 所示，已知负载电阻 $R_L = 500\Omega$，变压器二次电压的有效值 $U = 20V$，求 I_D 和 U_{DRM}。

【解】
$$U_o = 0.45U = 0.45 \times 20V = 9V$$

$$I_D = I_o = \frac{U_o}{R_L} = \frac{9}{500}A = 18mA$$

$$U_{DRM} = \sqrt{2}U = \sqrt{2} \times 20V = 28.2V$$

8.1.2 单相桥式整流电路

为了克服单相半波整流电路的缺点，提出了如图 8-4 所示的单相桥式整流电路，电路中采用 4 个二极管，接成电桥形式。

当 u 为正半周时，二极管 VD_1、VD_3 导通，VD_2、VD_4 截止；当 u 为负半周时，二极管 VD_1、VD_3 截止，VD_2、VD_4 导通。正负半周都有电流流过负载电阻 R_L，且电流方向相同。其输出电压波形如图 8-5 所示。

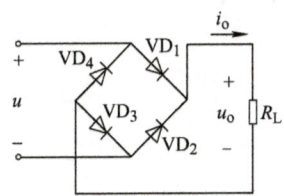

图 8-4 单相桥式整流电路

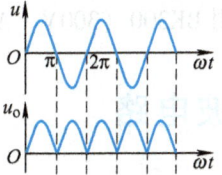

图 8-5 单相桥式整流电路的电压波形

单相桥式整流电路输出电压平均值比单相半波整流电路增加了 1 倍，则

$$U_o = 2 \times 0.45U = 0.9U \tag{8-5}$$

单相桥式整流电路输出电流平均值也增加 1 倍，则

$$I_o = \frac{U_o}{R_L} = 0.9\frac{U}{R_L} \tag{8-6}$$

单相桥式整流电路中每个二极管流过的平均电流是输出电流平均值的 ½（每两个二极管串联导电 ½ 周），则

$$I_D = \frac{1}{2}I_o = 0.45\frac{U}{R_L} \tag{8-7}$$

单相桥式整流电路二极管上承受的最高反向电压是电源电压的最大值，即

$$U_{DRM} = \sqrt{2}U \tag{8-8}$$

【例 8-2】 单相桥式整流电路中，已知交流电源电压为 380V、负载电阻 $R_L = 80\Omega$、负载电压 $U_o = 110V$。试选择二极管的类型并求变压器的变比和容量。

【解】 负载电流为

$$I_o = \frac{U_o}{R_L} = \frac{110}{80}\text{A} = 1.4\text{A}$$

每个二极管流过的平均电流为

$$I_D = \frac{1}{2}I_o = 0.7\text{A}$$

变压器二次电压的有效值为

$$U = \frac{U_o}{0.9} = \frac{110}{0.9}\text{V} = 122\text{V}$$

考虑变压器二次绕组和管子上的压降，变压器二次电压约高出 10%，所以 122×1.1V = 134V。那么

$$U_{DRM} = \sqrt{2}U = \sqrt{2} \times 134\text{V} = 189\text{V}$$

可以选用 2CZ55E 二极管，其反向工作峰值电压为 300V，最大整流电流为 1A。

变压器的电压比为

$$K = \frac{380}{134} = 2.8$$

变压器二次电流的有效值为

$$I = \frac{I_o}{0.9} = \frac{1.4}{0.9}\text{A} = 1.56\text{A}$$

变压器的容量为

$$S = UI = 134 \times 1.56 \text{V} \cdot \text{A} = 209 \text{V} \cdot \text{A}$$

可以选用 BK300（300V·A）、380/134V 的变压器。

8.2 滤波电路

交流电压经变压、整流后输出的脉动直流电压，波动较大。滤波电路利用储能元件电容、电感的充放电特性，滤除掉整流电路输出电压中的交流分量，保留直流分量，减小电路脉动系数，达到平滑输出电压波形的目的。常用滤波电路形式很多，主要有电容滤波、电感滤波和复合式滤波电路。

8.2.1 电容滤波电路

图8-6所示为单相桥式整流电容滤波电路。设电容两端初始电压为零，并假定 $t=0$ 时接通电路，变压器二次电压 u 处于正半周，当 u 由零上升时，二极管 VD_1、VD_3 导通，变压器二次电压给电容 C 充电，同时电流经 VD_1、VD_3 向负载电阻供电。忽略二极管正向压降和变压器内阻，则输出电压 $u_o = u_C \approx u$，在 u 达到最大值时，u_C 也达到最大值，在 $\omega t = \pi/2$ 时（图8-7中的a点），u 开始下降，此时，$u_C > u$，VD_1、VD_3 截止，电容 C 向负载电阻 R_L 放电，由于放电时间常数 $\tau = R_L C$ 一般较大，电容电压 u_C 按指数规律缓慢下降，当下降到图8-7中b点后，$|u| > u_C$，VD_1、VD_3 导通，电容 C 再次被充电，输出电压增大，以后重复上述过程。其输出电压波形近似为一锯齿波直流电压，如图8-7所示。电容 C 放电快慢取决于放电时间常数（$\tau = R_L C$）的大小，时间常数越大，电容 C 放电时间越长，输出电压 u_o 就越平坦，平均值就越高。

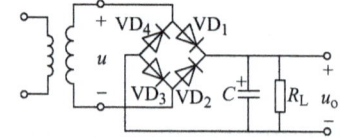

图8-6 单相桥式整流电容滤波电路

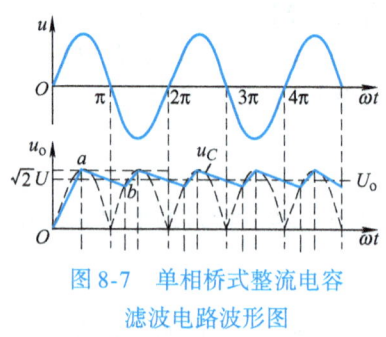

图8-7 单相桥式整流电容滤波电路波形图

图8-8中的单相桥式整流电路的外特性曲线表示输出电压 U_o 与输出电流 I_o 的变化关系，采用电容滤波时，输出电压受负载变化影响较大，即带负载能力较差。因此电容滤波适合于要求输出电压较高、负载电流较小且负载变化较小的场合。

由图8-7可见，采用电容滤波后，输出电压的脉动程度减小了，输出电压的平均值 U_o 增大了。U_o 的大小与滤波电容 C 和负载电阻 R_L 有关，C 大小一定时，R_L 越大，放电时间常数 $\tau = R_L C$ 就越大，放电速度越慢，输出电压的脉动程度越小，U_o

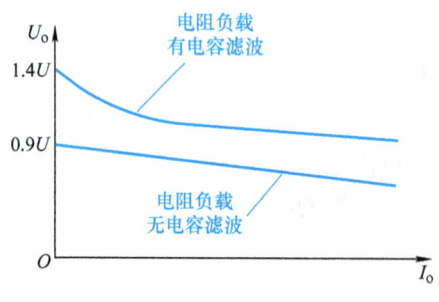

图8-8 单相桥式整流电路的外特性曲线

越大。当 R_L 开路时，$U_o \approx \sqrt{2}U$。为了得到脉动较小的输出电压，一般取

$$R_L C \geq (3-5)\frac{T}{2} \tag{8-9}$$

式中，T 是输入交流电压的周期。这时输出电压的平均值为

$$U_o \approx 1.2U \tag{8-10}$$

另外，二极管的导通时间短（导通角 $\theta < \pi$），而且电容 C 充电的瞬时电流很大，形成了浪涌电流，容易使二极管损坏，因此要选择较大容量的二极管。

【例 8-3】 单相桥式整流电容滤波电路如图 8-6 所示，交流电源频率 $f = 50\mathrm{Hz}$，负载电阻 $R_L = 40\Omega$，要求输出电压 $U_o = 20\mathrm{V}$。选择二极管及滤波电容。

【解】 流过二极管的电流平均值为

$$I_D = \frac{1}{2}I_o = \frac{1}{2}\frac{U_o}{R_L} = \frac{1}{2} \times \frac{20}{40}\mathrm{A} = 0.25\mathrm{A}$$

由式 (8-10) 可得变压器二次电压的有效值为

$$U = \frac{U_o}{1.2} = \frac{20}{1.2}\mathrm{V} = 17\mathrm{V}$$

二极管承受的最高反向电压

$$U_{RM} = \sqrt{2}U = \sqrt{2} \times 17\mathrm{V} = 24\mathrm{V}$$

因此，可选用 2CZ55C 型二极管。

根据式（8-9），取 $R_L C = 4 \times \frac{T}{2} = 2T$，所以

$$C = \frac{2T}{R_L} = \frac{2 \times (1/50)}{40}\mathrm{F} = 1000\mathrm{\mu F}$$

可选用 $1000\mathrm{\mu F}$，耐电压为 $50\mathrm{V}$ 的电解电容。

8.2.2 电感滤波电路

图 8-9 所示为电感滤波电路，当流过电感的电流发生变化时，线圈中产生自感电动势阻碍电流变化，使负载电流和电压的脉动减小。

对直流分量而言，$X_L = 0$，L 相当于短路，电压大部分降在 R_L 上。对谐波分量而言，f 越高，X_L 越大，电压大部分降在 L 上。因此，在负载上得到比较平滑的直流电压。

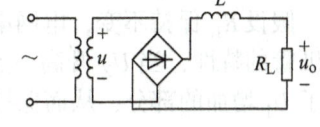

图 8-9 电感滤波电路

电感滤波电路适合于负载电流较大、对输出电压脉动程度要求不高的场合。其缺点是电感笨重、体积大，易引起电磁干扰。如果在图 8-9 的 R_L 上并联一个电容，就构成了电感电容滤波电路，如图 8-10 所示。它适合于电流较大、要求输出电压脉动较小的场合，更适用于高频电路。

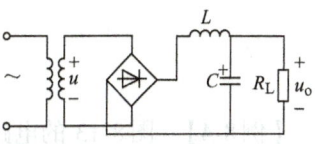

图 8-10 电感电容滤波电路

8.2.3 π 形滤波电路

图 8-11 所示为 π 形 LC 滤波电路。整流输出电压先经电容 C_1，滤除了交流成分后，再经电感 L 滤波，电容 C_2 上的交流成分极少，因此输出几乎是平直的直流电压。但由于电感

体积大、笨重、成本高、使用不便,因此在负载电流不太大而要求输出脉动很小的场合,可将电感换成电阻,即 π 形 RC 滤波电路,如图 8-12 所示。电阻 R 对交流和直流分量均产生压降,故会使输出电压下降,但只要 $R_L \gg 1/(\omega C_2)$,经电容 C_1 滤波后的输出电压绝大多数降在电阻 R_L 上。R_L 越大、C_2 越大,滤波效果越好。它主要适用于负载电流较小,又要求输出电压脉动很小的场合。

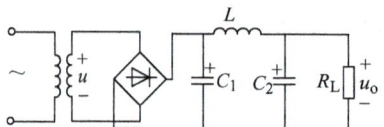

图 8-11　π 形 LC 滤波电路

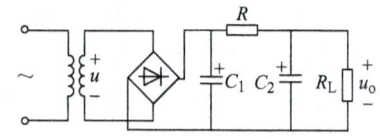

图 8-12　π 形 RC 滤波电路

8.3　稳压电路

在整流滤波电路的后面加上稳压电路,能够得到更加稳定的直流电源。稳压电路的输出电压大小基本上与电网电压、负载及环境温度的变化无关。理想的稳压器是输出阻抗为零的恒压源,实际上它是内阻很小的电压源。其内阻越小,稳压性能越好。

8.3.1　硅稳压二极管稳压电路

整流滤波后的直流电压作为稳压电路的输入电压 U_I,稳压二极管 VS 与负载电阻 R_L 并联,电阻 R 为限流电阻,这样就构成了硅稳压二极管稳压电路,如图 8-13 所示。电路中,稳压二极管两端电压 U_Z 基本恒定,而 $U_o = U_Z$,所以对于电网电压的波动和负载电阻 R_L 的变化,稳压二极管稳压电路都能起到稳压作用。

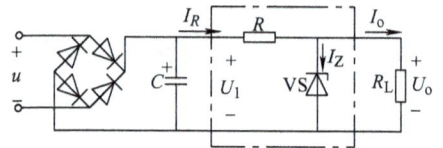

图 8-13　硅稳压二极管稳压电路

假设电网电压保持不变,当负载电阻 R_L 阻值增大时,负载电流 I_L 减小,限流电阻 R 上的压降 U_R 将会减小。由于 $U_o = U_Z = U_I - U_R$,所以导致 U_o 升高,即 U_Z 升高,这样必然使 I_Z 显著增加。由于流过限流电阻 R 的电流为 $I_R = I_Z + I_L$,这样可以使流过 R 上的电流基本不变,导致压降 U_R 基本不变,则 U_o 也就保持不变。

假设 R_L 保持不变,电网电压升高使 U_I 升高,导致 U_o 随之升高,而 $U_o = U_Z$。根据稳压二极管的特性,当 U_Z 升高一点时,I_Z 将会显著增加,这样必然使电阻 R 上的压降增大,抵消了 U_I 增加的部分,从而保持 U_o 基本不变。

选取稳压二极管时,其参数一般取

$$\begin{cases} U_Z = U_o \\ I_{ZM} = (1.5 \sim 3) I_{oM} \\ U_I = (2 \sim 3) U_o \end{cases} \tag{8-11}$$

【例 8-4】　图 8-13 的电路中,假设稳压电路的输入电压为 $U_I = 15\text{V}$、稳压二极管的输出电压为 $U_o = 12\text{V}$、稳压二极管的安全工作电流范围为 $5 \sim 50\text{mA}$、负载电阻 $R_L = 400\Omega$。求限流电阻 R 的取值范围。

【解】　由题意可知,流过负载电阻的电流为

$$I_o = \frac{U_o}{R_L} = \frac{12}{400}\text{A} = 30\text{mA}$$

因此流过限流电阻的电流的变化范围为

$$35\text{mA} \leqslant I_R \leqslant 80\text{mA}$$

限流电阻两端的电压为

$$U_R = U_I - U_o = 3\text{V}$$

于是,可求得 R 的范围为

$$\frac{3\text{V}}{80\text{mA}} \leqslant R \leqslant \frac{3\text{V}}{35\text{mA}}$$

即

$$37.5\Omega \leqslant R \leqslant 85.7\Omega$$

8.3.2 集成稳压器简介

1. 串联型稳压电路的工作原理

串联型稳压电路由采样电阻、放大电路、基准电压和调整管组成,如图 8-14 所示。所谓串联型稳压电路,就是指调整管与负载串联。在图 8-14 中,调整管 VT 工作在线性放大区,所以也称为线性稳压电路。基准电压由 R_3 和稳压二极管 VS 构成,R_1 和 R_2 是采样电阻,集成运放是放大电路。

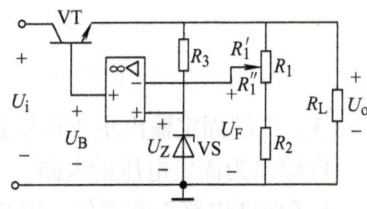

图 8-14 串联型稳压电路原理图

由图 8-14 可得

$$U_- = U_F = \frac{R_1'' + R_2}{R_1 + R_2} U_o$$

$$U_+ = U_Z$$

$$U_B = A_{uo}(U_Z - U_F)$$

当由于电源电压或负载电阻的变化使输出电压 U_o 升高时,采样电压 U_F 随着增大,则 U_B 减小,集电极电流 I_C 减小,U_{CE} 增大,使输出电压 U_o 降低,这一反馈过程使输出电压更为稳定。

2. 三端集成稳压器

三端集成稳压器有输入端、输出端和公共端(接地)3 个接线端子,所需外接元件少,使用方便,性能可靠,因此得到广泛应用。按输出电压是否可调,三端集成稳压器可分为固定式和可调式两种。它们都采用串联型稳压电路。下面主要介绍常用的 7800、7900 系列固定输出式三端集成稳压器及其应用,其外形及引脚排列如图 8-15 所示。

(1)正电压输出稳压器　常用的三端固定正电压稳压器有 7800 系列,型号中的 00 两位数表示输出电压的稳定值,分别为 5V、6V、9V、12V、15V、18V、24V。例如:7812 的输出电压为 12V,7805 输出电压为 5V。

按输出电流大小不同,又分为:CW7800 系列,最大输出电流为 1~1.5A;CW78M00 系列,最大输出电流为 0.5A;CW78L00 系列,最大输出电流为 100mA。7800 系列三端稳压器的外部引脚如图 8-15a 所示,1 脚为输入端,2 脚为输出端,3 脚为公共端。

（2）负电压输出稳压器　常用的三端固定负电压稳压器有 7900 系列，型号中的 00 两位数表示输出电压的稳定值，和 7800 系列相对应，分别为 -5V、-6V、-9V、-12V、-15V、-18V、-24V。

按输出电流不同，也分为 CW7900 系列、CW79M00 系列和 CW79L00 系列。引脚图如图 8-15b 所示，1 脚为公共端，2 脚为输出端，3 脚为输入端。

a) 7800系列　　b) 7900系列

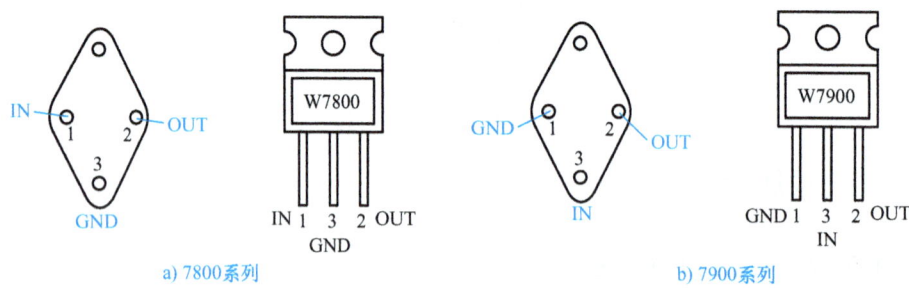

图 8-15　三端固定输出集成稳压器的外形及管脚排列

（3）三端固定输出集成稳压器的应用电路

① 输出为固定电压的电路。

为了保证电路正常工作，图 8-16 中输入与输出之间的电压不得低于 2.5~3V，C_i 用来抵消输入端接线较长时的电感效应，防止产生自激振荡，用来改善波形。一般取 0.1~1μF。C_o 是为了瞬时增减负载电流时，不致引起输出电压有较大的波动，用来改善负载的瞬态响应。一般为 1μF。

② 提高输出电压的电路。

图 8-17 中 $U_{\times\times}$ 是 W78×× 的固定输出电压，由图可见 $U_o = U_{\times\times} + U_Z$。

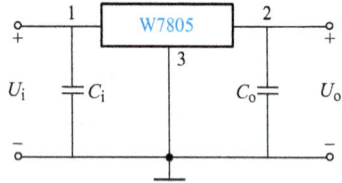

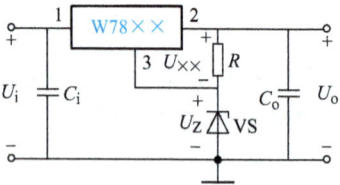

图 8-16　输出为固定电压的电路

图 8-17　提高输出电压的电路

③ 输出电压可调的电路。

根据集成运放“虚短”的性质，由图 8-18 可得

$$\frac{R_3}{R_3+R_4}U_{\times\times}=\frac{R_1}{R_1+R_2}U_o$$

$$U_o=\left(1+\frac{R_2}{R_1}\right)\frac{R_3}{R_3+R_4}U_{\times\times}$$

由此可知，通过调节 $\frac{R_2}{R_1}$ 的值，可产生变化的输出电压 U_o。

图 8-18　输出电压可调的电路

④ 输出正、负电压的电路。

图 8-19 所示的电路能够同时输出 +15V 和 -15V

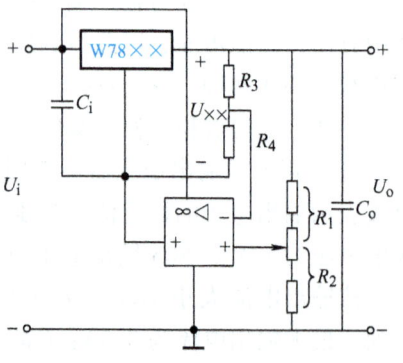

电压。

⑤ 恒流源电路。

集成稳压器输出端串联合适的电阻，就能得到恒流源电路，如图 8-20 所示。图中 $C_i = 0.33\mu F$、$C_o = 0.1\mu F$、$U_{23} = 5V$、R_L 是输出负载电阻。由图可见

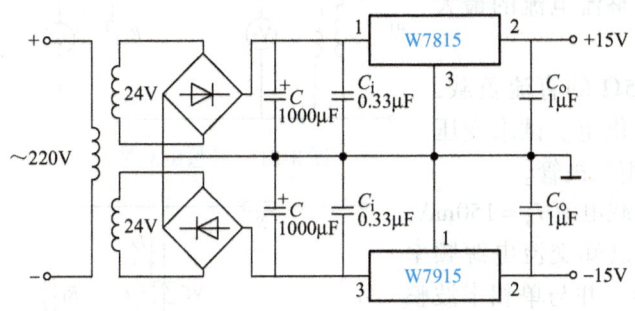

图 8-19 输出正、负电压的电路

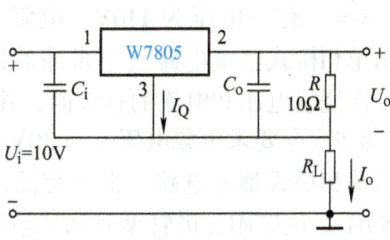

图 8-20 恒流源电路

$$I_o = \frac{U_{23}}{R} + I_Q$$

式中，I_Q 是稳压器的静态工作电流，只有当 $\frac{U_{23}}{R} \gg I_Q$ 时，输出电流 $I_o \approx \frac{U_{23}}{R}$ 才比较稳定。图 8-20 中，$\frac{U_{23}}{R} = 0.5A \gg I_Q$，所以 $I_o \approx 0.5A$，I_Q 对 I_o 的影响不大。

前面介绍了 78、79 系列集成稳压电路，这些都是固定输出的稳压电源。实际应用中还有可调的 CW117、CW217、CW317、CW337 和 CW337L 系列，使用时可查阅有关手册。

本 章 小 结

1. 单相桥式整流电路输出直流电压较高，输出波形脉动较小，应用较广。

2. 滤波电路的作用是滤掉整流电路输出电压中的交流分量，保留直流分量，减小电路的脉动系数，改善直流电压的质量，达到平滑输出电压波形的目的。组成滤波电路的主要元件是电容和电感。几种常用的滤波电路有：电容滤波电路、电感滤波电路和 π 形滤波电路。

3. 串联型稳压电路由采样电阻、放大电路、基准电压和调整管组成，它采用引入电压负反馈来稳定输出电压。

4. 三端集成稳压器可分为固定式和可调式两种。它们都采用串联型稳压电路。

思考与习题

8-1 在图 8-2 所示的单相半波整流电路中，已知变压器二次电压的有效值 $U = 30V$、负载电阻 $R_L = 100\Omega$。试求：

(1) 输出电压的平均值 U_o 和输出电流的平均值 I_o 分别为多少？

(2) 电源电压波动 ±10%，二极管承受的最高反向电压为多少？

8-2 在图 8-4 所示的单相桥式整流电路中,如果:(1) VD_3 接反;(2) 因过电压,VD_3 被击穿短路;(3) VD_3 断开。试分别说明其后果如何?

8-3 电路如图 8-21 所示,已知 $R_L = 8kΩ$、直流电压表 V 的读数为 110V。二极管的正向压降忽略不计。试求:(1) 直流电流表 A 的读数;(2) 整流电流的最大值;(3) 交流电压表 V_1 的读数。

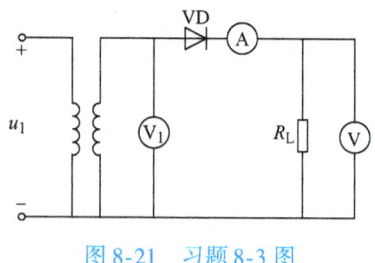

图 8-21 习题 8-3 图

8-4 有一电压为 110V、电阻为 55Ω 的直流负载,采用单相桥式整流电路(不带滤波器)供电。试求变压器二次绕组电压和电流的有效值,并选用二极管。

8-5 今要求负载电压 $U_o = 30V$、负载电流 $I_o = 150mA$,采用单相桥式整流电路、带电容滤波。已知交流电源频率为 50Hz。试选用二极管型号和滤波电容,并与单相半波整流电路比较,带电容滤波后,二极管承受的最高反向电压是否相同?

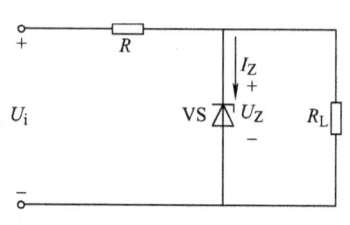

图 8-22 习题 8-6 图

8-6 图 8-22 所示为一稳压二极管稳压电路,已知 $U_i = 12V$;调整电阻 $R = 10Ω$;负载电阻 $R_L = 52Ω$;稳压二极管 VS 的稳定电压 $U_z = 10V$、最大稳定电流 $I_{zmax} = 20mA$。试计算稳压二极管的工作电流是否超过 I_{zmax},如果超过,怎么办?

8-7 在输出电压 $U_o = 9V$、负载电流 $I_o = 20mA$ 时,桥式整流电容滤波电路的输入电压(即变压器二次电压)应为多大?若电网频率为 50Hz,则滤波电容应选多大?

8-8 在图 8-12 所示的 π 形 RC 滤波电路中,已知交流电压 $U = 6V$,并且负载电压 $U_o = 6V$、负载电流 $I_o = 100mA$。试计算滤波电阻 R。

8-9 在图 8-13 所示的硅稳压二极管稳压电路中,已知稳压二极管的稳定电压 $U_z = 6V$、最小稳定电流 $I_{zmin} = 5mA$、最大稳定电流 $I_{zmax} = 40mA$;输入电压 $U_i = 15V$,波动范围为 ±10%;限流电阻 $R = 200Ω$。试问:(1) 电路是否能空载?为什么?(2) 作为稳压电路的指标,负载电流 I_o 的范围为多少?

8-10 如图 8-23 所示,已知 $R_1 = 1kΩ$、$R_2 = 3kΩ$、$R_P = 2kΩ$、$R_3 = R_4 = 3kΩ$。求输出电压 U_o 的可调范围。

8-11 如图 8-24 所示,已知 $R_1 = 1kΩ$、$R_2 = 3kΩ$、$R_P = 2kΩ$。求输出电压 U_o 的可调范围。

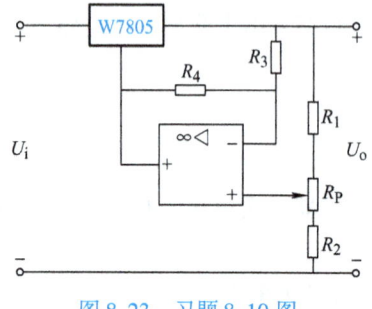

图 8-23 习题 8-10 图

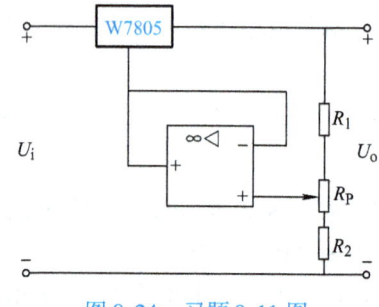

图 8-24 习题 8-11 图

8-12 如图 8-25 所示的稳压电路中，试问：
(1) 输出电压的极性和大小如何？
(2) 电容 C_1 和 C_2 的极性如何？它们的耐电压值应选多高？
(3) 负载电阻 R_L 的最小值约为多少？
(4) 如将稳压二极管 VS 接反，后果如何？

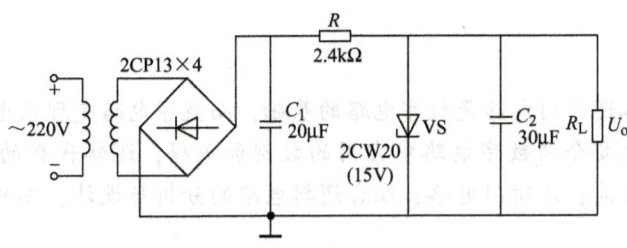

图 8-25　习题 8-12 图

第 9 章　逻辑门电路及组合逻辑电路

[本章概述]

　　逻辑代数和基本逻辑门电路是数字电路的基础，而数字电路是现代电气设备中不可缺少的重要部分。本章主要介绍数字电路中常用的数制和编码；逻辑代数的逻辑关系与逻辑运算；逻辑表达式的化简；逻辑门电路；组合逻辑电路的分析与设计；编码器和译码器的工作原理。

[知识与能力目标]

1. 掌握数制与各进制之间的相互转化。
2. 了解几种常见的编码形式。
3. 掌握基本逻辑运算与组合逻辑运算。
4. 掌握逻辑运算的化简。
5. 掌握常见集成逻辑门电路的功能及应用。
6. 能够进行组合逻辑电路的分析与设计。
7. 了解编码器和译码器的工作原理。

[相关知识链接]

9.1　数字电路基础

　　电子信号有模拟信号和数字信号两类。模拟信号是指随时间连续变化的信号，处理模拟信号的电路是模拟电路，如前面学习的交直流放大电路、集成运算放大电路、直流稳压电路等。数字信号是指随时间离散变化的信号，即随时间不连续变化的信号，处理数字信号的电路就是数字电路。

　　数字电路分为组合逻辑电路和时序逻辑电路两种。组合逻辑电路的特点是电路在任意时刻的输出状态只取决于该时刻的输入状态，而与该时刻电路的状态无关。而时序逻辑电路的特点是电路在任意时刻的输出状态不仅取决于该时刻的输入状态，还与该时刻电路的状态有关，即电路具有记忆功能。

9.1.1　数字信号

　　在数字电子技术中，数字脉冲信号表示数字量的信号，脉冲信号是指突然变化的电压或电流信号，它只有两个离散量。当有脉冲信号时，表示数字"1"，当无脉冲信号时，表示数字"0"。数字信号代表两个不同的逻辑状态，常用数字 0 和 1 来（称为逻辑 0 和逻辑 1）表示。

图 9-1 所示为一矩形脉冲信号。该信号电压只有两个值 5V 和 0V，高电平 5V 用逻辑 1 表示，低电平 0V 用逻辑 0 表示，如图 9-2 所示。

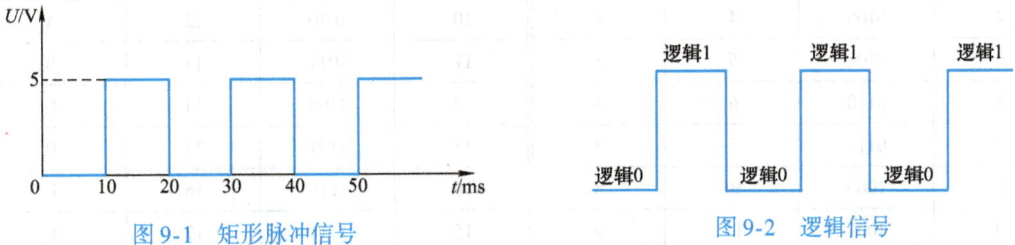

图 9-1　矩形脉冲信号　　　　　　　图 9-2　逻辑信号

数字信号是一种二值信号，用两个电平（高电平和低电平）分别来表示两个逻辑值（逻辑 1 和逻辑 0）。规定：高电平为逻辑 1，低电平为逻辑 0，称为正逻辑；低电平为逻辑 1，高电平为逻辑 0，称为负逻辑；如不加特别说明，一般按正逻辑关系表示。

9.1.2　数制与编码

数制是计数的一种方法，是进位计数制的简称，也称为进制。采用何种计数方法应根实际需要而定。

1. 常用进制

在数字电路中，常用的计数进制除十进制外，还有二进制、八进制和十六进制。

（1）十进制　十进制是以 10 为基数的计数制。在十进制中，有 0、1、2、3、4、5、6、7、8、9 十个数码，它的进位规律是<u>逢十进一</u>。在十进制数中，数码所处的位置不同时，其所代表的数值不同，如

$$3176.54 = 3 \times 10^3 + 1 \times 10^2 + 7 \times 10^1 + 6 \times 10^0 + 5 \times 10^{-1} + 4 \times 10^{-2}$$

式中，10^3、10^2、10^1、10^0 分别为整数部分千位、百位、十位、个位的位权（简称权），而 10^{-1}、10^{-2} 分别为小数部分十分位和百分位的权，权是基数 10 的位数次幂。数码与权的乘积，称为加权系数，十进制数的数值为各位加权系数之和。

（2）二进制　二进制是以 2 为基数的计数制。在二进制中，只有 0 和 1 两个数码，它的进位规律是<u>逢二进一</u>。

（3）八进制和十六进制　八进制是以 8 为基数的计数制。在八进制中，有 0、1、2、3、4、5、6、7 八个数码，它的进位规律是<u>逢八进一</u>。

十六进制是以 16 为基数的计数制。在十六进制中，有 0、1、2、3、4、5、6、7、8、9、A（10）、B（11）、C（12）、D（13）、E（14）、F（15）十六个数码，它的进位规律是逢十六进一。

表 9-1 中列出了十进制、二进制、八进制和十六进制不同数制的对照关系。

表 9-1　十进制、二进制、八进制、十六进制对照表

十进制	二进制	八进制	十六进制	十进制	二进制	八进制	十六进制
0	0000	0	0	2	0010	2	2
1	0001	1	1	3	0011	3	3

(续)

十进制	二进制	八进制	十六进制	十进制	二进制	八进制	十六进制
4	0100	4	4	10	1010	12	A
5	0101	5	5	11	1011	13	B
6	0110	6	6	12	1100	14	C
7	0111	7	7	13	1101	15	D
8	1000	10	8	14	1110	16	E
9	1001	11	9	15	1111	17	F

2. 不同数制间的转换

（1）非十进制数转换成十进制 二进制、八进制、十六进制转换成十进制时，先将它们按权展开，再求出各加权系数的和（称为按权展开求和法），便得到相应进制数对应的十进制数，如：

$$(11010.011)_2 = 1 \times 2^4 + 1 \times 2^3 + 0 \times 2^2 + 1 \times 2^1 + 0 \times 2^0 + 0 \times 2^{-1} + 1 \times 2^{-2} + 1 \times 2^{-3}$$
$$= 16 + 8 + 2 + 0.25 + 0.125 = (26.375)_{10}$$
$$(172.01)_8 = 1 \times 8^2 + 7 \times 8^1 + 2 \times 8^0 + 1 \times 8^{-2}$$
$$= 64 + 56 + 2 + 0.015625 = (122.0015625)_{10}$$
$$(4C2)_{16} = 4 \times 16^2 + 12 \times 16^1 + 2 \times 16^0 = 1024 + 192 + 2 = (1218)_{10}$$

（2）十进制数转换为非十进制数 分为整数部分和小数部分的转换，再将转换结果合并在一起，就得到十进制数转换为非十进制数的结果。

下面以十进制数转换成二进制数为例说明：

整数部分转换按照"除基数，取余法，逆排列"的原则进行转换，即：将整数逐次除2，依次记下余数，直到商为0为止。再将最后一个余数为二进制数的最高位，第一个余数为其最低位，按逆序的方式排列。

小数部分转换按照"乘基数，取整法，顺排列"的原则进行转换，即：将小数部分乘以2，乘积的小数部分继续乘以2，直到乘积的小数部分为0或达到要求的精度为止。取乘积的整数部分作为二进制数的各位，并按顺序的方式排列。

例如十进制数$(107.625)_{10}$转换成二进制数为$(1101011.101)_2$。

十进制数转换为八进制数、十六进制数的方法类同与转换为二进制数的方法。

（3）二进制数与八进制数、十六进制数间相互转换 由于八进制数的基数$8 = 2^3$，故一位八进制数与三位二进制数转换。因此，二进制数转换为八进制数的方法是：整数部分从低位开始，每三位二进制数为一组，最后不足三位的，则在高位加0补足三位；小数部分则从高位开始，每三位二进制数为一组，最后不足三位的，则在低位加0补足三位。然后用每组二进制数对应的八进制数来代替，再按顺序排列可得出结果。如二进制数$(11100101.11101011)_2 = (345.726)_8$。

由于十六进制数的基数$16 = 2^4$，故一位十六进制数与四位二制数转换。因此，二进制数转换为十六进制数的方法是：整数部分从低位开始，每四位二进制数为一组，最后不足四位的，则在高位加0补足四位；小数部分从高位开始，每四位二进制数为一组，最后不足四位的,在低位加 0 补足四位。然后用每组二进制数对应的十六进制数来代替,再按顺序排列可得出结果。如二进制数$(10011111011.111011)_2 = (4FB.EC)_{16}$。

3. 编码

在数字系统中,用二进制数码按一定规则排列起来表示某种特定含义的信息,称为二进制编码,或称二进制代码。二进制编码方式有多种,其中二-十进制编码又称为 BCD 码(Binary coded decimal),是一种最常用的二进制编码。

BCD 码是用四位二进制数来表示十进制的 0~9 十个数。由于四位二进制代码有 16 种不同的组合,从中取出 10 种组合来表示 0~9 十个数可有多种方案,所以有多种 BCD 码。表 9-2 中列出了几种常用的 BCD 码。

表 9-2 常用 BCD 码表

十进制数码	有权码				无权码
	8421BCD	5421BCD	2421（A）BCD	2421（B）BCD	余 3
0	0000	0000	0000	0000	0011
1	0001	0001	0001	0001	0100
2	0010	0010	0010	0010	0101
3	0011	0011	0011	0011	0110
4	0100	0100	0100	0100	0111
5	0101	1000	0101	1011	1000
6	0110	1001	0110	1100	1001
7	0111	1010	0111	1101	1010
8	1000	1011	1110	1110	1011
9	1001	1100	1111	1111	1100

(1) 8421BCD 码　这种代码每一位的权值是固定不变的,为有权码。它取了四位自然二进制数的前 10 种组合,即 0000~1001,从高位到低位的权值分别为 8、4、2、1,所以称为 8421BCD 码。

(2) 5421BCD 码和 2421BCD 码　这两种也是有权码,从高位到低位的权值分别是 5、4、2、1 和 2、4、2、1。2421(A)码和 2421(B)码的编码状态不完全相同,从表 9-2 可看出: 2421(B)码具有互补性,0 和 9、1 和 8、2 和 7、3 和 6、4 和 5 这五对代码互为反码。

(3) 余 3 码　这种代码没有固定的权,为无权码,它比 8421BCD 码多余 3(0011),所以称为余 3 码。由表 9-2 可看出: 0 和 9、1 和 8、2 和 7、3 和 6、4 和 5 这五对代码互为反码。

BCD 码用四位二进制数表示的只是十进制数的一位,如果是多位,应先将每一位用 BCD 码表示,然后组合起来。

还有一种常用的二进制编码——格雷码,它是一种无权码。表 9-3 所示为典型四位格雷码的编码顺序。其编码原则是按照"相邻原则"进行编码,即任意两组相邻代码之间只有一位不同,其余各位都相同,而 0 和最大数 (2^n-1) 之间也只有一位不同。因此,它是一种循环码。格雷码的这个特性使它在形成和传输过程中引起的误差较小。如计数电路按格雷码计数时，电路每次状态更新只有一位代码变化，从而减少了计数错误。

表 9-3　格雷码与十进制数码关系对照表

十进制数码	格雷码	十进制数码	格雷码
0	0000	8	1100
1	0001	9	1101
2	0011	10	1111
3	0010	11	1110
4	0110	12	1010
5	0111	13	1011
6	0101	14	1001
7	0100	15	1000

另外，还有一种用来检验二进制信息在传送过程中出现错误的代码——奇偶校检码，表 9-4 所示为 8421 奇偶校验码。它由两部分组成：一部分是需要传送的信息本身，为位数不限的二进制代码；另一部分为奇偶校检位，它的作用是使信息码与校验位中 1 的总数为奇数或偶数。1 的总数为奇数称奇校验；1 的总数为偶数称偶校验。如奇校验码在传送中多一个或少一个 1 时，就会出现 1 的个数为偶数，即信息传送过程中出现错误。同理，偶校验码在传送过程中出现的错误也会被发现。奇偶校验码只能发现传输过程中出现错误，但由于不能发现是哪一位出现的错误，因此不能改正错误。

表 9-4　8421 奇偶校验码

十进制数码	8421 奇校验码		8421 偶校验码	
	信息码	校验位	信息码	校验位
0	0000	1	0000	0
1	0001	0	0001	1
2	0010	0	0010	1
3	0011	1	0011	0
4	0100	0	0100	1
5	0101	1	0101	0
6	0110	1	0110	0
7	0111	0	0111	1
8	1000	0	1000	1
9	1001	1	1001	0
10	1010	1	1010	0
11	1011	0	1011	1
12	1100	1	1100	0
13	1101	0	1101	1
14	1110	0	1110	1
15	1111	1	1111	0

9.1.3 逻辑代数的基础知识

逻辑代数又称布尔代数，它是由英国数学家乔治·布尔于 19 世纪中叶首先提出并用于描述客观事物逻辑关系的数学方法，后来用于继电器开关电路的分析和设计，现被广泛用于数字逻辑电路和数字系统中，成为逻辑电路分析和设计的有力工具。

逻辑关系是指客观事物之间的因果关系，在数字电路中是指输入与输出的关系。逻辑关系常用逻辑功能、真值表、逻辑函数（逻辑表达式）、逻辑图、波形图等描述。基本的逻辑关系有与、或、非，由基本逻辑关系组合在一起称为复合逻辑关系，或称组合逻辑关系。

1. 基本逻辑运算

逻辑代数中有三种基本逻辑运算：与、或、非。

（1）与运算　只有当决定一件事情的条件全部都具备时，事情才会发生，这种因果关系称为与逻辑，如图 9-3a 所示为串联开关电路。

如图 9-3b 所示，用列表的方式将开关与灯的各种状态来表示其逻辑关系，称为逻辑状态表。如果用二值逻辑 0 和 1 来表示开关与灯的各种状态，设 1 表示开关闭合或灯亮，0 表示开关不闭合或灯不亮，则得到如图 9-3c 所示的表格，称为逻辑真值表。

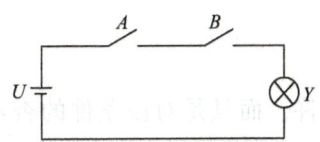

a) 电路图

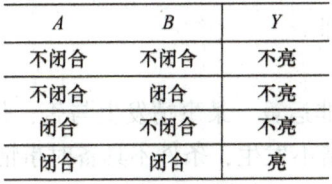

A	B	Y
不闭合	不闭合	不亮
不闭合	闭合	不亮
闭合	不闭合	不亮
闭合	闭合	亮

b) 逻辑状态表

A	B	Y
0	0	0
0	1	0
1	0	0
1	1	1

c) 逻辑真值表

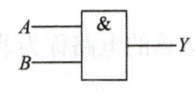

d) 逻辑符号

图 9-3　与逻辑关系

由真值表可得出逻辑变量 A、B 的取值与函数 Y 的取值之间的关系式，称为逻辑函数或逻辑表达式。

$$Y = A \cdot B = AB \tag{9-1}$$

式中的"·"表示逻辑乘，可省略不写。

能实现与运算的电路称为与门电路，其逻辑符号如图 9-3d 所示。对于多变量的逻辑乘可写成

$$Y = A \cdot B \cdot C \cdots$$

（2）或运算　当决定一件事情的几个条件中，只要有一个或一个以上的条件具备，这件事情就会发生，这种因果关系称为或逻辑，如图 9-4a 所示为开关并联电路。

或运算的逻辑状态表如图 9-4b 所示，逻辑真值表如图 9-4c 所示。若用逻辑表达式来描述，则可写为

$$Y = A + B \tag{9-2}$$

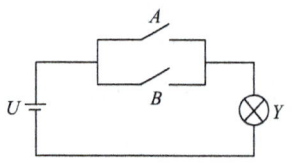

a) 电路图

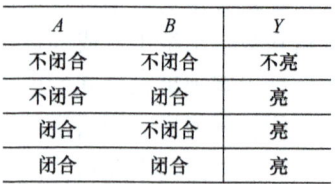

b) 逻辑状态表

A	B	Y
0	0	0
0	1	1
1	0	1
1	1	1

c) 逻辑真值表

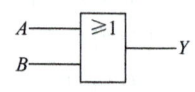

d) 逻辑符号

图 9-4　或逻辑关系

能实现或运算的电路称为或门电路，其逻辑符号如图 9-4d 所示。或运算也可以推广到多变量，即

$$Y = A + B + C \cdots$$

（3）非运算　某事情发生与否，仅取决于一个条件，而且是对该条件的否定，即条件具备时事情不发生，条件不具备时事情才发生。

如图 9-5a 所示的电路，当开关 A 闭合时，灯不亮；而当开关 A 不闭合时，灯亮。其逻辑状态表如图 9-5b 所示，逻辑真值表如图 9-5c 所示。若用逻辑表达式来描述，则可写为

$$Y = \overline{A} \tag{9-3}$$

能够实现非运算的电路称为非门电路，其逻辑符号如图 9-5d 所示。

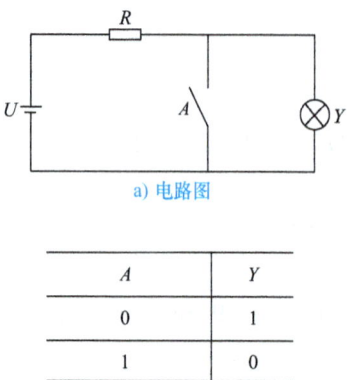

a) 电路图

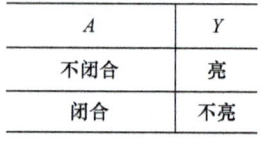

b) 逻辑状态表

A	Y
0	1
1	0

c) 逻辑真值表

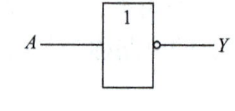

d) 逻辑符号

图 9-5　非逻辑关系

2. 组合逻辑运算

任何复杂的逻辑运算都可以由三种基本逻辑运算组合而成。由三种基本逻辑运算组合而成的逻辑运算称为组合逻辑运算。下面介绍几种常用的组合逻辑运算。

（1）与非运算　与非运算是先与后非的运算，如图9-6所示。逻辑表达式为

$$Y = \overline{AB} \tag{9-4}$$

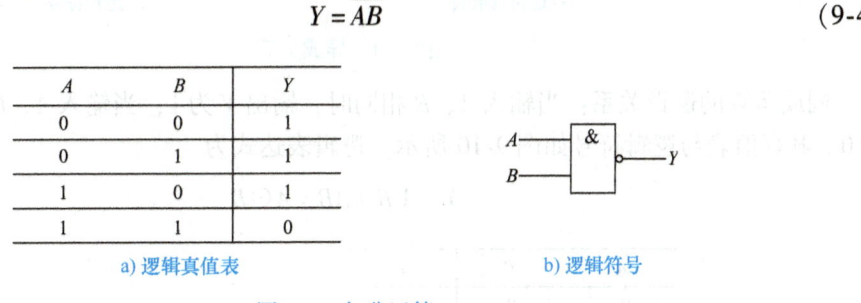

图 9-6　与非运算

（2）或非运算　或非运算是先或后非的运算，如图9-7所示。逻辑表达式为

$$Y = \overline{A + B} \tag{9-5}$$

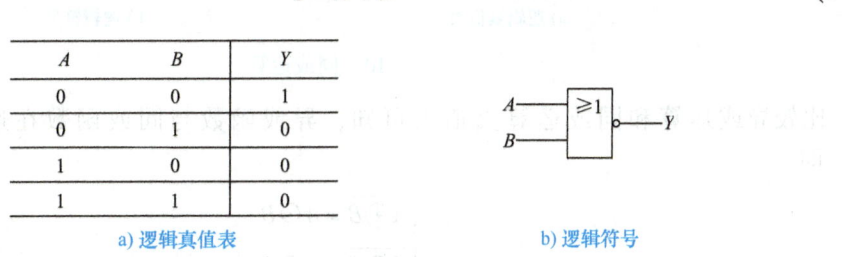

图 9-7　或非运算

（3）与或非运算　与或非运算是先与后或再非的运算，它的逻辑符号如图9-8b所示，图9-8a是用基本逻辑门符号表示的逻辑关系图，称为逻辑图。逻辑图是描述逻辑函数的一种形式。其逻辑表达式为

$$Y = \overline{AB + CD} \tag{9-6}$$

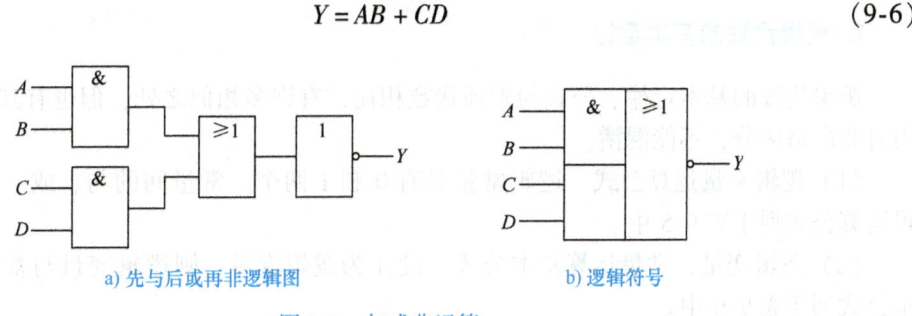

图 9-8　与或非运算

（4）异或运算和同或运算　异或运算的逻辑关系：当输入 A、B 相异时，输出 Y 为1；当输入 A、B 相同时，输出 Y 为0。其真值表与逻辑符号如图9-9所示，逻辑表达式为

$$Y = \overline{A}B + A\overline{B} = A \oplus B \tag{9-7}$$

A	B	Y
0	0	0
0	1	1
1	0	1
1	1	0

a) 逻辑真值表

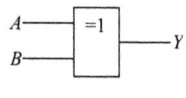

b) 逻辑符号

图 9-9 异或运算

同或运算的逻辑关系：当输入 A、B 相同时，输出 Y 为 1；当输入 A、B 相异时，输出 Y 为 0。其真值表与逻辑符号如图 9-10 所示，逻辑表达式为

$$Y = \overline{A}\,\overline{B} + AB = A \odot B \tag{9-8}$$

A	B	Y
0	0	1
0	1	0
1	0	0
1	1	1

a) 逻辑真值表

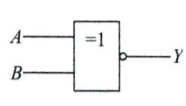

b) 逻辑符号

图 9-10 同或运算

比较异或运算和同或运算真值表可知，异或函数与同或函数在逻辑上互为反函数，即

$$\begin{cases} \overline{A \oplus B} = A \odot B \\ \overline{A \odot B} = A \oplus B \end{cases} \tag{9-9}$$

9.1.4 逻辑代数的基本定律与规则

逻辑代数和普通代数一样，有一套完整的运算规则，包括公理、定理和定律，它们是化简、变换逻辑函数式以及分析与设计逻辑电路的重要工具。

1. 逻辑代数的基本定律

逻辑代数的基本定律、公式与普通代数相比，有许多相似之处，但也有其独特之点，运用时要严格区分，不能混淆。

（1）逻辑常量运算公式　逻辑常量只有 0 和 1 两个。常量间的与、或、非三种基本逻辑运算公式列于表 9-5 中。

（2）逻辑变量、常量运算基本公式　设 A 为逻辑变量，则逻辑变量与常量间的运算基本公式列于表 9-6 中。

2. 逻辑代数的基本定律

逻辑代数的基本定律有交换律、分配律、结合律、吸收律和摩根定律，它们分别列于表 9-7 中。

表 9-5 逻辑常量运算公式

与运算	或运算	非运算
$0 \cdot 0 = 0$	$0 + 0 = 0$	
$0 \cdot 1 = 0$	$0 + 1 = 1$	$\overline{0} = 1$
$1 \cdot 0 = 0$	$1 + 0 = 1$	$\overline{1} = 0$
$1 \cdot 1 = 1$	$1 + 1 = 1$	

表 9-6 逻辑变量、常量运算基本公式

与运算	或运算	非运算
$A \cdot 0 = 0$	$A + 0 = A$	
$A \cdot 1 = A$	$A + 1 = 1$	$\overline{\overline{A}} = A$
$A \cdot A = A$	$A + A = A$	
$A \cdot \overline{A} = 0$	$A + \overline{A} = 1$	

摩根定律又称为反演律,摩根定律可推广到多个变量,其逻辑式为

$$\begin{cases} \overline{ABC\cdots} = \overline{A} + \overline{B} + \overline{C} + \cdots \\ \overline{A + B + C + \cdots} = \overline{A} \cdot \overline{B} \cdot \overline{C} \cdots \end{cases} \quad (9\text{-}10)$$

【例 9-1】 证明吸收律 $AB + \overline{A}C + BC = AB + \overline{A}C$。

证明 $AB + \overline{A}C + BC = AB + \overline{A}C + BC(A + \overline{A}) = AB + \overline{A}C + ABC + \overline{A}BC$
$= AB(1 + C) + \overline{A}C(1 + B) = AB + \overline{A}C$

表 9-7 逻辑代数的基本定律

名称	公式
交换律	$AB = BA$
	$A + B = B + A$
结合律	$ABC = (AB)C = A(BC)$
	$A + B + C = (A + B) + C = A + (B + C)$
分配律	$A(B + C) = AB + AC$
	$A + BC = (A + B)(A + C)$
吸收律	$AB + A\overline{B} = A$
	$A + AB = A$
	$A + \overline{A}B = A + B$
	$AB + \overline{A}C + BC = AB + \overline{A}C$
摩根定律	$\overline{AB} = \overline{A} + \overline{B}$
	$\overline{A + B} = \overline{A} \cdot \overline{B}$

3. 逻辑代数的基本规则

(1) 代入规则 对于任一个含有变量 A 的逻辑等式,都可以将等式两边的所有变量 A 用同一个逻辑函数替代,替代后等式仍然成立,这个规则称为<u>代入规则</u>。

利用代入规则,可以把基本定律加以推广。如基本定律 $A + \overline{A}B = A + B$,用 $\overline{A}$ 替代 A 后,则有 $\overline{A} + AB = \overline{A} + B$,这可以看作是原基本定律的一种变形,这种变形可以扩大基本定律的应用。

【例 9-2】 已知 $\overline{AB} = \overline{A} + \overline{B}$,试证明用 BC 替代 B 后,等式仍然成立。

证明 左式 $= \overline{A(BC)} = \overline{A} + \overline{BC} = \overline{A} + \overline{B} + \overline{C}$
右式 $= \overline{A} + \overline{BC} = \overline{A} + \overline{B} + \overline{C}$
故 左式 = 右式

(2) 反演规则 对任何一个逻辑函数式 Y,如果将式中所有的"·"换成"+","+"换成"·","0"换成"1","1"换成"0",原变量换成反变量,反变量换成原变量,则可得到原逻辑函数 Y 的反函数 $\overline{Y}$,这种变换原则称为<u>反演规则</u>。

在应用反演规则时必须注意以下两点:一是变换前后的运算优先顺序保持不变,必要时可加括号表明运算的先后顺序。二是反变量换成原变量或原变量换成反变量时,只对单个变量有效。

反演规则常用于求一个已知逻辑函数的反函数。

【例 9-3】 已知逻辑函数 $Y = A\overline{B} + \overline{A}B$,试用反演规则求反函数 $\overline{Y}$。

【解】 根据反演规则，可写出

$$\overline{Y} = (\overline{A} + B) \cdot (A + \overline{B}) = \overline{A}A + \overline{A}\,\overline{B} + AB + B\overline{B} = \overline{A}\,\overline{B} + AB$$

这个例子证明了同或等于异或非。

(3) 对偶规则　对任何一个逻辑函数式 Y，如果把式中所有的"·"换成"+"，"+"换成"·"，"0"换成"1"，"1"换成"0"，这样就得到一个新的逻辑函数式 Y'，则 Y 和 Y' 是互为对偶式，这种变换原则称为对偶规则。对偶变换要注意变换前后运算的先后顺序保持不变。对偶规则的意义在于：若两个函数式相等，则它们的对偶式也一定相等。即将逻辑等式两边同时进行对偶变换，得到的对偶式仍然相等。

利用对偶规则可以将基本定律和公式扩大，表 9-8 中列出一些基本定律的对偶式，这些对偶式也可作为基本定律加以应用，只需记住一边的公式就可以了。

表 9-8　一些常用基本定律、公式的对偶式

基本定律		对偶式
分配律	$A + BC = (A + B)(A + C)$	$A(B + C) = AB + AC$
吸收律	$AB + A\overline{B} = A$	$(A + B)(A + \overline{B}) = A$
	$A + AB = A$	$A(A + B) = A$
	$A + \overline{A}B = A + B$	$A(\overline{A} + B) = AB$
	$AB + \overline{A}C + BC = AB + \overline{A}C$	$(A + B)(\overline{A} + C)(B + C) = (A + B)(\overline{A} + C)$
摩根定律	$\overline{AB} = \overline{A} + \overline{B}$	$\overline{A + B} = \overline{A} \cdot \overline{B}$
	$\overline{A + B} = \overline{A} \cdot \overline{B}$	$\overline{AB} = \overline{A} + \overline{B}$

9.1.5　逻辑函数的化简

进行逻辑设计时，根据逻辑问题分析总结出逻辑函数式，其逻辑函数式可以有不同的形式，且往往不是最简逻辑函数式。因此，实现这些逻辑函数就会有不同的逻辑电路。对逻辑函数进行化简和变换，可以得到最简的逻辑函数式和所需要的形式，设计出最简洁的逻辑电路。这对于节省元器件，优化生产工艺，降低成本和提高系统的可靠性，提高产品在市场的竞争力具有非常重要的意义。

逻辑函数的表达式有多种形式，且可以相互转换，最常用的是与或式，其他形式的最简式可根据最简与或式变换得到。最简与或式的标准是：

1) 逻辑函数式中的乘积项（与项）的个数最少。
2) 每个乘积项中的变量数最少。

化简逻辑函数的方法通常有公式法和卡诺图法两种。

1. 公式法

综合运用逻辑代数的基本定律和公式，消去逻辑函数中的多余项或多余因子，得到最简与或式的方法称为代数化简法，也称为公式化简法。基本的化简方法有以下几种：

(1) 并项法　运用 $A + \overline{A} = 1$，将两项合并为一项，同时消去一个变量。如

$$A\,\overline{B}C + A\,\overline{B}\,\overline{C} = A\,\overline{B}(C+\overline{C}) = A\,\overline{B}$$

(2) 吸收法　运用吸收律 $A + \overline{A}B = A + B$ 和 $AB + \overline{A}C + BC = AB + \overline{A}C$，消去多余项。如

$$ABC + \overline{A}D + \overline{C}D + BD = ABC + (\overline{A}+\overline{C})D + BD$$
$$= ABC + \overline{AC}D + BD = ABC + \overline{AC}D = ABC + \overline{A}D + \overline{C}D$$

(3) 消去法　运用吸收律 $A + \overline{A}B = A + B$，消去多余因子。如

$$AB + \overline{A}C + \overline{B}C = AB + (\overline{A}+\overline{B})C = AB + \overline{AB}C = AB + C$$

(4) 配项法　在不能直接运用公式、定律化简时，可通过乘 $A + \overline{A} = 1$ 或加入零项 $A\overline{A} = 0$ 进行配项后再化简。如

$$A\,\overline{C} + B\,\overline{C} + \overline{A}C + \overline{B}C = A\,\overline{C}(B+\overline{B}) + B\,\overline{C} + \overline{A}C + \overline{B}C(A+\overline{A})$$
$$= AB\,\overline{C} + A\,\overline{B}\,\overline{C} + B\,\overline{C} + \overline{A}C + A\,\overline{B}C + \overline{A}\,\overline{B}C$$
$$= B\,\overline{C}(1+A) + \overline{A}C(1+\overline{B}) + A\,\overline{B}(\overline{C}+C)$$
$$= B\,\overline{C} + \overline{A}C + A\,\overline{B}$$

【例 9-4】 化简逻辑式 $Y = AB + A\,\overline{C} + \overline{B}C + B\,\overline{C} + \overline{B}D + B\,\overline{D} + ADE$。

【解】 $Y = AB + A\,\overline{C} + \overline{B}C + B\,\overline{C} + \overline{B}D + B\,\overline{D} + ADE$

$= A(B+\overline{C}) + \overline{B}C + B\,\overline{C} + \overline{B}D + B\,\overline{D} + ADE$　（运用分配律 $A(B+C) = AB+AC$）

$= A\,\overline{\overline{B}C} + \overline{B}C + B\,\overline{C} + \overline{B}D + B\,\overline{D} + ADE$　（运用摩根定律 $\overline{AB} = \overline{A}+\overline{B}$）

$= A + \overline{B}C + B\,\overline{C} + \overline{B}D + B\,\overline{D} + ADE$　（运用吸收律 $A + \overline{A}B = A+B$,消去 $\overline{B}C$ 项）

$= A + \overline{B}C + B\,\overline{C} + \overline{B}D + B\,\overline{D}$　（运用吸收律 $A + AB = A$,消去因子 ADE）

$= A + \overline{B}C(D+\overline{D}) + B\,\overline{C} + \overline{B}D + B\,\overline{D}(C+\overline{C})$　（运用 $A+\overline{A}=1$ 进行配项）

$= A + \overline{B}CD + \overline{B}C\,\overline{D} + B\,\overline{C} + \overline{B}D + BC\,\overline{D} + B\,\overline{C}\,\overline{D}$

$= A + \overline{B}D(C+1) + B\,\overline{C}(1+\overline{D}) + C\,\overline{D}(B+\overline{B})$

$= A + \overline{B}D + B\,\overline{C} + C\,\overline{D}$

代数法化简逻辑函数具有简单方便、灵活多变的特点，但必须熟练掌握和灵活运用逻辑代数的基本公式和基本定律，而且还需要有一定的技巧，并不易判断是否化简到最简式。为更好地进行逻辑函数的化简，还需要掌握卡诺图化简法。

2. 逻辑函数的卡诺图化简法

卡诺图是逻辑函数式的图解化简法。它克服了代数化简法对最终化简结果难以确定等缺点，卡诺图化简法具有确定的化简步骤，能比较方便地获得逻辑函数的最简与或式。

(1) 最小项　在 n 个变量的逻辑函数中，如乘积项中包含了全部变量，且每个变量在该乘积项中以原变量或反变量的形式只出现一次，则该乘积项称为逻辑函数的最小项。n 个变量的全部最小项共有 2^n 个。

为了书写方便，用 m 表示最小项，其下标为最小项的编号。编号的方法是：最小项中

的原变量取 1，反变量取 0，则最小项取值为一组二进制数，其对应的十进制数为该最小项的编号，如三变量所有最小项的编号，如表 9-9 所示。

（2）标准与或式 由最小项构成的与或表达式称为标准与或表达式，简称标准与或式。如 $Y = A\overline{B}C + A\overline{B}\,\overline{C}$。一般的与或式可通过 $A + \overline{A} = 1$，进行配项变换成标准与或式。

表 9-9 三变量最小项表

A	B	C	最小项	简记符号
0	0	0	$\overline{A}\,\overline{B}\,\overline{C}$	m_0
0	0	1	$\overline{A}\,\overline{B}C$	m_1
0	1	0	$\overline{A}B\overline{C}$	m_2
0	1	1	$\overline{A}BC$	m_3
1	0	0	$A\overline{B}\,\overline{C}$	m_4
1	0	1	$A\overline{B}C$	m_5
1	1	0	$AB\overline{C}$	m_6
1	1	1	ABC	m_7

【例 9-5】 将与或式 $Y = AB + \overline{B}C$ 转化为标准与或式。

【解】 $Y = AB + \overline{B}C = AB\,(C + \overline{C}) + \overline{B}C\,(A + \overline{A})$
$= ABC + AB\overline{C} + A\overline{B}C + \overline{A}\,\overline{B}C$

如果一个逻辑函数是标准与或式，则可以用卡诺图非常方便地表示出来。

（3）卡诺图 由表示最小项的小方格按相邻原则排列在一起就构成最小项方块图，称为最小项卡诺图，简称卡诺图。

所谓相邻原则，是指相邻的最小项单元格只有一个变量互为反变量，其余各变量都相同。它具有几何相邻和逻辑相邻的特点。几何相邻是指一是相近，即靠在一起；二是相对，在同一行或同一列的两端；三是相重，对折起来位置重合。逻辑相邻是指任意两个相邻项只有一个变量不同，其余均相同。

卡诺图中的小方格的个数等于最小项总数，即变量个数为 n 时，小方格数为 2^n 个。例如：$n = 3$，小方格数为 $2^3 = 8$；$n = 4$，小方格数 $2^4 = 16$。图 9-11 所示为常见的二至四个变量的卡诺图。

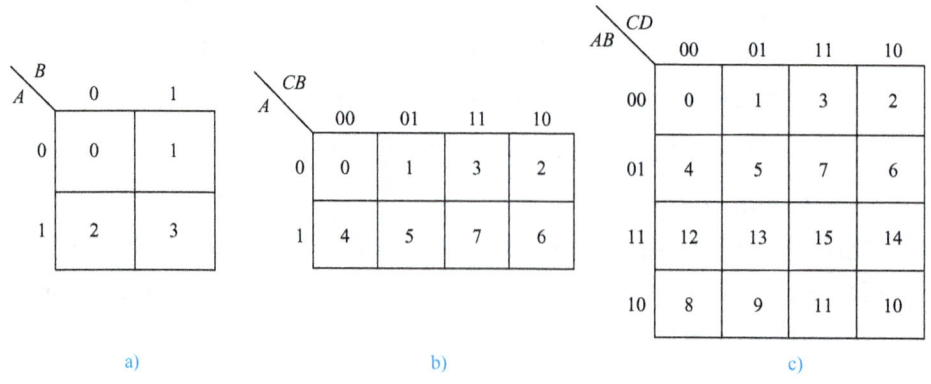

图 9-11 二至四变量的卡诺图

如果已知一个逻辑函数的标准与或式中各最小项，则在卡诺图中对应方格内填入 1，其余方格内填入 0 或不填，就得到表示该逻辑函数的卡诺图。

（4）用卡诺图化简逻辑函数的步骤

第一步：将逻辑函数表达式化成与或式；

第二步：再将与或式化成标准与或式；

第三步：画出逻辑函数的卡诺图；

第四步：画出相邻最小项（相邻项），即将相邻为 1 的方格用包围圈圈起来，直到所有为 1 的方格圈完为止。画相邻项的原则是：

① 每个相邻项内方格数只能是 2^n（$n = 0, 1, 2\cdots$）。
② 为避免画出多余的包围圈，在新画的包围圈中必须有一个新的 1 方格。
③ 相邻项的个数尽量少。
④ 相邻项内方格数尽量多。

第五步：合并化简相邻项，将每个相邻项中不同变量去掉，只保留相同变量，得到一个与项（合并 2^n 个方格的相邻项时，可消去 n 个变量）；再将各与项相加，便得到逻辑函数的最简与或式。

【例 9-6】 用卡诺图化简逻辑函数 $Y = \overline{A}\,\overline{B}CD + \overline{A}B\,\overline{C}\,\overline{D} + A\,\overline{C}D + ABC + BD$。

【解】 （1）将逻辑函数化成标准与或式：

$$Y = \overline{A}\,\overline{B}CD + \overline{A}B\,\overline{C}\,\overline{D} + \overline{A}B\,\overline{C}D + \overline{A}BCD + AB\,\overline{C}D + ABC\,\overline{D} + ABCD + A\,\overline{B}CD$$

(2) 画逻辑函数卡诺图，将各最小项在卡诺图的相应方格内填 1。
(3) 画出相邻最小项，注意不要画出多余的相邻项，如图 9-12 所示。

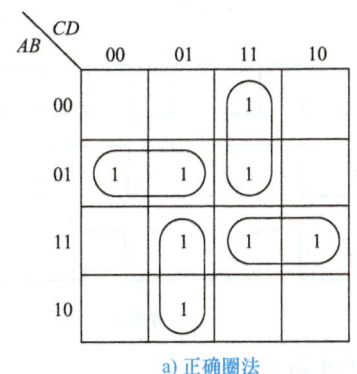 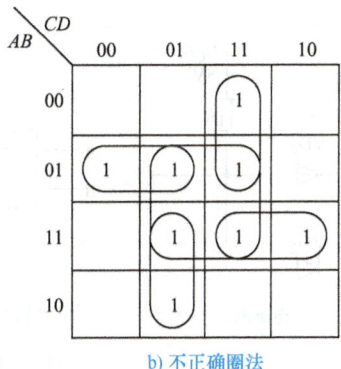

a) 正确圈法　　　　　　　　　　　　b) 不正确圈法

图 9-12　【例 9-6】逻辑函数卡诺图

(4) 合并化简，写出逻辑函数的最简与或式

$$Y = \overline{A}B\,\overline{C} + \overline{A}CD + A\,\overline{C}D + ABC$$

【例 9-7】 已知某逻辑函数卡诺图如图 9-13 所示。试写出其最简与或式。

【解】 观察该卡诺图，发现只有两个 0 方格，其余均为 1 方格，因此可以采用包围相邻 0 方格的方法写逻辑表达式，但这个逻辑表达式为所求逻辑函数 Y 的反函数 $\overline{Y}$，只要再求反一次即可得到原函数。如图 9-13 所示圈 0 方格后，写出反函数为 $\overline{Y} = ABC$，求反后得原函数为

$$Y = \overline{\overline{Y}} = \overline{ABC} = \overline{A} + \overline{B} + \overline{C}$$

该例子说明，当 0 方格较少时，采用圈 0 方格的方法来求逻辑函数的最简与或式可能更简单些。在实

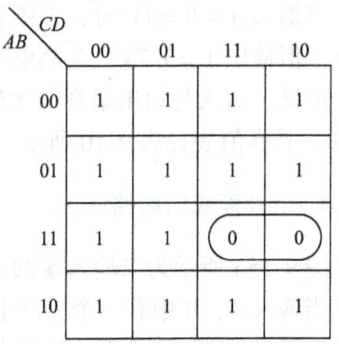

图 9-13　【例 9-7】逻辑函数的卡诺图

际化简时,应灵活运用。

9.2 门电路

9.2.1 分立元器件门电路

在集成技术迅速发展和广泛运用的今天,分立元器件门电路已经很少使用,但集成门电路是以分立元器件门电路为基础,是对分立元器件门电路改造演变而来的,了解分立元器件门电路的工作原理,有助于学习和掌握集成门电路。分立元器件门电路主要有二极管和晶体管门电路两类。

1. 二极管与门电路

图 9-14a 所示为二输入端的与门电路,图 9-14b 为其逻辑符号,图 9-14c 为波形图。设输入高电平 $U_{IH} = 3V$,低电平 $U_{IL} = 0V$,二极管的正向压降 $U_D = 0.7V$。下面分析它的逻辑功能。

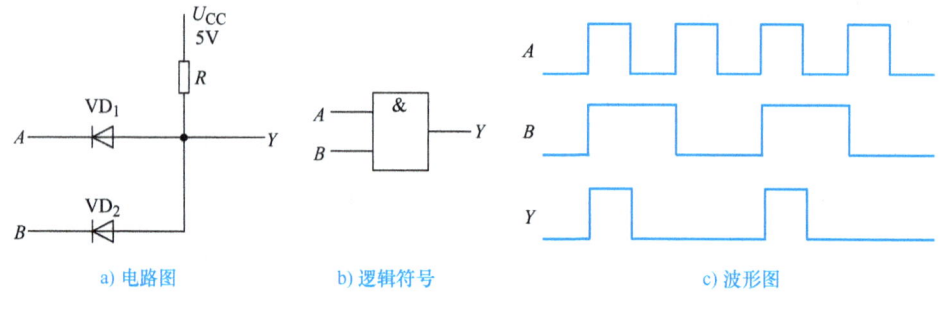

a) 电路图   b) 逻辑符号   c) 波形图

图 9-14 二极管与门电路

当输入 $A = B = 0V$ 时,二极管 VD_1 和 VD_2 都导通,输出 $Y = 0.7V$,为低电平;

当输入 $A = 0V$、$B = 3V$ 时,VD_1 导通,VD_2 反偏截止,输出 $Y = 0.7V$;

当输入 $A = 3V$、$B = 0V$ 时,VD_1 反偏截止,VD_2 导通,输出 $Y = 0.7V$,为低电平;

当输入 $A = B = 3V$ 时,二极管 VD_1 和 VD_2 都截止,但输出 $Y = 3.7V$,为高电平。

可见,输入与输出呈现与逻辑关系,即 $Y = A \cdot B$,其真值表如表 9-10 所示。

表 9-10 与门的真值表

输入		输出
A	B	Y
0	0	0
0	1	0
1	0	0
1	1	1

2. 二极管或门电路

图 9-15a 所示为二输入端的或门电路,图 9-15b 为其逻辑符号,图 9-15c 为波形图。

当输入 A、B 中有一个为高电平 3V 时,输出 Y 便为高电平 2.3V;只有当输入 A、B 都为低电平 0V 时,输出 Y 才为低电平 0V。因此,输入与输出呈现或逻辑关系,即 $Y = A + B$。

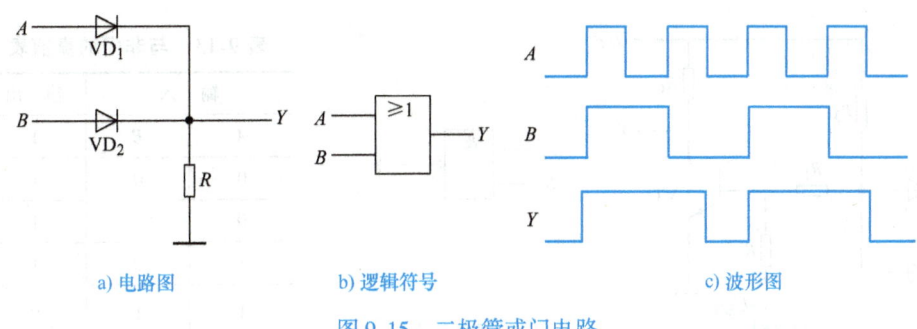

图 9-15 二极管或门电路

其真值表如表 9-11 所示。

3. 晶体管非门电路

图 9-16a 所示为非门电路，图 9-16b 为其逻辑符号，图 9-16c 为工作波形图。

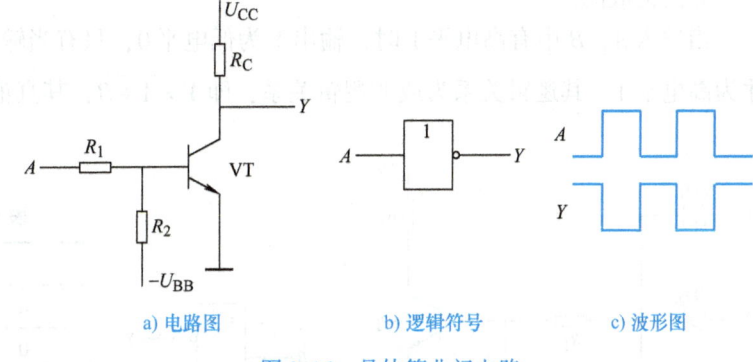

a) 电路图　　　　　　b) 逻辑符号　　　　　　c) 波形图

图 9-16　晶体管非门电路

表 9-11　或门的真值表

输入		输出
A	B	Y
0	0	0
0	1	1
1	0	1
1	1	1

当输入 A 为低电平 0 时，基射间的电压 $u_{BE}=0V$，晶体管 VT 截止，输出 Y 为高电平 1；当输入 A 为高电平 1 时，合理选择 R_1 和 R_2，使晶体管 VT 工作在饱和状态，输出 Y 为低电平 0。输入与输出呈现逻辑非关系，即 $Y=\overline{A}$，其真值表如表 9-12 所示。

由于非门的输出信号和输入反相，故非门又称反相器。

表 9-12　非门的真值表

输入	输出
A	Y
0	1
1	0

4. 与非门电路

图 9-17a 所示为与非门电路，图 9-17b 为其逻辑符号。它是在二极管与门的输出端级联一个非门构成的。它的逻辑功能是依靠与门的输出信号控制非门的工作状态来实现的。

当输入 A、B 中有低电平 0 时，输出 Y 为高电平 1；只有当输入 A、B 都为高电平 1 时，输出 Y 才为低电平 0。其逻辑功能为与非逻辑关系，即 $Y=\overline{A \cdot B}$，其真值表如表 9-13 所示。

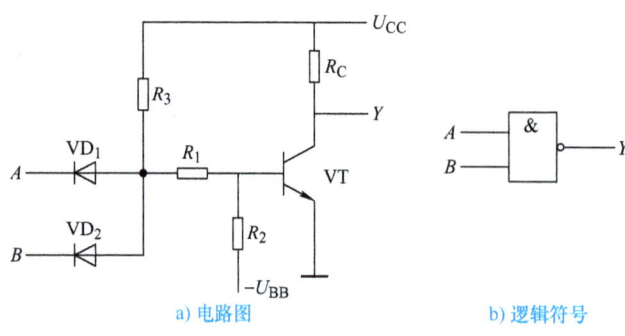

a) 电路图　　　　　　　b) 逻辑符号

图 9-17　与非门电路及其逻辑符号

表 9-13　与非门的真值表

输入		输出
A	B	Y
0	0	1
0	1	1
1	0	1
1	1	0

5. 或非门电路

图 9-18a 所示为或非门电路，图 9-18b 为其逻辑符号。它是在二极管或门的输出端级联一个非门构成的。

当输入 A、B 中有高电平 1 时，输出 Y 为低电平 0，只有当输入全为低电平 0 时，输出 Y 才为高电平 1。其逻辑关系为或非逻辑关系，即 $Y = \overline{A + B}$，其真值表如表 9-14 所示。

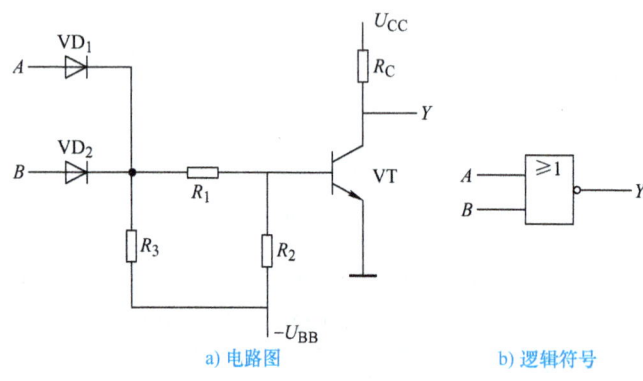

a) 电路图　　　　　　　b) 逻辑符号

图 9-18　或非门电路及其逻辑符号

表 9-14　或非门的真值表

输入		输出
A	B	Y
0	0	1
0	1	0
1	0	0
1	1	0

9.2.2　TTL 集成门电路

集成逻辑门电路与分立元器件门电路相比，具有高可靠性和微型性等特点，最基本的集成逻辑门电路有与、或、非三种，以及由它们组成的与非、或非等门电路，其中应用最普遍的是与非门电路，它主要有 TTL 和 CMOS 与非门电路。

1. TTL 集成逻辑电路结构

图 9-19a 所示为 TTL 与非门电路的基本结构，该电路由输入级、中间级和输出级三部分构成。输入级由多发射极晶体管 VT_1 和电阻 R_1 组成。多发射极晶体管 VT_1 的集电结看成一个二极管，多个发射结可视为与集电结背靠背连接的二极管结构，其等效电路如图 9-19b 所示。中间倒相级由 VT_2、R_2 和 R_5 组成。VT_2 集电极和发射极同时输出两个逻辑电平相反的信

号,用以驱动 VT_3 和 VT_5。输出级由 VT_3、VT_4、R_3、R_4、R_5 和 VT_5 组成。它采用了达林顿结构,VT_3 和 VT_4 组成的复合管降低了输出高电平时的输出电阻,提高了电路带负载的能力。图 9-19c 为它的逻辑符号。

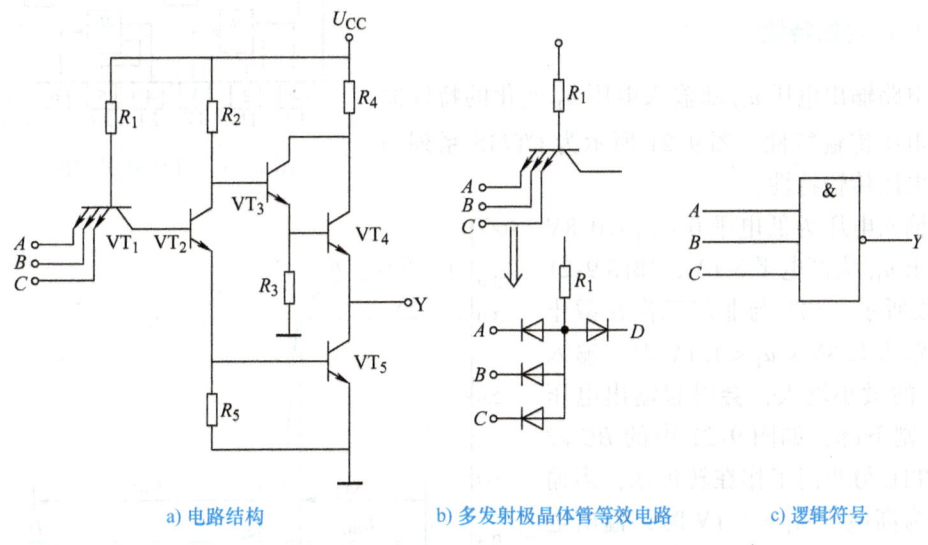

a) 电路结构　　　　　b) 多发射极晶体管等效电路　　　　　c) 逻辑符号

图 9-19　TTL 与非门电路结构及其逻辑符号

2. 工作原理

当输入端 A、B、C 中至少有一个为低电平 $U_{IL}=0.3V$ 时,电源 U_{CC} 经 R_1 向 VT_1 提供基极电流,输入端接低电平 0.3V 的发射结导通,VT_1 基极电压 $u_{B1}=u_{BE1}+U_{IL}=0.7V+0.3V=1V$,而要使 VT_1 集电结、VT_2 和 VT_5 发射结导通,u_{B1} 应不小于 1.8V(抗饱和晶体管基集间的正向压降为 0.4V 左右)。因此,VT_2 和 VT_5 截止。这时,VT_2 集电极电压 u_{C2} 为高电平,$u_{C2}=U_{CC}-i_{B3}R_2 \approx U_{CC}=5V$,使 VT_3、VT_4 导通,输出 u_O 为高电平 U_{OH},其值为 $u_o=u_{c2}-(u_{BE3}+u_{BE4})=5V-(0.7+0.7)V=3.6V$。

当输入 A、B、C 都为高电平 3.6V 时,电源 U_{CC} 经 R_1 和 VT_1 的集电结向 VT_2 提供较大的基极电流,使 VT_2 和 VT_5 工作在饱和导通状态,这时 VT_1 基极电压 $u_{B1}=u_{BC1}+u_{BE2}+u_{BE5}=1.8V$,$VT_1$ 集电极电压 $u_{C1}=u_{BE2}+u_{BE5}=1.4V$,因此,发射结为反偏,集电结为正偏,使 VT_1 工作在倒置状态,输出 u_O 为低电平 U_{OL},其值为 $u_O=U_{CE5(sat)} \approx 0.3V$。

综上所述,对图 9-19a 所示电路,高电平用 1 表示,低电平用 0 表示时,则可列出表 9-15 所示的真值表。由该表可知:当输入中有一个或数个为低电平 0 时,输出为高电平 1;只有当输入都为高电平 1 时,输出才为低电平 0,所以,图 9-19a 所示电路为与非门,其输出逻辑表达式为

$$Y = \overline{ABC}$$

表 9-15　TTL 与非门的真值表

输入			输出
A	B	C	Y
0	0	0	1
0	0	1	1
0	1	0	1
0	1	1	1
1	0	0	1
1	0	1	1
1	1	0	1
1	1	1	0

CT7400 是一种典型的 TTL 与非门集成电路，内部含有 4 个 2 输入端与非门，共有 14 个引脚，引脚排列如图 9-20 所示。

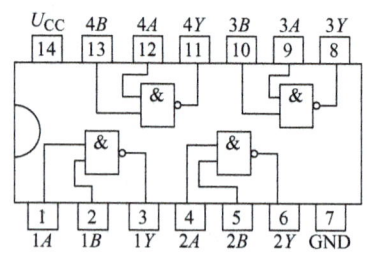

图 9-20 CT7400 引脚排列图

3. 电压传输特性

门电路输出电压 u_O 随输入电压 u_I 变化的特性曲线称为电压传输特性。图 9-21 所示为 CT74S 系列与非门的电压传输特性。

当输入电压为低电平 $0 < u_I < 0.8V$ 时，输出 u_O 为高电平 3.6V，如图 9-21 中 AB 段所示，TTL 与非门工作在截止区；当输入 $0.8V < u_I < 1.1V$ 时，输入电压 u_I 的微小增大，会引起输出电压 u_O 的急剧下降，如图 9-21 中的 BC 段所示，TTL 与非门工作在转折区；当输入电压为高电平 $u_I > 1.1V$ 时，输出电压 u_O 为低电平 0.3V，它不再随输入 u_I 的增加而变化，如图 9-21 中的 CD 段所示，TTL 与非门工作在饱和区。

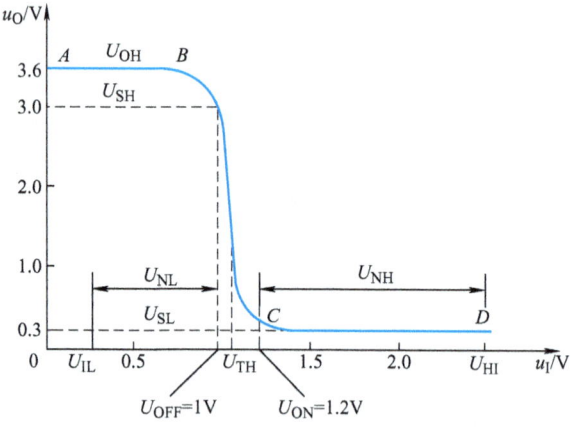

图 9-21 CT74S 系列与非门的电压传输特性

4. 关门电平、开门电平和阈值电压

关门电平是指在保证输出为高电平（常取 3V）时，允许输入低电平的最大值称为关门电平，用 U_{OFF} 表示。由图 9-21 可得 $U_{OFF} \approx 1.0V$，只有当输入 $u_I < U_{OFF}$ 时，与非门才关闭，输出高电平。

开门电平是指在保证输出为低电平（常取 0.3V）时，允许输入高电平的最小值称为开门电平，用 U_{ON} 表示。由图 9-21 可得 $U_{ON} \approx 1.2V$，只有当 $u_I > U_{ON}$ 时，与非门才开通，输出低电平。

工作在电压传输特性转折区中点所对应的输入电压称为阈值电压，又称门槛电平，用 U_{TH} 表示。当 $u_I < U_{TH}$ 时，与非门工作在关闭状态，输出高电平 U_{OH}；当 $u_I > U_{TH}$ 时，与非门工作在开通状态，输出低电平 U_{OL}。

5. 扇出系数 N_0

扇出系数是指输出端最多能够驱动同类门的个数，它反映了 TTL 与非门的最大带负载能力。TTL 与非门一般取 $N_0 = 8 \sim 10$。

9.3 组合逻辑电路的分析与设计

描述组合逻辑电路逻辑功能的方法主要有逻辑功能、真值表、逻辑表达式（函数式）、逻辑图、卡诺图和波形图等。组合逻辑电路的分析主要是根据给定的逻辑图，找出输出信号与输入信号间的逻辑关系,从而确定它的逻辑功能。组合逻辑电路的设计主要是根据给出的实际问题,设计出能实现这一逻辑要求的最简逻辑电路。

9.3.1 组合逻辑电路的分析

1. 组合逻辑电路分析的一般步骤

1)根据给定的逻辑电路写出输出逻辑函数式。一般从输入端向输出端逐级写出各个门输出的逻辑函数式,从而写出整个逻辑电路的输出与输入变量的逻辑函数式。

2)将逻辑函数式化成标准与或式。

3)根据标准与或式,列出逻辑函数的真值表。

4)通过分析真值表的特点确定电路的逻辑功能。

2. 分析举例

【例 9-8】 分析如图 9-22 所示逻辑电路的功能。

【解】 输出逻辑函数表达式为

$$Y_1 = A \oplus B$$

$$Y = Y_1 \oplus C = (A\overline{B} + \overline{A}B) \oplus C$$

$$= (A\overline{B} + \overline{A}B)\overline{C} + \overline{(A\overline{B} + \overline{A}B)}C$$

$$= (A\overline{B} + \overline{A}B)\overline{C} + (AB + \overline{A}\,\overline{B})C$$

$$= A\overline{B}\,\overline{C} + \overline{A}B\overline{C} + ABC + \overline{A}\,\overline{B}C$$

根据标准与或式填出表 9-16 所示的真值表。

表 9-16 【例 9-8】的真值表

输	入		输 出
A	B	C	Y
0	0	0	0
0	0	1	1
0	1	0	1
0	1	1	0
1	0	0	1
1	0	1	0
1	1	0	0
1	1	1	1

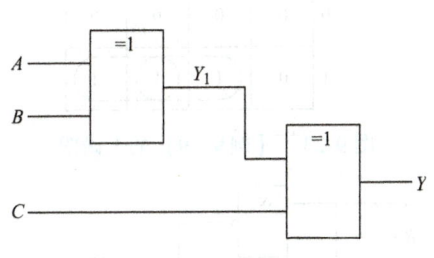

图 9-22 【例 9-8】逻辑电路图

由表 9-16 可看出:在输入 A、B、C 三个变量中,有奇数个 1 时,输出 Y 为 1,否则 Y 为 0。因此,图 9-22 所示电路为三位判奇电路,又称为奇校验电路。

9.3.2 组合逻辑电路的设计

1. 组合逻辑电路设计的一般步骤

1)根据逻辑设计的要求,列出真值表。根据题意确定输入变量和输出变量,并对输入和输出变量进行逻辑赋值，列出真值表。

2）根据真值表写出输出逻辑函数的标准与或式。将真值表中输出为 1 所对应的各最小项进行逻辑加后，便得到输出逻辑函数的标准与或式。

3）对输出逻辑函数进行化简。通常用代数法（或卡诺图法）对逻辑函数进行化简。

4）根据最简输出逻辑函数式画出逻辑图。通常多用与非门电路实现。

2. 设计举例

【**例 9-9**】 设计一个 A、B、C 三人表决电路。当表决某个提案时，多数人同意，提案通过，同时 A 具有否决权。要求用与非门电路实现。

【**解**】 （1）分析设计要求，列出真值表。设 A、B、C 三个人表决同意提案时用 1 表示，不同意时用 0 表示；Y 为表决结果，提案通过用 1 表示，不通过用 0 表示，同时还应考虑 A 具有否决权。由此可列出表 9-17 所示的真值表。

（2）由真值表可写出逻辑函数的标准与或式：

$$Y = A\overline{B}C + AB\overline{C} + ABC$$

（3）将输出逻辑函数化简后，变换为与非表达式。用图 9-23 所示的卡诺图进行化简，由此可得

$$Y = AC + AB$$

将上式变换成与非表达式为

$$Y = \overline{\overline{AC + AB}} = \overline{\overline{AC} \cdot \overline{AB}}$$

（4）根据输出逻辑函数画逻辑图，如图 9-24 所示。

表 9-17 【例 9-9】的真值表

输入			输出
A	B	C	Y
0	0	0	0
0	0	1	0
0	1	0	0
0	1	1	0
1	0	0	0
1	0	1	1
1	1	0	1
1	1	1	1

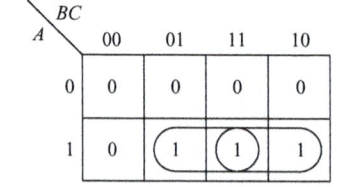

图 9-23 【例 9-9】的卡诺图

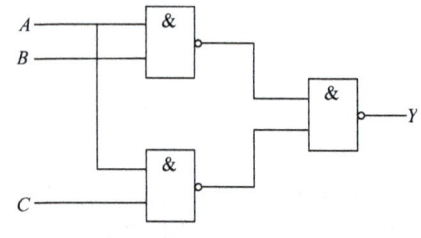

图 9-24 【例 9-9】的逻辑电路

9.4 编码器

将具有特定意义的信息编成相应二进制代码的过程，称为编码。实现编码功能的电路，称为编码器。其输入端为被编信号，输出端为其二进制代码。编码器有二进制编码器、二-

十进制编码器和优先编码器等。

9.4.1 二进制编码器

用 n 位二进制代码对 2^n 个信号进行编码的电路，称为二进制编码器。

图 9-25 所示为由非门和与非门组成的三位二进制编码器。$I_0 \sim I_7$ 为 8 个需要编码的输入信号，输出 Y_2、Y_1 和 Y_0 为三位二进制代码。由图 9-25 可写出编码器的输出逻辑函数为

$$\begin{cases} Y_0 = \overline{\overline{I_1} \cdot \overline{I_3} \cdot \overline{I_5} \cdot \overline{I_7}} \\ Y_1 = \overline{\overline{I_2} \cdot \overline{I_3} \cdot \overline{I_6} \cdot \overline{I_7}} \\ Y_2 = \overline{\overline{I_4} \cdot \overline{I_5} \cdot \overline{I_6} \cdot \overline{I_7}} \end{cases}$$

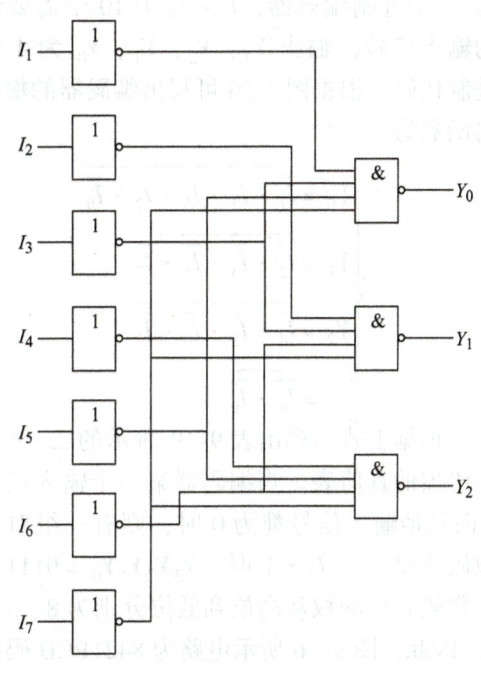

图 9-25 三位二进制编码器

根据上式可列出表 9-18 所示的真值表。由该表可知，图 9-25 所示编码器在任何时刻只能对一个输入信号进行编码，不允许有两个或两个以上的输入信号同时请求编码，否则输出编码会发生混乱。这就是说 I_0、I_1……I_7 这 8 个编码信号是相互排斥的。在 $I_1 \sim I_7$ 为 0 时，输出就是 I_0 的编码，故 I_0 未画。由于该编码器有 8 个输入端，3 个输出端，故称 8 线–3 线编码器。

表 9-18　三位二进制编码器的真值表

输入								输出		
I_0	I_1	I_2	I_3	I_4	I_5	I_6	I_7	Y_2	Y_1	Y_0
1	0	0	0	0	0	0	0	0	0	0
0	1	0	0	0	0	0	0	0	0	1
0	0	1	0	0	0	0	0	0	1	0
0	0	0	1	0	0	0	0	0	1	1
0	0	0	0	1	0	0	0	1	0	0
0	0	0	0	0	1	0	0	1	0	1
0	0	0	0	0	0	1	0	1	1	0
0	0	0	0	0	0	0	1	1	1	1

9.4.2 二–十进制编码器

将 0～9 十个十进制数转换为二进制代码的电路，称为二–十进制编码器。图 9-26 所示

为二-十进制编码器，$I_0 \sim I_9$ 为 10 个需要编码的输入信号，输出 Y_3、Y_2、Y_1、Y_0 为 4 位二进制代码。根据图 9-26 可写出编码器的输出逻辑函数为

$$\begin{cases} Y_0 = \overline{\overline{I_1} \cdot \overline{I_3} \cdot \overline{I_5} \cdot \overline{I_7} \cdot \overline{I_9}} \\ Y_1 = \overline{\overline{I_2} \cdot \overline{I_3} \cdot \overline{I_6} \cdot \overline{I_7}} \\ Y_2 = \overline{\overline{I_4} \cdot \overline{I_5} \cdot \overline{I_6} \cdot \overline{I_7}} \\ Y_3 = \overline{\overline{I_8} \cdot \overline{I_9}} \end{cases}$$

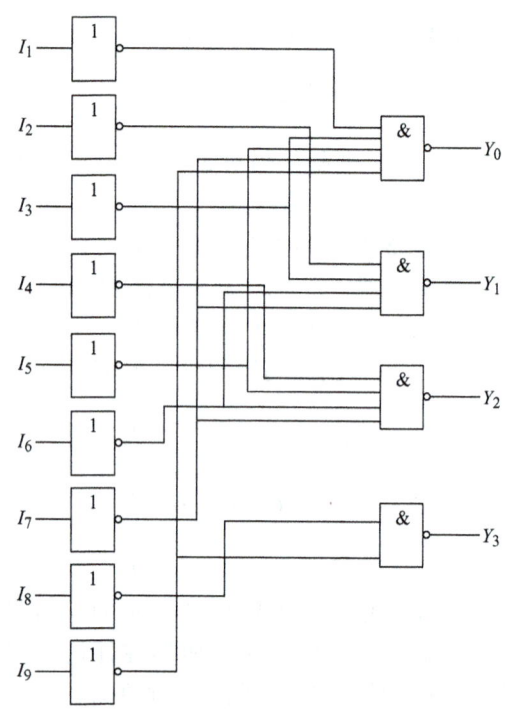

图 9-26　8421BCD 码编码器

根据上式可列出表 9-19 所示的二-十进制编码器的真值表。当编码器某一个输入信号为 1 而其他输入信号都为 0 时，则有一组对应的数码输出，如 $I_7 = 1$ 时，$Y_3Y_2Y_1Y_0 = 0111$。输出数码各位的权从高位到低位分别为 8、4、2、1。因此，图 9-26 所示电路为 8421BCD 码编码器，该编码器输入 $I_0 \sim I_9$ 这 10 个编码信号也是相互排斥的。

表 9-19　8421BCD 码编码器的真值表

输 入										输 出			
I_0	I_1	I_2	I_3	I_4	I_5	I_6	I_7	I_8	I_9	Y_3	Y_2	Y_1	Y_0
1	0	0	0	0	0	0	0	0	0	0	0	0	0
0	1	0	0	0	0	0	0	0	0	0	0	0	1
0	0	1	0	0	0	0	0	0	0	0	0	1	0
0	0	0	1	0	0	0	0	0	0	0	0	1	1
0	0	0	0	1	0	0	0	0	0	0	1	0	0
0	0	0	0	0	1	0	0	0	0	0	1	0	1
0	0	0	0	0	0	1	0	0	0	0	1	1	0
0	0	0	0	0	0	0	1	0	0	0	1	1	1
0	0	0	0	0	0	0	0	1	0	1	0	0	0
0	0	0	0	0	0	0	0	0	1	1	0	0	1

9.4.3　优先编码器

在前面讨论的编码器中，输入信号之间相互排斥，即各输入信号不能同时输入，若出现

多个输入信号时会出现混乱。而优先编码器允许同时输入多个编码信号，但电路只对其中优先级别最高的信号进行编码，这样的电路称作**优先编码器**。在优先编码器中优先权的顺序，可根据实际需要来确定。

图 9-27 所示为二-十进制优先编码器 CT74LS147 的逻辑功能示意图，又称为 10 线-4 线优先编码器。其真值表如表 9-20 所示。

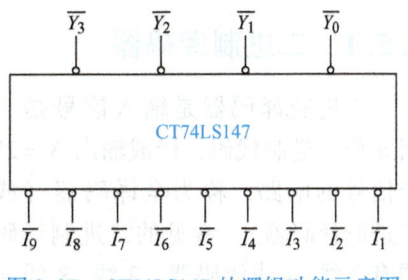

图 9-27　CT74LS147 的逻辑功能示意图

表 9-20　10 线-4 线优先编码器 CT74LS147 的真值表

输入									输出			
$\overline{I_1}$	$\overline{I_2}$	$\overline{I_3}$	$\overline{I_4}$	$\overline{I_5}$	$\overline{I_6}$	$\overline{I_7}$	$\overline{I_8}$	$\overline{I_9}$	$\overline{Y_3}$	$\overline{Y_2}$	$\overline{Y_1}$	$\overline{Y_0}$
1	1	1	1	1	1	1	1	1	1	1	1	1
×	×	×	×	×	×	×	×	0	0	1	1	0
×	×	×	×	×	×	×	0	1	0	1	1	1
×	×	×	×	×	×	0	1	1	1	0	0	0
×	×	×	×	×	0	1	1	1	1	0	0	1
×	×	×	×	0	1	1	1	1	1	0	1	0
×	×	×	0	1	1	1	1	1	1	0	1	1
×	×	0	1	1	1	1	1	1	1	1	0	0
×	0	1	1	1	1	1	1	1	1	1	0	1
0	1	1	1	1	1	1	1	1	1	1	1	0

下面根据表 9-20 所示 CT74LS147 的真值表（编码表）对其逻辑功能说明如下。

$\overline{Y_3}$、$\overline{Y_2}$、$\overline{Y_1}$、$\overline{Y_0}$ 为数码输出端，输出为 8421BCD 码的反码。$\overline{I_1} \sim \overline{I_9}$ 为编码信号输入端，输入低电平 0 有效，这时表示有编码请求。输入高电平 1 无效，表示无编码请求。在 $\overline{I_1} \sim \overline{I_9}$ 中，$\overline{I_9}$ 的优先级别最高，$\overline{I_8}$ 次之，其余依次类推，$\overline{I_1}$ 的级别最低。也就是说，当 $\overline{I_9}=0$ 时，其余输入信号不论是 0 还是 1 都不起作用，电路只对 $\overline{I_9}$ 进行编码，输出 $\overline{Y_3}\,\overline{Y_2}\,\overline{Y_1}\,\overline{Y_0}=0110$，为反码，其原码为 1001。其余类推。在图 9-27 中，没有 $\overline{I_0}$，这是因为当 $\overline{I_1} \sim \overline{I_9}$ 都为高电平 1 时，输出 $\overline{Y_3}\,\overline{Y_2}\,\overline{Y_1}\,\overline{Y_0}=1111$，其反码为 0000，相当于输入 $\overline{I_0}$。因此，在逻辑功能示意图中没有输入端 $\overline{I_0}$。

9.5　译码器

译码是编码的逆过程，是将表示特定意义信息的二进制代码翻译出来。实现译码功能的电路称为译码器。译码器输入为二进制代码，输出为输入代码所对应的特定信息。常用的译码器有二进制译码器、二-十进制译码器和数字显示译码器。

9.5.1 二进制译码器

二进制译码器是输入信号是一组 n 位二进制代码，译成输出 $N=2^n$ 个信号的电路，称为全译码器（或二进制译码器）。常见的二进制译码器有 2 线-4 线译码器、3 线-8 线译码器和 4 线-16 线译码器。

图 9-28 所示为 3 线-8 线译码器 CT74LS138 的逻辑图，它有 3 个输入端、8 个输出端。图中 A_2、A_1、A_0 为二进制代码输入端；$\overline{Y_7} \sim \overline{Y_0}$ 为输出端，低电平有效；ST_A、$\overline{ST_B}$ 和 $\overline{ST_C}$ 为使能端，且 $EN = ST_A \cdot \overline{\overline{ST_B}} \cdot \overline{\overline{ST_C}} = ST_A \overline{(\overline{ST_B} + \overline{ST_C})}$。表 9-21 为 3 线-8 线译码器 CT74LS138 的真值表。

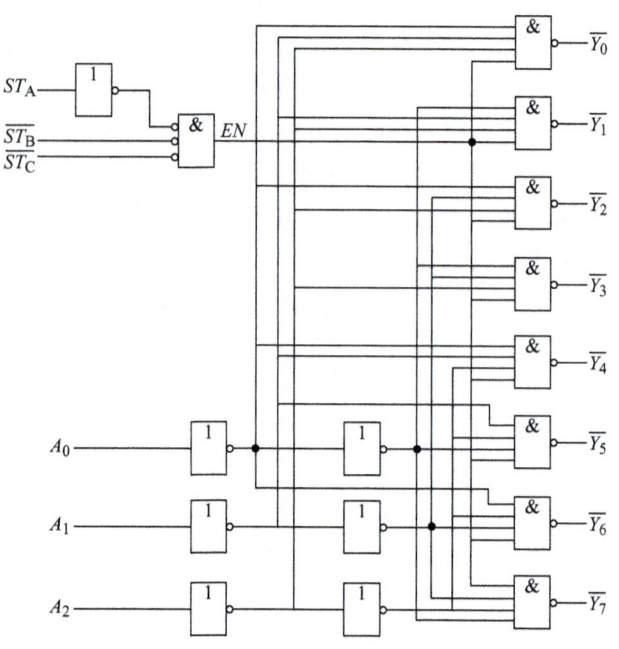

图 9-28　3 线-8 线译码器 CT74LS138 的逻辑图

表 9-21　3 线-8 线译码器 CT74LS138 的真值表

输入					输出							
ST_A	$\overline{ST_B}+\overline{ST_C}$	A_2	A_1	A_0	$\overline{Y_0}$	$\overline{Y_1}$	$\overline{Y_2}$	$\overline{Y_3}$	$\overline{Y_4}$	$\overline{Y_5}$	$\overline{Y_6}$	$\overline{Y_7}$
×	1	×	×	×	1	1	1	1	1	1	1	1
0	×	×	×	×	1	1	1	1	1	1	1	1
1	0	0	0	0	0	1	1	1	1	1	1	1
1	0	0	0	1	1	0	1	1	1	1	1	1
1	0	0	1	0	1	1	0	1	1	1	1	1
1	0	0	1	1	1	1	1	0	1	1	1	1
1	0	1	0	0	1	1	1	1	0	1	1	1
1	0	1	0	1	1	1	1	1	1	0	1	1
1	0	1	1	0	1	1	1	1	1	1	0	1
1	0	1	1	1	1	1	1	1	1	1	1	0

根据表 9-21 和图 9-28 可知 3 线-8 线译码器 CT74LS138 有如下逻辑功能。

1）当 $ST_A = 0$，或 $\overline{ST_B} + \overline{ST_C} = 1$ 时，$EN = 0$，译码器不工作，输出 $\overline{Y_7} \sim \overline{Y_0}$ 都为高电平 1。

2) 当 $ST_A = 1$ 且 $\overline{ST_B} + \overline{ST_C} = 0$ 时，$EN = 1$，译码器处于工作状态进行译码，并根据输入状态，在相应的输出端输出信号。这时，译码器输出 $\overline{Y_7} \sim \overline{Y_0}$ 由输入二进制代码决定，根据图 9-28 可写出 CT74LS138 的输出逻辑函数式为

$$\begin{cases} \overline{Y_0} = \overline{\overline{A_2}\,\overline{A_1}\,\overline{A_0}},\ \overline{Y_1} = \overline{\overline{A_2}\,\overline{A_1}A_0} \\ \overline{Y_2} = \overline{\overline{A_2}A_1\,\overline{A_0}},\ \overline{Y_3} = \overline{\overline{A_2}A_1A_0} \\ \overline{Y_4} = \overline{A_2\,\overline{A_1}\,\overline{A_0}},\ \overline{Y_5} = \overline{A_2\,\overline{A_1}A_0} \\ \overline{Y_6} = \overline{A_2A_1\,\overline{A_0}},\ \overline{Y_7} = \overline{A_2A_1A_0} \end{cases}$$

由上式可看出，二进制译码器的输出将输入二进制代码的各种状态都译出来，它提供了输入变量的全部最小项的反输出。

9.5.2 二-十进制译码器

将 4 位 BCD 码的十组代码翻译成 0～9 十个对应输出信号的电路，称为二-十进制译码器。它有 4 个输入端，十个输出端，则称 4 线-10 线译码器。

图 9-29 所示为 4 线-10 线译码器 CT74LS42 的逻辑图。图中 A_3、A_2、A_1、A_0 为输入端，$\overline{Y_9} \sim \overline{Y_0}$ 为输出端，低电平有效。CT74LS42 的真值表见表 9-22。

由表 9-22 可知，CT74LS42 输入为 8421BCD 码，输出 $\overline{Y_9} \sim \overline{Y_0}$ 为低电平 0 有效。代码 1010～1111 没有使用，称作伪码。

根据图 9-29 可得

$$\begin{cases} \overline{Y_0} = \overline{\overline{A_3}\,\overline{A_2}\,\overline{A_1}\,\overline{A_0}},\ \overline{Y_5} = \overline{\overline{A_3}A_2\,\overline{A_1}A_0} \\ \overline{Y_1} = \overline{\overline{A_3}\,\overline{A_2}\,\overline{A_1}A_0},\ \overline{Y_6} = \overline{\overline{A_3}A_2A_1\,\overline{A_0}} \\ \overline{Y_2} = \overline{\overline{A_3}\,\overline{A_2}A_1\,\overline{A_0}},\ \overline{Y_7} = \overline{\overline{A_3}A_2A_1A_0} \\ \overline{Y_3} = \overline{\overline{A_3}\,\overline{A_2}A_1A_0},\ \overline{Y_8} = \overline{A_3\,\overline{A_2}\,\overline{A_1}\,\overline{A_0}} \\ \overline{Y_4} = \overline{\overline{A_3}A_2\,\overline{A_1}\,\overline{A_0}},\ \overline{Y_9} = \overline{A_3\,\overline{A_2}\,\overline{A_1}A_0} \end{cases}$$

由上式可知，当输入伪码 1010～1111 时，输出 $\overline{Y_9} \sim \overline{Y_0}$ 都为高电平 1，不会出现低电平 0。因此，译码器不会产生错误译码，即电路具有拒绝伪码的功能。

由图 9-29 可看出，CT74LS42 的每

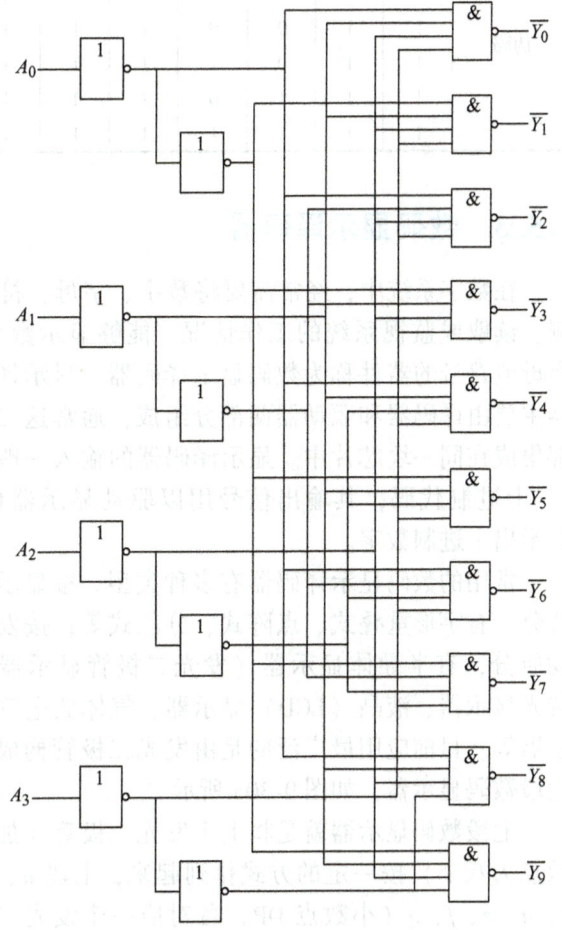

图 9-29　4 线-10 线译码器 CT74LS42 的逻辑图

个输出与非门有 4 个输入端。因此，如将输出 $\overline{Y_8}$ 和 $\overline{Y_9}$ 不用，并将 A_3 作使能端使用时，则 CT74LS42 可作 3 线-8 线译码器使用。

表 9-22　4 线-10 线译码器 CT74LS42 的真值表

十进制数	输入				输出									
	A_3	A_2	A_1	A_0	$\overline{Y_0}$	$\overline{Y_1}$	$\overline{Y_2}$	$\overline{Y_3}$	$\overline{Y_4}$	$\overline{Y_5}$	$\overline{Y_6}$	$\overline{Y_7}$	$\overline{Y_8}$	$\overline{Y_9}$
0	0	0	0	0	0	1	1	1	1	1	1	1	1	1
1	0	0	0	1	1	0	1	1	1	1	1	1	1	1
2	0	0	1	0	1	1	0	1	1	1	1	1	1	1
3	0	0	1	1	1	1	1	0	1	1	1	1	1	1
4	0	1	0	0	1	1	1	1	0	1	1	1	1	1
5	0	1	0	1	1	1	1	1	1	0	1	1	1	1
6	0	1	1	0	1	1	1	1	1	1	0	1	1	1
7	0	1	1	1	1	1	1	1	1	1	1	0	1	1
8	1	0	0	0	1	1	1	1	1	1	1	1	0	1
9	1	0	0	1	1	1	1	1	1	1	1	1	1	0
伪码	1	0	1	0	1	1	1	1	1	1	1	1	1	1
	1	0	1	1	1	1	1	1	1	1	1	1	1	1
	1	1	0	0	1	1	1	1	1	1	1	1	1	1
	1	1	0	1	1	1	1	1	1	1	1	1	1	1
	1	1	1	0	1	1	1	1	1	1	1	1	1	1
	1	1	1	1	1	1	1	1	1	1	1	1	1	1

9.5.3　数码显示译码器

在数字系统中，经常需要将数字、字母、符号或运算结果直观地显示出来，供人们观测、读取或监视系统的工作情况。能够显示数字、字母或符号的器件称为数码显示译码器。显示译码器主要由译码器和驱动器两部分组成，通常这二者都集成在同一块芯片中。显示译码器的输入一般为二-十进制代码，其输出信号用以驱动显示器件，显示出十进制数字。

常用的数码显示译码器有多种类型。按显示方式分，有字形重叠式、点阵式、分段式等；按发光物质分，有半导体显示器（发光二极管显示器）、荧光显示器、液晶（LCD）显示器、气体放电管显示器等。目前应用最广泛的是由发光二极管构成的七段数码显示器，如图 9-30a 所示。

七段数码显示器就是将七个发光二极管（加小数点为八个）按一定的方式排列起来，七段 a、b、c、d、e、f、g（小数点 DP）各对应一个发光二极管。利用不同发光段的组合，显示不同的阿拉伯数

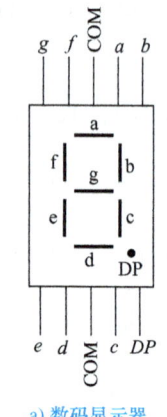

a) 数码显示器

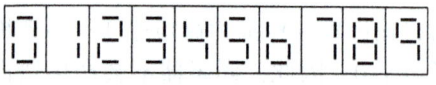

b) 显示的数字

图 9-30　七段数码显示器及显示的数字

字,如图9-30b所示。

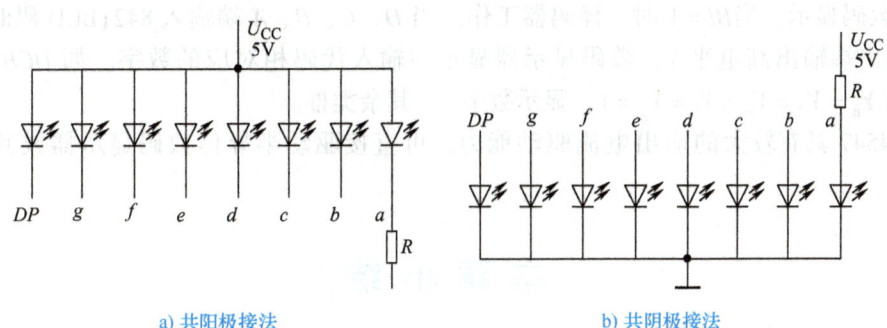

a) 共阳极接法　　　　　　　　b) 共阴极接法

图9-31　七段数码显示器的内部接法

按内部连接方式不同,七段数码显示器分为共阴极和共阳极两种。图9-31a所示为共阳极接法,如图9-31b所示为共阴极接法。

图9-32所示为4线-7段译码器/驱动器CC14547的逻辑功能示意图,D、C、B、A为输入端,输入为8421BCD码,$\overline{BI}$为消隐控制端,$Y_a \sim Y_g$为输出端,高电平有效。其真值表如表9-23所示。

由表9-23可知,CC14547的功能如下:

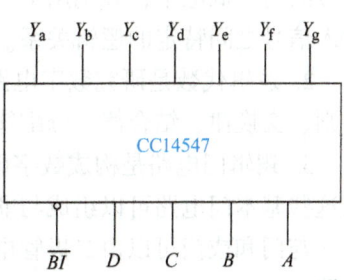

图9-32　CC14547的逻辑功能示意图

表9-23　4线-7段译码器/驱动器CC14547的真值表

输入					输出							数字显示
$\overline{BI}$	D	C	B	A	Y_a	Y_b	Y_c	Y_d	Y_e	Y_f	Y_g	
0	×	×	×	×	0	0	0	0	0	0	0	消隐
1	0	0	0	0	1	1	1	1	1	1	0	0
1	0	0	0	1	0	1	1	0	0	0	0	1
1	0	0	1	0	1	1	0	1	1	0	1	2
1	0	0	1	1	1	1	1	1	0	0	1	3
1	0	1	0	0	0	1	1	0	0	1	1	4
1	0	1	0	1	1	0	1	1	0	1	1	5
1	0	1	1	0	0	0	1	1	1	1	1	6
1	0	1	1	1	1	1	1	0	0	0	0	7
1	1	0	0	0	1	1	1	1	1	1	1	8
1	1	0	0	1	1	1	1	0	0	1	1	9
1	1	0	1	0	0	0	0	0	0	0	0	消隐
1	1	0	1	1	0	0	0	0	0	0	0	消隐
1	1	1	0	0	0	0	0	0	0	0	0	消隐
1	1	1	0	1	0	0	0	0	0	0	0	消隐
1	1	1	1	0	0	0	0	0	0	0	0	消隐
1	1	1	1	1	0	0	0	0	0	0	0	消隐

1)消隐功能。当$\overline{BI}=0$时,输出$Y_a \sim Y_g$都为低电平0,各字段都熄灭,显示器不显示

数字。

2）数码显示。当 $\overline{BI}=1$ 时，译码器工作。当 D、C、B、A 端输入 8421BCD 码时，译码器有关输出端输出高电平 1，数码显示器显示与输入代码相对应的数字。如 $DCBA=0110$ 时，输出 $Y_a=Y_d=Y_e=Y_f=Y_g=1$，显示数字 6。其余类推。

CC14547 具有较大的输出电流驱动能力，可直接驱动半导体数码显示器或其他显示器件。

本 章 小 结

1. 数字电路是研究数字信号的电路，包括组合逻辑电路和时序逻辑电路两大类。数字信号的高、低电平，分别用 1 和 0 两个二进制数字来表示。组合逻辑电路能实现输出结果与输入信号之间特定的逻辑关系。

2. 逻辑代数是研究数字电路中信号之间逻辑关系的数学工具，运算法则有：基本运算法则、交换律、结合律、分配律、吸收律和反演律。

3. 逻辑门电路是构成数字电路的基本单元电路。最基本的门电路有与、或、非门电路。由这些基本门电路可以组成与非、或非、与或非、异或和同或等常用逻辑门电路。

与门和或门可以由二极管电路构成，非门可由晶体管电路构成，但大量使用的是集成门电路。

4. 数字集成电路主要有 TTL 和 CMOS 两大类，在选用时要注意它们的使用特点和要求。

5. 组合逻辑电路分析的一般步骤：已知逻辑电路图→写出逻辑表达式→运用逻辑代数化简或变换成逻辑标准与或式→列出逻辑真值表→分析逻辑功能。

6. 组合逻辑电路设计的一般步骤：已知设计的逻辑要求→列出逻辑真值表→写出逻辑标准与或式→运用逻辑代数化简或变换成最简与或式→画出逻辑电路图。

7. 用文字、符号或者数码表示特定信息的过程称为编码，能够实现编码功能的电路称为编码器。n 位二进制代码有 2^n 个状态，可以表示 2^n 个信息。对 N 个信号进行编码时，应按公式 $2^n \geq N$ 来确定需要使用的二进制代码的位数 n。常用的编码器有二进制编码器、二-十进制编码器、优先级编码器等。

8. 将给定的二进制代码翻译成编码时赋予的原意称为译码，完成这种功能的电路称为译码器。译码器是多输入、多输出的组合逻辑电路。译码器按功能分为通用译码器和驱动显示译码器。

思考与习题

9-1　将下列十进制数转换为二进制数。

3；6；12；30；56

9-2　将下列各数转换成十进制数。

$(1001)_2$；$(1011010)_2$；$(567)_8$；$(AE)_{16}$

9-3　将下列 8421BCD 码写成十进制数。

$(001000111100)_{8421BCD}$；$(0111100101011011)_{8421BCD}$

9-4 将下列各式写成与非表达式。

(1) $Y = \overline{A}BC + A\overline{B}C + AB\overline{C} + ABC$

(2) $Y = A\overline{B} + A\overline{C} + \overline{A}BC$

(3) $Y = \overline{AB} + (A+B)\overline{C}$

9-5 运用逻辑函数推证下列各式。

(1) $ABC + \overline{A} + \overline{B} + \overline{C} = 1$

(2) $\overline{A}B + \overline{A}BCD(E+F) = \overline{A}B$

9-6 已知 A、B、C 的波形如图 9-33 所示，试分析并画出 Y_1、Y_2、Y_3、Y_4 的输出波形。

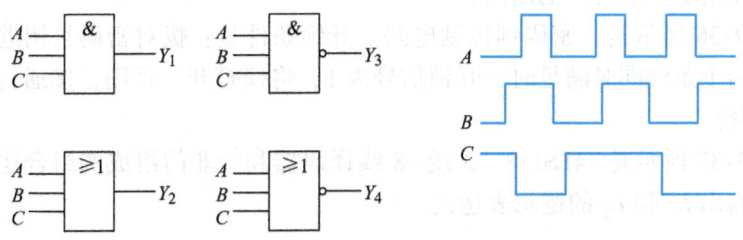

图 9-33　习题 9-6 图

9-7 试分别写出图 9-34 所示电路的 Y_1、Y_2、Y_3 的逻辑表达式。

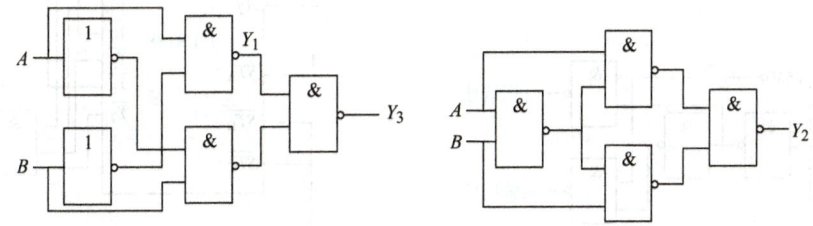

图 9-34　习题 9-7 图

9-8 根据下列各逻辑表达式分别画出逻辑电路图。其中题（2）、（4）、（6）、（8）要求全部用与非门实现。

(1) $Y = (A+B)C$　　　　(2) $Y = AB + BC$

(3) $Y = (A+B)(A+C)$　　(4) $Y = A + BC$

(5) $Y = A(B+C) + BC$　　(6) $Y = A + B + \overline{C}$

(7) $Y = AB + \overline{A}C$　　　(8) $Y = A\overline{B} + (\overline{A}+B)\overline{C}$

9-9 保险箱的两层门上各装有一个开关，当任何一层门打开时，报警灯亮，试用逻辑电路来实现。

9-10 某实验室有红、黄两个故障指示灯，用来表示三台设备的工作情况：

当有一台设备有故障时，黄色指示灯亮；

当有两台设备有故障时，红色指示灯亮；

当三台设备都有故障时，红色和黄色指示灯都亮。

试设计一个故障指示灯亮的逻辑电路。(设 A、B、C 为三台设备的故障信号,有故障时为 1,正常工作时为 0;Y_1 表示黄色指示灯,Y_2 表示红色指示灯,灯亮为 1,灯灭为 0。)

9-11 图 9-35 所示是两处控制一盏照明灯的电路,单刀双掷开关 A 安装在一处,B 安装在另一处,两处都可以控制电灯。试画出使灯亮的真值表和用与非门电路组成的逻辑电路。(设 1 表示灯亮,0 表示灯灭;A = 1 表示开关向上扳,A = 0 表示开关向下扳;B = 1 表示开关向上扳,B = 0 表示开关向下扳。)

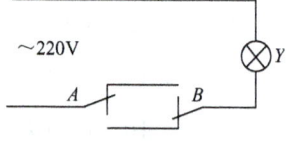

图 9-35 习题 9-11 图

9-12 某车间有 A、B、C、D 四台电动机,今要求:A 电动机必须开机,其他三台电动机中至少有两台电动机开机。如不满足上述要求,则指示灯熄灭。设指示灯点亮为 1,熄灭为 0。电动机的开机信号通过某种装置送到各自的输入端,使输入端为 1,否则为 0。试用与非门组成点亮指示灯的逻辑电路图。

9-13 图 9-36 所示是一密码锁控制电路。开锁条件是:拨对密码且钥匙插入锁眼将开关 S 闭合。当两个条件同时满足时,开锁信号为 1,将锁打开。否则,接通警铃。试分析密码 ABCD 是多少?

9-14 图 9-37 所示是 74LS138 3 线-8 线译码器和与非门组成的组合逻辑电路。请写出图示电路的输出 L_1 和 L_2 的逻辑表达式。

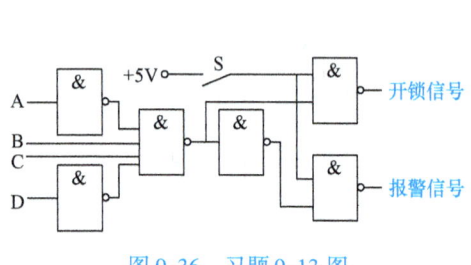

图 9-36 习题 9-13 图

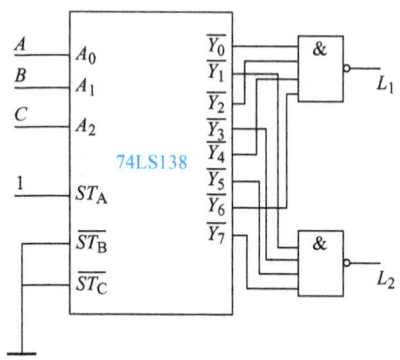

图 9-37 习题 9-14 图

第 10 章　触发器及时序逻辑电路

[本章概述]

　　触发器是构成时序逻辑电路的基础，寄存器和计数器均由触发器构成。本章主要介绍基本 RS 触发器、同步 RS 触发器、主从触发器、D 触发器的电路结构和工作原理；时序逻辑电路的基本分析方法；几种常用基本时序逻辑电路如寄存器、计数器的工作原理与应用。

[知识与能力目标]

1. 了解时序逻辑电路的特点，掌握时序逻辑电路的分析方法。
2. 理解触发器的概念及 RS、JK、D、T 触发器的工作原理和逻辑功能。
3. 掌握触发器常用芯片的使用，常用中规模集成计数器、寄存器的逻辑功能及使用方法。

[相关知识链接]

　　数字电路按逻辑功能和电路组成的特点不同可分为两大类，一类是组合逻辑电路，另一类就是时序逻辑电路。如果一个逻辑电路，在任何时刻的输出状态只取决于这一时刻的输入状态，而与电路原来状态无关，则该电路称为组合逻辑电路；如果一个逻辑电路，在任意时刻的输出状态不仅取决于该时刻的输入状态，还与电路原来状态有关，该电路称为时序逻辑电路。

　　时序逻辑电路原来状态是由存储电路来记忆，存储电路的状态与输入信号共同决定时序电路的输出状态。能够记忆存储电路状态的器件称为记忆元件。

　　构成时序逻辑电路记忆元件的基本单元电路是触发器，它具有两个相反的稳定状态——0 状态和 1 状态，具有记忆功能，可用于存储二进制数据和信息等。

　　触发器的种类很多，根据电路结构不同可分为基本 RS 触发器、同步 RS 触发器、主从触发器、边沿触发器、维持阻塞触发器；根据逻辑功能可分为 RS 触发器、JK 触发器、D 触发器、T 触发器和 T′触发器；根据输入端是否有时钟脉冲可分为同步触发器和异步触发器。

　　触发器的逻辑功能可用特性表、特性方程、状态图（状态转换图）和时序图等来描述。

10.1　触发器

10.1.1　基本 RS 触发器

1. 电路组成

　　基本 RS 触发器是最基本的触发器。图 10-1 所示为由两个与非门交叉耦合反馈而组成的基本 RS 触发器，Q 和 $\overline{Q}$ 为触发器的两个互补输出端，它有两种稳定状态，当 Q 端输出为 0，

即 $Q=0$，$\bar{Q}=1$ 时，称为触发器的"0"态；当 Q 端输出为 1，即 $Q=1$，$\bar{Q}=0$ 时，称为触发器的"1"态。$\bar{R}$ 和 $\bar{S}$ 为两个输入端，其中，$\bar{R}$ 称为复位端（置 0 端），$\bar{S}$ 称为置位端（置 1 端）。$\bar{R}$ 和 $\bar{S}$ 字母上面的反号表示低电平有效，即当 $\bar{R}$ 有效时，Q 端输出 0，触发器为置 0 态；当 $\bar{S}$ 端有效时，Q 端输出 1，触发器为置 1 态。

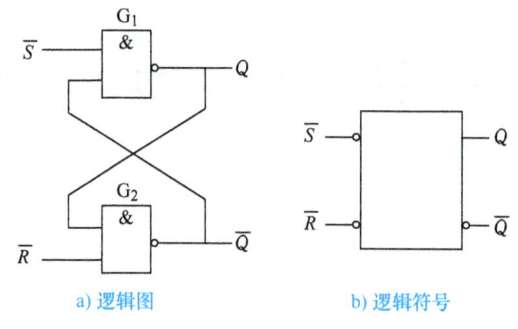

a) 逻辑图　　　　　b) 逻辑符号

图 10-1　与非门组成的基本 RS 触发器

2. 逻辑功能

（1）当 $\bar{R}=\bar{S}=0$ 时，触发器的状态为不定态。此时触发器的输出 $Q=\bar{Q}=1$，这既不是 1 态，也不是 0 态。而在 $\bar{R}$ 和 $\bar{S}$ 同时由 0 变为 1 时，由于 G_1 和 G_2 门的输出状态无法预知，可能是 0 态，也可能是 1 态。实际上，这种情况是禁止出现的。

（2）当 $\bar{R}=0$，$\bar{S}=1$ 时，触发器置 0 态。因 $\bar{R}=0$，G_2 门的输出 $\bar{Q}=1$，此时 G_1 门的输入都为高电平 1，则输出 $Q=0$，触发器被置 0。

（3）当 $\bar{R}=1$，$\bar{S}=0$ 时，触发器置 1 态。因 $\bar{S}=0$，G_1 门的输出 $Q=1$，此时 G_2 门的输入都为高电平 1，则输出 $\bar{Q}=0$，触发器被置 1。

（4）当 $\bar{R}=\bar{S}=1$ 时，触发器保持原来状态不变。如触发器原来处于 $Q=0$ 的 0 态时，则 $Q=0$ 反馈到 G_2 的输入端，使 G_2 的输出 $\bar{Q}=1$；$\bar{Q}=1$ 反馈到 G_1 的输入端，使 G_1 的输出为 $Q=0$。电路保持 0 态不变。同理当触发器原来处于 1 态时，电路仍保持 1 态不变。

3. 特性表

触发器的输出状态不仅与输入有关，还与触发器原来状态有关。通常将触发器在输入信号前的状态称为现态，用 Q^n 表示；将触发器在输入信号后的输出状态称为次态，用 Q^{n+1} 表示。触发器次态 Q^{n+1} 与输入信号和电路原来状态（现态）Q^n 之间关系的真值表称为特性表（逻辑功能表）。基本 RS 触发器的特性表如表 10-1 所示。

表 10-1　由与非门组成基本 RS 触发器的特性表

$\bar{R}$	$\bar{S}$	Q^n	Q^{n+1}	说　明
0	0	0	×	不定
0	0	1	×	
0	1	0	0	置 0
0	1	1	0	
1	0	0	1	置 1
1	0	1	1	
1	1	0	0	保持
1	1	1	1	

4. 特性方程

触发器的特性方程，是指触发器的输出次态 Q^{n+1} 与输入信号及现态 Q^n 之间的逻辑关系表达式。基本 RS 触发器的特性方程为

$$\begin{cases} Q^{n+1} = S + \overline{R}Q^n \\ \overline{R} + \overline{S} = 1 \quad (\text{约束条件}) \end{cases} \tag{10-1}$$

约束条件规定了 $\overline{R}$、$\overline{S}$ 不能同时为 0。

5. 时序图

时序图是用波形图来描述触发器次态与现态及输入之间随时间变化前后的逻辑关系图。已知 $\overline{R}$、$\overline{S}$ 输入波形，画出 Q 或 $\overline{Q}$ 所对应的波形。图 10-2 所示为由与非门组成的基本 RS 触发器的时序图。

基本 RS 触发器出除了由与非门组成外，还有由两个或非门组成的基本 RS 触发器，如图 10-3 所示。R、S 为两个输入端，字母上端没有反号表示高电平有效。根据或非门的逻辑关系可列出或非门基本 RS 触发器的特性表，如表 10-2 所示。

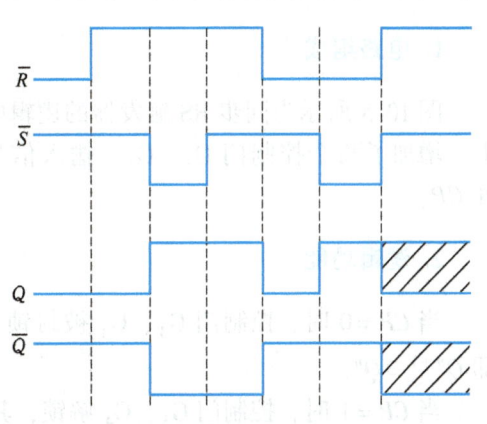

图 10-2 基本 RS 触发器时序图

表 10-2 或非门组成基本 RS 触发器的特性表

R	S	Q^n	Q^{n+1}	说明
0	0	0	0	保持
0	0	1	1	
0	1	0	1	置1
0	1	1	1	
1	0	0	0	置0
1	0	1	0	
1	1	0	×	不定
1	1	1	×	

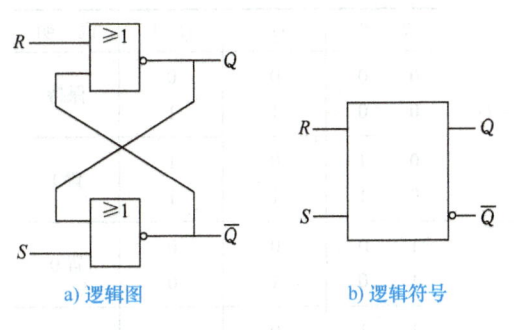

a) 逻辑图 b) 逻辑符号

图 10-3 由或非门组成的基本 RS 触发器

图 10-4 所示为集成基本 RS 触发器 74LS279，74LS279 集成了 4 个相互独立的由与非门构成的基本 RS 触发器单元（两个如图 10-4a 所示，两个如图 10-4b 所示），集成块引脚排列

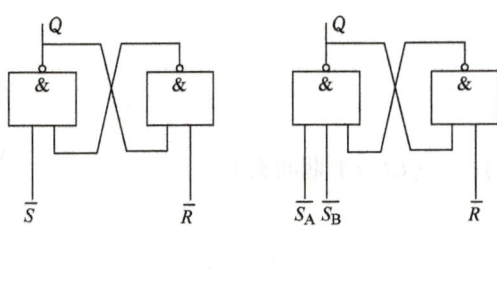

a)   b)

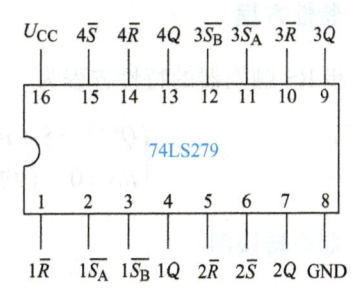

c)

图 10-4 集成基本 RS 触发器 74LS279 引脚排列图

如图 10-4c 所示。

10.1.2 同步 RS 触发器

基本 RS 触发器由输入信号直接控制输出端的状态。在实际工作中，触发器的状态还要求按一定的节拍翻转，需要在输入端加一个时钟控制端 CP，使触发器在同一时钟脉冲作用下协同动作，这种触发器称为同步触发器。

1. 电路组成

图 10-5 所示为同步 RS 触发器的逻辑电路图和逻辑符号图。它是在基本 RS 触发器基础上，增加了两个控制门 G_3、G_4，输入信号 R、S 通过控制门进行传送，并加入了时钟脉冲 CP。

2. 逻辑功能

当 $CP=0$ 时，控制门 G_3、G_4 被封锁，输出都是 1，基本 RS 触发器保持原状态不变，即 $Q^{n+1}=Q^n$。

当 $CP=1$ 时，控制门 G_3、G_4 解锁，其输出状态由 R、S 端的输入信号和电路原来的状态 Q^n 决定。电路的逻辑功能如表 10-3 所示。

表 10-3 同步 RS 触发器的特性表

R	S	Q^n	Q^{n+1}	说　明
0	0	0	0	保持
0	0	1	1	
0	1	0	1	置 1
0	1	1	1	
1	0	0	0	置 0
1	0	1	0	
1	1	0	×	不定
1	1	1	×	

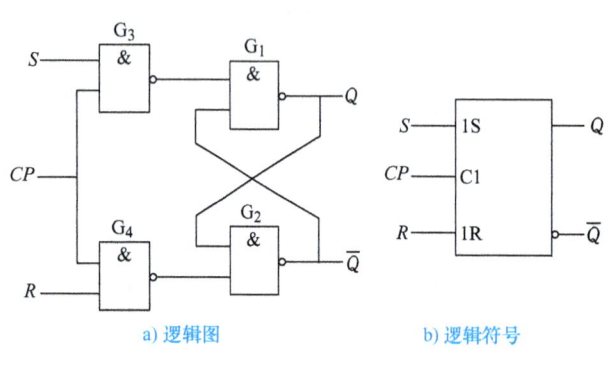

图 10-5 同步 RS 触发器

当 $R=S=1$ 时，触发器的输出状态不定，为避免出现这种情况，应使 $RS=0$。

3. 特性方程

同步 RS 触发器的特性方程为

$$\begin{cases} Q^{n+1}=S+\overline{R}Q^n \\ RS=0 \text{ （约束条件）} \end{cases} \quad (CP=1 \text{ 期间有效}) \tag{10-2}$$

4. 状态转换图

触发器的逻辑功能可用状态转换图来描述。它表示触发器从一个状态转换成另一个状态或保持原状态不变时，对输入信号（R、S）的要求。状态转换图可根据其特性表画出。图 10-6 所示为同步 RS 触发器的状态转换图。图中的两个圆圈表示触发器的两个稳定状态，箭头表示在输入时钟 CP 的作用下状态的转换情况，箭头旁标注的 R、S 值表示触发器状态转换的条件。

5. 时序图

图 10-7 所示为同步 RS 触发器的时序图。由时序图可看出，时钟 CP 决定 Q 的变化时刻，输入 R、S 决定 Q 的变化状态。同步 RS 触发器在 CP = 1 期间在输入信号 R、S 的作用下，可引起 Q 值的变化。

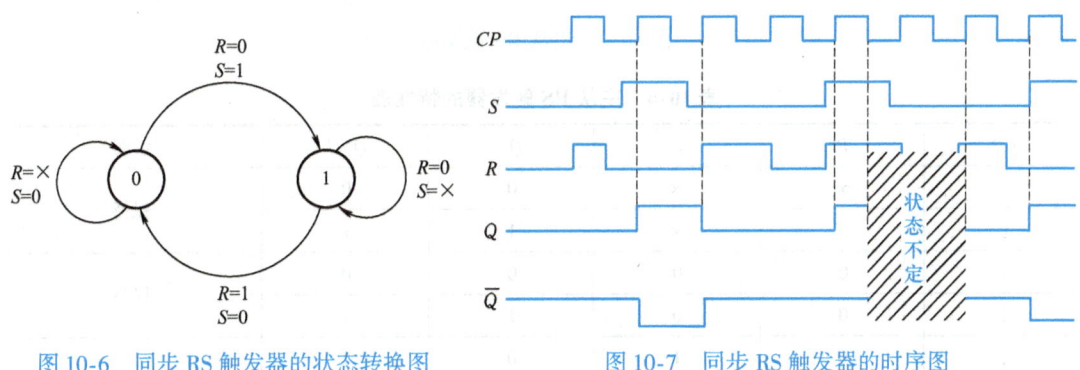

图 10-6　同步 RS 触发器的状态转换图　　　　图 10-7　同步 RS 触发器的时序图

10.1.3　主从触发器

为了提高触发器工作的可靠性，在 CP 的每个周期内触发器的状态只能变化一次，常采用主从结构的触发器。主从触发器是在同步 RS 触发器基础上发展出来的，它的类型较多，主要有主从 RS 触发器和主从 JK 触发器。

1. 主从 RS 触发器

图 10-8a 所示是主从 RS 触发器的电路结构。其中与非门 G_1、G_2、G_3、G_4 组成主触发器，与非门 G_5、G_6、G_7、G_8 组成从触发器，且两个触发器的 CP 脉冲的相位正好相反，使主、从触发器分别工作在 CP 的两个不同时区内。图 10-8b 为其逻辑符号。在逻辑符号中，CP 端加有符号">"，表示边沿触发，不加">"表示电平触发。CP 端加">"且又加了"。"表示下降沿触发；而不加"。"表示上升沿触发。Q 端符号"⌐"表示具有延迟作用。

当 CP = 1 时，$\overline{CP}$ = 0，从触发器被封锁，保持原状态不变。这时，主触发器的控制门 G_1、G_2 打开，主触发器工作，主触发器的状态由输入端 R、S 的状态决定。

当 CP 由高电平 1 跃变到 0 时，即 CP = 0、$\overline{CP}$ = 1，主触发器被封锁，不受输入信号 R、S 控制，保持原状态不变。由于 $\overline{CP}$ = 1，门 G_5、G_6 被打开，从触发器的状态由主触发器的状态决定，因主触发器此时保持状态不变，所以从触发器的状态也保持不变。因此，在 CP 的一个周期中，主从 RS 触发器的输出只可能改变 1 次。

将主从 RS 触发器的逻辑关系列成特性表，如表 10-4 所示。

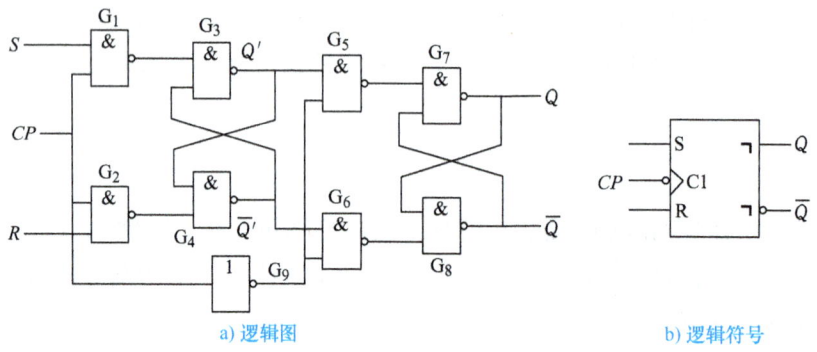

a) 逻辑图 b) 逻辑符号

图 10-8 主从 RS 触发器

表 10-4 主从 RS 触发器的特性表

CP	R	S	Q^n	Q^{n+1}	说明
×	×	×	0	0	保持
×	×	×	1	1	
↓	0	0	0	0	保持
↓	0	0	1	1	
↓	0	1	0	1	置1
↓	0	1	1	1	
↓	1	0	0	0	置0
↓	1	0	1	0	
↓	1	1	0	×	不定
↓	1	1	1	×	

注：表中 "↓" 符号表示时钟脉冲 CP 下降沿。

根据上表可得：主从 RS 触发器的特性方程为

$$\begin{cases} Q^{n+1} = S + \overline{R}Q^n \\ RS = 0 \end{cases} \quad (CP \text{下降沿有效}) \tag{10-3}$$

图 10-9 所示为主从 RS 触发器的时序图。图 10-10 所示为主从 RS 触发器的状态转换图。

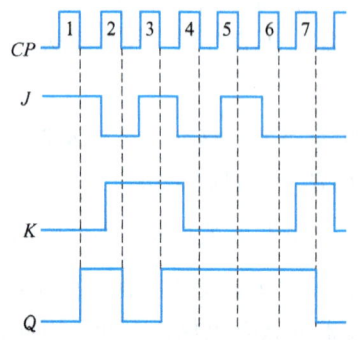

图 10-9 主从 RS 触发器的时序图

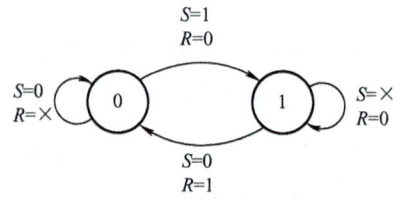

图 10-10 主从 RS 触发器的状态转换图

2. 主从 JK 触发器

图 10-11a 所示为主从 JK 触发器。Q 端与 R 端相连成 K 输入端，$\overline{Q}$ 端与 S 端相连成 J 输入端。图中 S_D、R_D 端是触发器直接置位、复位端。如令 $S_D = 0$、$R_D = 1$，则不管 J、K，

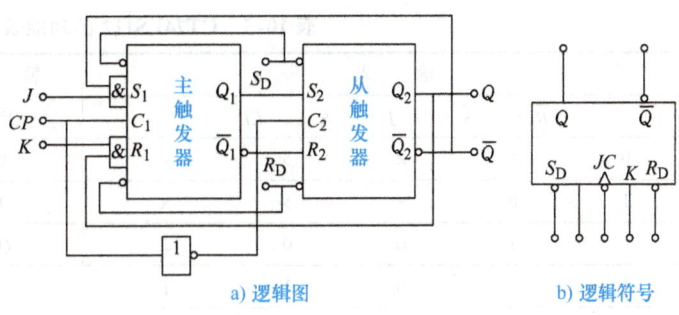

a) 逻辑图　　　　b) 逻辑符号

图 10-11　主从 JK 触发器

CP 状态如何，触发器置 0；反之，令 $R_D = 0$、$S_D = 1$，触发器直接置 1，不受同步时钟脉冲 CP 控制，可以用 S_D、R_D 端预置触发器的初始状态。图 10-11b 所示为其逻辑符号。

值得注意的是，触发器初态预置完成后，R_D、S_D 端必须保持 0 状态（或悬空）。有的 JK 触发器的 J、K 端可有多个，如 J_1 和 J_2，K_1 和 K_2，它们的关系为 $J = J_1 J_2$，$K = K_1 K_2$。

当 $CP = 1$ 时，主触发器工作，从触发器保持，R 和 S 端的逻辑表达式为

$$\begin{cases} R = KQ^n \\ S = J\overline{Q^n} \end{cases} \tag{10-4}$$

将上式代入同步 RS 触发器特性方程 [式 (10-2)]，可得主触发器的特性方程，即

$$Q_M^{n+1} = S + \overline{R}Q^n = J\overline{Q^n} + \overline{K}Q^n \tag{10-5}$$

当 CP 由 1 变为 0 时，主触发器保持原状态不变，从触发器工作，并跟随主触发器的状态变化，即有

$$Q^{n+1} = Q_M^{n+1}$$

$$Q^{n+1} = J\overline{Q^n} + \overline{K}Q^n \quad (CP \text{ 下降沿有效}) \tag{10-6}$$

上式为主从 JK 触发器的特性方程，即

当 $J = 0$、$K = 0$ 时，$Q^{n+1} = Q^n$，触发器保持状态不变；

当 $J = 0$、$K = 1$ 时，$Q^{n+1} = 0$，触发器置 0；

当 $J = 1$、$K = 0$ 时，$Q^{n+1} = 1$，触发器置 1；

当 $J = 1$、$K = 1$ 时，$Q^{n+1} = \overline{Q^n}$，触发器状态变化（翻转）。

CT74LS112 芯片由两个独立的下降沿触发的边沿 JK 触发器，$\overline{S_D}$、$\overline{R_D}$ 预置端低电平有效，它的引脚如图 10-12 所示，逻辑符号如图 10-13 所示，功能表如表 10-5 所示。

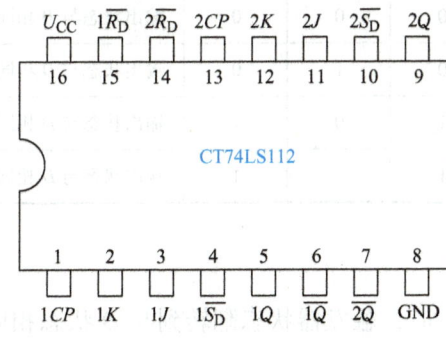

图 10-12　CT74LS112 引脚图

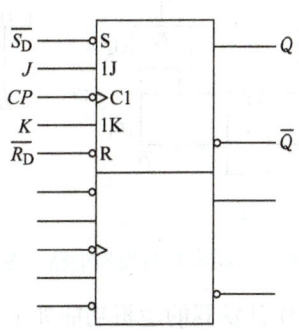

图 10-13　CT74LS112 逻辑符号图

表 10-5　CT74LS112 的功能表

输入					输出	功能说明
$\overline{R_D}$	$\overline{S_D}$	J	K	CP	Q^{n+1}	
0	1	×	×	×	0	异步置0
1	0	×	×	×	1	异步置1
1	1	0	0	↓	Q^n	保　持
1	1	0	1	↓	0	置　0
1	1	1	0	↓	1	置　1
1	1	1	1	↓	$\overline{Q^n}$	计　数
1	1	×	×	↓	Q^n	保　持
1	1	×	×	×	1	不允许

10.1.4　D 触发器

D 触发器的结构形式很多，主要分为同步 D 触发器和边沿 D 触发器。

1. 同步 D 触发器

为避免同步 RS 触发器同时出现 R 和 S 都为 1 时，输出状态不定，可在 R 和 S 之间接入非门 G_5，如图 10-14a 所示，这种单端输入的触发器称为同步 D 触发器，D 为信号输入端。图 10-14b 所示为其逻辑符号。

在 $CP=0$ 时，G_3、G_4 被封锁，输出都为 1，触发器保持原状态不变，不受 D 端输入信号的控制。

在 $CP=1$ 时，G_3、G_4 解除封锁，触发器输出受 D 端输入信号的控制。当 $D=1$ 时，$\overline{D}=0$，触发器输出 $Q^{n+1}=1$；当 $D=0$ 时，$\overline{D}=1$，触发器输出 $Q^{n+1}=0$。由此可列出同步 D 触发器的特性表，如表 10-6 所示。

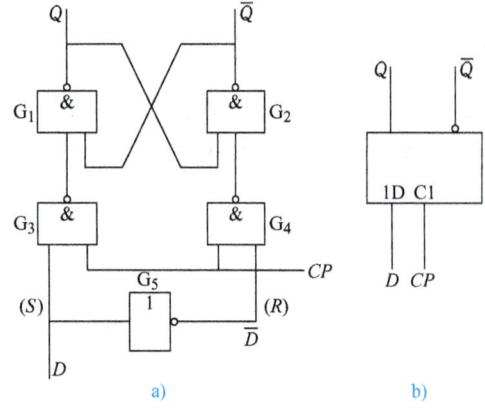

表 10-6　同步 D 触发器的特性表

D	Q^n	Q^{n+1}	说　明
0	0	0	输出状态与 D 相同
0	1	0	输出状态与 D 相同
1	0	1	输出状态与 D 相同
1	1	1	输出状态与 D 相同

图 10-14　同步 D 触发器电路与逻辑图

同步 D 触发器的逻辑功能如下：当 CP 由 0 变 1 时，触发器状态翻转到与 D 状态相同；当 CP 由 1 变 0 时，触发器状态保持原状态不变。

由同步 D 触发器逻辑功能可得到其特性方程为

$$Q^{n+1} = D \quad (CP = 1 \text{ 期间有效}) \quad (10\text{-}7)$$

由表 10-6 可画出同步 D 触发器的状态转换图，如图 10-15 所示。

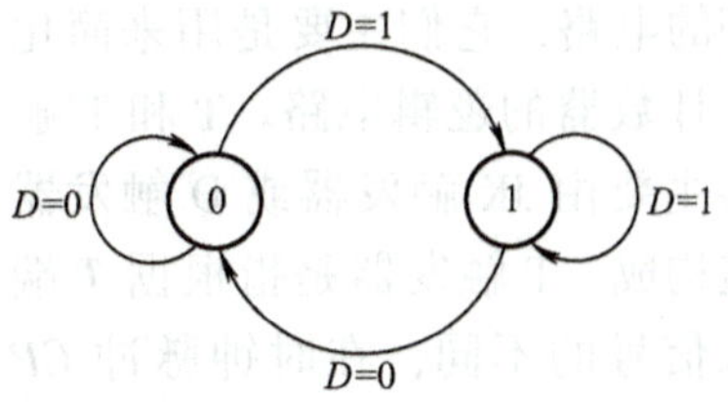

2. 边沿 D 触发器

边沿 D 触发器也称维持阻塞 D 触发器，其逻辑符号如图 10-16 所示，框内 ">" 表示动态输入，它表明时钟脉冲 CP 上升沿触发。它的逻辑功能、特性表与同步 D 触发器相同，但边沿 D 触发器只有在 CP 上升沿到达时才有效。它的特性方程如下

$$Q^{n+1} = D \quad (CP \text{ 上升沿到达时有效}) \quad (10\text{-}8)$$

3. 集成 D 触发器

图 10-17 所示为集成 CT74LS74 D 触发器的引脚图，如图 10-18 所示为其逻辑符号图，CT74LS74 芯片由两个相互独立的上升沿触发的边沿 D 触发器组成，$\overline{S_D}$、$\overline{R_D}$ 预置端低电平有效，其功能表如表 10-7 所示。

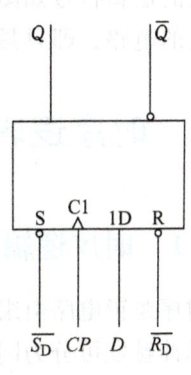

图 10-15　同步 D 触发器的状态转换图

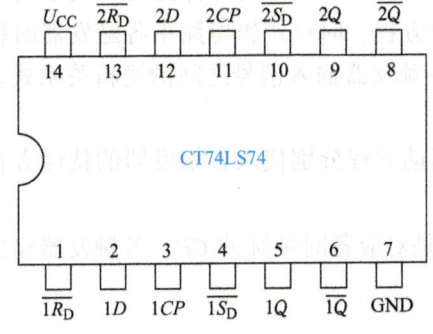

图 10-17　CT74LS74 引脚图

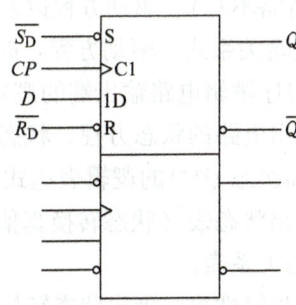

图 10-16　边沿 D 触发器的逻辑符号

图 10-18　CT74LS74 逻辑符号

表 10-7　CT74LS74 的功能表

输入				输出	功能说明
$\overline{R_D}$	$\overline{S_D}$	D	CP	Q^{n+1}	
0	1	×	×	0	异步置 0
1	0	×	×	1	异步置 1
1	1	0	↑	0	置 0
1	1	1	↑	1	置 1
1	1	×	0	Q^n	保　持
0	0	×	×	1	不允许

另外，在计数器中还经常用到 T 触发器和 T′ 触发器，而集成触发器产品中没有这两种

类型的电路，它们主要是用来简化集成计数器的逻辑电路。T 和 T′触发器主要由 JK 触发器或 D 触发器改造构成。T 触发器是指根据 T 端输入信号的不同，在时钟脉冲 CP 作用下具有翻转和保持功能的电路，它的逻辑符号如图 10-19 所示。而 T′触发器则是指每输入一个时钟脉冲 CP，状态就变化一次的电路，即只具有翻转功能的电路。

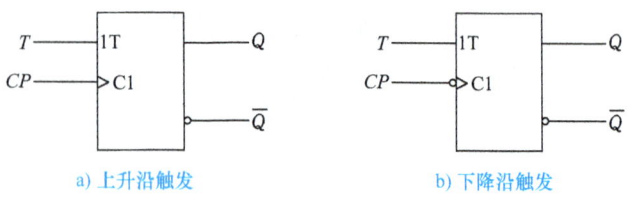

图 10-19 T 触发器的逻辑符号

10.2 时序逻辑电路分析

10.2.1 时序逻辑电路分析的一般步骤

时序逻辑电路由组合电路和触发器（存储器件）构成，根据各触发器是否使用同一个时钟脉冲触发可分为同步时序逻辑电路和异步时序逻辑电路。

时序逻辑电路的分析，就是根据给定的时序逻辑电路的逻辑图，分析确定该电路的逻辑功能。其一般分析步骤如下：

1）写出相关方程。根据给定的时序逻辑电路图写出各触发器的时钟方程（同步时序逻辑电路可省略不写）、驱动方程以及输出方程。时钟方程：时序逻辑电路中各触发器时钟脉冲 CP 的逻辑关系式。驱动方程：时序逻辑电路中各触发器输入信号之间的逻辑关系式。输出方程：时序逻辑电路输出端的逻辑关系式。

2）求出电路的状态方程。状态方程：就是将驱动方程分别代入各触发器的特性方程得出各触发器次态 Q^{n+1} 的逻辑表达式。

3）列出状态表（状态转换真值表）。状态表就是对应各时钟脉冲 CP，各触发器输出端的输出状态关系表。

4）列出特性表、画出状态转换图和时序波形图。

5）分析电路的逻辑功能。结合特性表、状态表、状态转换图及时序波形图等分析说明输出与输入、时钟脉冲及各内部变量之间的逻辑关系。

10.2.2 时序逻辑电路的分析实例

【例 10-1】 分析图 10-20 所示电路的逻辑功能，并画出状态转换图和时序图。

【解】 由图 10-20 所示电路可看出，时钟脉冲 CP 加在各触发器的时钟脉冲输入端上。因此，它是一个同步时序逻辑电路，时钟方程可以不写。

1. 写方程式

（1）输出方程

$$Y = Q_2^n Q_0^n$$

（2）驱动方程

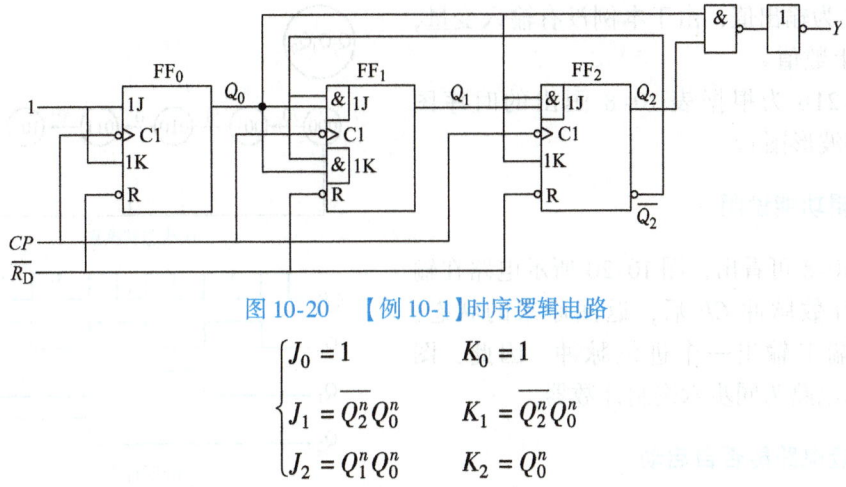

图 10-20 【例 10-1】时序逻辑电路

$$\begin{cases} J_0 = 1 & K_0 = 1 \\ J_1 = \overline{Q_2^n Q_0^n} & K_1 = \overline{Q_2^n Q_0^n} \\ J_2 = Q_1^n Q_0^n & K_2 = Q_0^n \end{cases}$$

（3）状态方程。将驱动方程式代入 JK 触发器的特性方程 $Q^{n+1} = J\overline{Q^n} + \overline{K}Q^n$ 便得电路的状态方程为

$$\begin{cases} Q_0^{n+1} = J_0 \overline{Q_0^n} + \overline{K_0}Q_0^n = 1 \cdot \overline{Q_0^n} + \overline{1} \cdot Q_0^n = \overline{Q_0^n} \\ Q_1^{n+1} = J_1 \overline{Q_1^n} + \overline{K_1}Q_1^n = \overline{\overline{Q_2^n Q_0^n}} \cdot \overline{Q_1^n} + \overline{\overline{Q_2^n Q_0^n}} \cdot Q_1^n \\ Q_2^{n+1} = J_2 \overline{Q_2^n} + \overline{K_2}Q_2^n = Q_1^n Q_0^n \overline{Q_2^n} + \overline{Q_0^n}Q_2^n \end{cases}$$

2. 列出状态表

设电路的现态为 $Q_2^n Q_1^n Q_0^n = 000$，代入驱动方程和状态方程进行计算后得 $Y = 0$ 和 $Q_2^{n+1} Q_1^{n+1} Q_0^{n+1} = 001$，这说明输入第一个计数脉冲（时钟脉冲 CP）后，电路的状态由 000 翻到 001。然后再将 001 当作现态，即 $Q_2^n Q_1^n Q_0^n = 001$，代入上述方程式中进行计算后得 $Y = 0$ 和 $Q_2^{n+1} Q_1^{n+1} Q_0^{n+1} = 010$，即输入第二个 CP 后，电路的状态由 001 翻到 010。

其余类推。由此可求得表 10-8 所示的状态表。

表 10-8 【例 10-1】的状态表

现态			次态			输出
Q_2^n	Q_1^n	Q_0^n	Q_2^{n+1}	Q_1^{n+1}	Q_0^{n+1}	Y
0	0	0	0	0	1	0
0	0	1	0	1	0	0
0	1	0	0	1	1	0
0	1	1	1	0	0	0
1	0	0	0	0	1	0
1	0	1	0	0	0	1

3. 画状态转换图和时序图

根据表 10-8 可画出图 10-21a 所示的状态转换图。图中的圆圈内表示电路的一个状态，箭头表示电路状态的转换方向。箭头线上方标注的 X/Y 为转换条件，X 为转换前输入变量的取值，Y 为输出值，由于本例没有输入变量，故 X 未标上数值。

图 10-21b 为根据表 10-8 画出的时序图（或称时序波形图）。

4. 逻辑功能说明

由表 10-8 可看出，图 10-20 所示电路在输入第 6 个计数脉冲 CP 后，返回原来的状态，同时输出端 Y 输出一个进位脉冲。因此，图 10-20 所示电路为同步六进制计数器。

5. 检查电路能否自启动

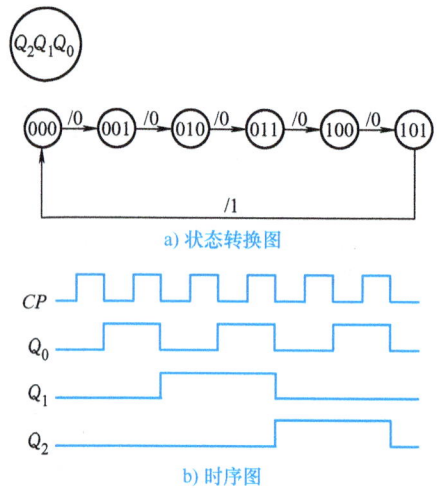

图 10-21 【例 10-1】的状态转换图和时序图

图 10-20 所示电路应有 $2^3=8$ 个工作状态，由图 10-21a 中可看出，它只有 6 个状态被利用了，这 6 个状态称为<u>有效状态</u>。还有 110 和 111 没有被利用，称为<u>无效状态</u>。将无效状态 110 代入状态方程中进行计算，得 $Q_2^{n+1}Q_1^{n+1}Q_0^{n+1}=111$，再将 111 代入状态方程后得 $Q_2^{n+1}Q_1^{n+1}Q_0^{n+1}=010$，为有效状态。可见，图 10-20 所示同步时序逻辑电路如果由于某种原因而进入无效状态工作时，只要继续输入计数脉冲 CP，电路便会自动返回到有效状态工作，则该电路具有自启动能力，否则电路不具有自启动能力。

【例 10-2】 试分析图 10-22 所示电路的逻辑功能，并画出状态转换图和时序图。

【解】 由图 10-22 可看出，FF_1 的时钟信号输入端与时钟信号源 CP 没有相连，而是由 FF_0 的 Q_0 端输出信号来触发的，所以是异步时序逻辑电路。

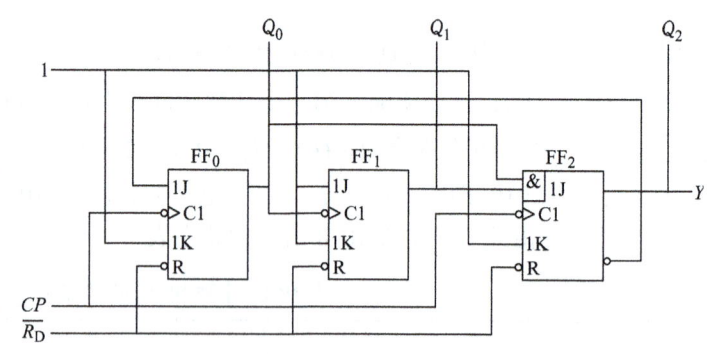

图 10-22 【例 10-2】时序逻辑电路

1. 写方程式

（1）时钟方程

$$\begin{cases} CP_0 = CP_2 = CP \\ CP_1 = Q_0 \end{cases}$$

FF_0 和 FF_2 由 CP 的下降沿触发

FF_1 由 Q_0 输出的下降沿触发

（2）输出方程

$$Y = Q_2^n$$

（3）驱动方程

$$\begin{cases} J_0 = \overline{Q_2^n} & K_0 = 1 \\ J_1 = 1 & K_1 = 1 \\ J_2 = Q_1^n Q_0^n & K_2 = 1 \end{cases}$$

(4) 状态方程

$$\begin{cases} Q_0^{n+1} = J_0 \overline{Q_0^n} + \overline{K_0} Q_0^n = \overline{Q_2^n}\,\overline{Q_0^n} & CP\text{下降沿有效} \\ Q_1^{n+1} = J_1 \overline{Q_1^n} + \overline{K_1} Q_1^n = \overline{Q_1^n} & Q_0\text{下降沿有效} \\ Q_2^{n+1} = J_2 \overline{Q_2^n} + \overline{K_2} Q_2^n = Q_1^n Q_0^n \overline{Q_2^n} & CP\text{下降沿有效} \end{cases}$$

2. 列状态转换真值表

设现态为 $Q_2^n Q_1^n Q_0^n = 000$，代入以上各式可列出表10-9所示的状态转换真值表。

表 10-9　【例 10-2】的状态表

现 态			次 态			输出	时 钟 脉 冲		
Q_2^n	Q_1^n	Q_0^n	Q_2^{n+1}	Q_1^{n+1}	Q_0^{n+1}	Y	CP_2	CP_1	CP_0
0	0	0	0	0	1	0	↓	↑	↓
0	0	1	0	1	0	0	↓	↓	↓
0	1	0	0	1	1	0	↓	↑	↓
0	1	1	1	0	0	0	↓	↓	↓
1	0	0	0	0	0	1	↓	↑	↓

对表 10-9 作简要说明：表中第一行，现态 $Q_2^n Q_1^n Q_0^n = 000$ 时，先计算 Q_2 和 Q_0 的次态为 $Q_2^{n+1} Q_0^{n+1} = 01$，由于 $CP_1 = Q_0$，其由 0 跃到 1 为正跃变，故 FF_1 保持 0 态不变，这时 $Q_2^{n+1} Q_1^{n+1} Q_0^{n+1} = 001$。表中第二行，现态为 $Q_2^n Q_1^n Q_0^n = 001$ 时，得 $Q_2^{n+1} Q_0^{n+1} = 00$，这时 $CP_1 = Q_0$ 由 1 跃到 0 为负跃变，使 FF_1 由 0 态翻到 1 态，这时 $Q_2^{n+1} Q_1^{n+1} Q_0^{n+1} = 010$。其余依此类推。

3. 逻辑功能说明

由表 10-9 可看出，图 10-22 所示电路在输入第 5 个计数脉冲时，返回初始的 000 状态，同时输出端 Y 输出一个跃变的进位信号，因此，图 10-22 所示电路为异步五进制计数器。

4. 状态转换图和时序图

根据表 10-9 可画出图 10-22 所示电路的状态转换图和时序图，如图 10-23 所示。

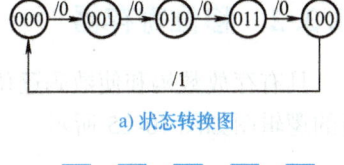

a) 状态转换图

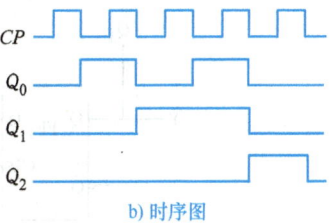

b) 时序图

图 10-23　【例 10-2】的状态转换图和时序图

10.3 寄存器

在数字电路中，用来存放二进制数据或代码的电路称为寄存器。寄存器是由具有存储功能的触发器组合起来构成的。一个触发器可以存储1位二进制代码，存放 n 位二进制代码的寄存器，需用 n 个触发器来构成。常用的寄存器有4位寄存器、8位寄存器、16位寄存器等。寄存器按其功能不同，可以分为数码寄存器和移位寄存器两类。数码寄存器是用来存放一组二进制代码。移位寄存器除了存储二进制代码外，还具有移位功能。所谓移位，就是在移位脉冲作用下依次逐位右移或左移。寄存器是数字系统和计算机中常用的基本逻辑部件。

10.3.1 数码寄存器

图10-24所示为由4个维持阻塞D触发器组成的四位寄存器74LS75的逻辑电路图及逻辑符号。图中 $D_0 \sim D_3$ 为并行数码输入端，CP 为时钟脉冲输入端，$Q_0 \sim Q_3$ 为并行数码输出端。

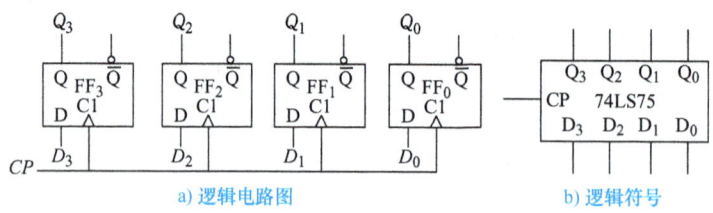

a) 逻辑电路图　　　　　　　　　　b) 逻辑符号

图10-24　四位寄存器74LS75的逻辑电路图及逻辑符号

图10-24a所示电路的工作原理是：$D_0 \sim D_3$ 分别为四个D触发器 $FF_0 \sim FF_3$ 的输入数码，当 CP 脉冲的上升沿到达时，$D_0 \sim D_3$ 的数据被置入到四个触发器中，这时寄存器输出为 $Q_3Q_2Q_1Q_0 = D_3D_2D_1D_0$。

为提高使用的灵活性，在寄存器的集成电路中都附加控制信号输入端，这些控制信号输入端主要有异步置0、输出三态控制和移位等功能。

10.3.2 移位寄存器

具有存放数码和使数码逐位右移或左移的电路称为移位寄存器，又称移存器。移位寄存器的逻辑图如图10-25所示。

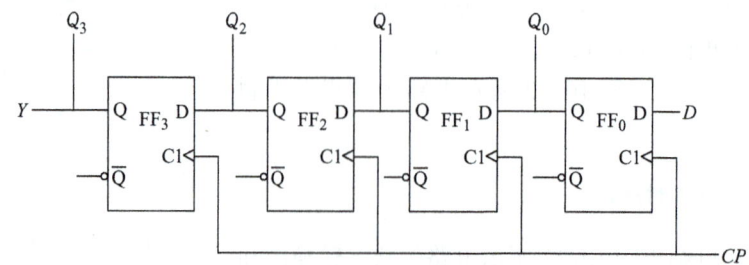

图10-25　移位寄存器的逻辑图

移位寄存器除了可以实现寄存数据的功能外，还可实现串、并行数据的转换。例如：将一列串行数据1101从移位寄存器的数据信号输入端 D 输入，在触发脉冲的作用下，串行数据逐个输入移位寄存器，经四个触发脉冲以后，四位串行数据全部输入移位寄存器，移位寄存器内四个触发器 FF_3、FF_2、FF_1、FF_0 输出端的信号 $Q_3Q_2Q_1Q_0 = 1101$，是一个并行的输出数据。再输出四个触发脉冲，并行数据1101又从移位寄存器的数据信号输出端 Y 以串行数据的形式输出。移位寄存器串行数据转并行数据的时序图如图10-26所示。

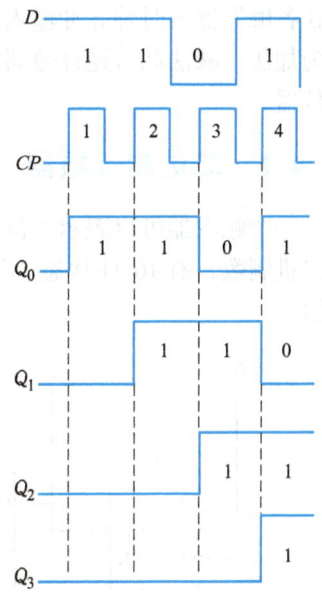

图10-26　移位寄存器串行数据转并行数据的时序图

根据图10-26可以详细说明串行数据转并行数据的过程。设四个触发器的现态都是0。在第一个触发脉冲作用下，FF_0 接收输入的数据1，其余的触发器接收的数据都是0，移位寄存器各触发器输出的数据为0001；在第二个触发脉冲作用下，FF_0 接收输入的数据1，FF_1 接收 Q_0 的输出数据1，其余的触发器接收的数据都是0，移位寄存器各触发器输出的数据为0011；在第三个触发脉冲作用下，FF_0 接收输入的数据0，FF_1 接收 Q_0 的输出数据1，FF_2 接收 Q_1 的输出数据1，FF_3 接收 Q_2 的输出数据0，移位寄存器各触发器输出的数据为0110；在第四个触发脉冲作用下，FF_0 接收输入的数据1，FF_1 接收 Q_0 的输出数据0，FF_2 接收 Q_1 的输出数据1，FF_3 接收 Q_2 的输出数据1，移位寄存器各触发器输出的数据为1101。

10.3.3　集成寄存器

为了便于扩展移位寄存器的功能和提高使用的灵活性，集成电路的移位寄存器产品通常附加有左、右移位控制，并行数据输入，保持和复位等功能控制输入端。图10-27是四位双向移位寄存器74LS194的符号，74LS194的功能表见表10-10，74LS194是双向四位TTL型集成移位寄存器，具有双向移位、并行输入、保持数据和清除数据等功能。$\overline{R}$ 为异步清零端，优先级别最高；S_1、S_0 控制寄存器的功能；D_{IR} 为右移数据输入端，D_{IL} 为左移数据输入端。

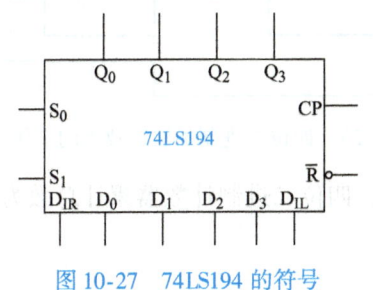

图10-27　74LS194的符号

表10-10　74LS194的功能表

$\overline{R}$	S_1	S_0	工作状态
0	×	×	置0
1	0	0	保持
1	0	1	右移
1	1	0	左移
1	1	1	并行输入

10.4　计数器

计数器是计算机和数字逻辑系统中重要的基本部件，应用十分广泛。它不仅用来计数，还用作数字系统中的定时电路和执行数字运算等。计数器的种类很多，按计数脉冲是否同时加在各触发器的时钟脉冲输入端，可分为同步、异步计数器；按计数过程中计数的增减，可分为加法、减法和可逆计数器；按计数器中计数编码方式可分为二进制、十进制和 N 进制计数器。

10.4.1 二进制计数器

一个触发器可以表示一位二进制数，常用的二进制计数器是由四个触发器组成，表示四位二进制数，有 16 种状态。图 10-28 所示是由四个 JK 触发器组成的异步二进制加法计数器。

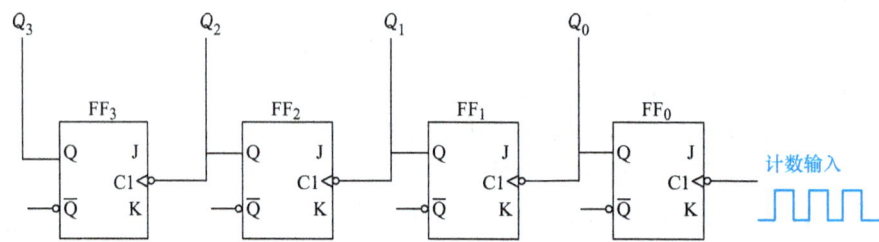

图 10-28　由四个 JK 触发器组成的异步二进制加法计数器

将 JK 触发器的输入端悬空，相当于 $J=K=1$，计数输入端每接收到一个时钟脉冲，触发器就翻转一次；低位触发器翻转两次，即计两个数就产生一个进位脉冲。设四个 JK 触发器的初态均为 0，即计数器状态为 0000。第一个计数脉冲下降沿到来时，触发器 FF_0 翻转为 1，其输出端 Q_0 由低电平变为高电平，因而触发器 FF_1 不会翻转，计数器状态为 0001。第二个计数脉冲下降沿到来时，FF_0 翻转为 0，Q_0 输出的负跳变（由 1 变 0）使 FF_1 翻转为 1，Q_1 低电平变成高电平，不会引起触发器 FF_2 翻转，触发器 FF_3 也不会翻转，计数器状态为 0010。第三个计数脉冲下降沿到来时，FF_0 翻转为 1，FF_1、FF_2、FF_3 都不翻转，计数器状态为 0011。第四个计数脉冲下降沿到来时，FF_0 翻转为 0，使 FF_1 翻转成 0，从而使 FF_2 翻转成 1，FF_3 不翻转，计数器状态为 0100。

如此继续下去，可画出如图 10-29 所示的工作波形图。由工作波形图可看出，第一位 Q_0 每累计一个数，状态变一次；第二位 Q_1 每累计两个数，状态变一次；第三位 Q_2 每累计四个数，状态变一次；

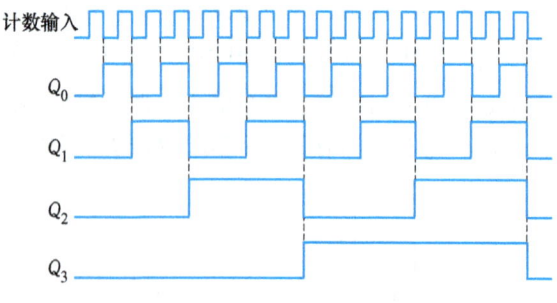

图 10-29　四位二进制加法计数器的工作波形图

第四位 Q_3 每累计八个数，状态变一次。因此，四位二进制计数器累计总数为 $2^4=16$。

10.4.2 十进制计数器

在数字式仪表中，为了显示读数直观方便，须采用十进制计数器。在小型控制设备或一些定时系统中，也常需要十进制计数器。

图 10-30 是由 JK 触发器组成的 8421 码十进制加法计数器的逻辑电路图。它包含四个 JK 触发器，各触发器的电路特点如下：

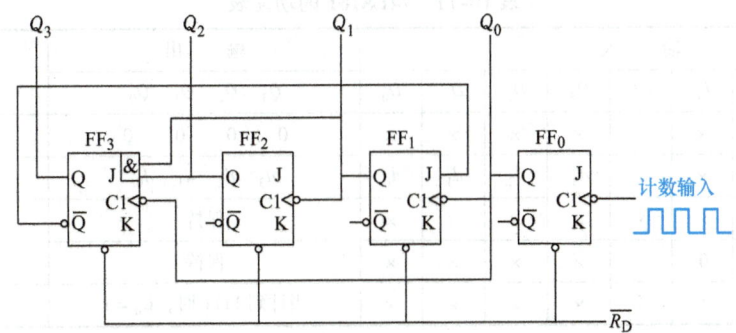

图 10-30　由 JK 触发器组成的 8421 码十进制加法计数器的逻辑电路图

1) 第一位触发器，$J = K = 1$，FF_0 翻转受输入的计数脉冲控制。

2) 第二位触发器 $J = \overline{Q_3}$，$K = 1$，FF_1 翻转受 FF_0 控制。

3) 第三位触发器，$J = K = 1$，FF_2 翻转受 FF_1 控制。

4) 第四位触发器，$J = Q_1 Q_2$，$K = 1$，$CI = Q_0$。仅当 $Q_1 = Q_2 = 1$ 且 Q_0 由 1→0 时，FF_3 才能翻转。而 $Q_1 = Q_2 = Q_0 = 1$ 是第七个脉冲状态，当第八个脉冲下降沿到来时，Q_0 由 1→0，这时 FF_3 翻转，由 0→1。

工作原理：计数之前先清零，即 $Q_3 Q_2 Q_1 Q_0 = 0000$。在 FF_3 翻转之前（即计数到 8 以前），前（低位的）三级触发器都处于计数触发状态，其工作原理与二进制计数器完全相同。也就是说，前三级触发器组成三位二进制计数器。

当第八个脉冲到来后，FF_0 的输出由 1→0，Q_0 的负跳变使 FF_1 的输出由 1→0，Q_1 的负跳变又使 Q_2 也由 1→0，同时，由于第七个脉冲已经使第四位触发器的 $J = Q_1 Q_2 = 1$，故 Q_0 输出的负跳变也使 FF_3 翻转，Q_3 由 0→1，这时计数器变成 1000 状态。

第九个脉冲使 FF_0 翻转，计数器为 1001 状态。第十个脉冲输入后，FF_0 翻回 0 状态，并送给 FF_1、FF_3 的 CI 端一个负跳变。因第二位触发器的 $J = 0$，故 FF_1 维持 0 状态不变，FF_3 则因 $K = 1$，$J = 0$ 而翻回到 0 状态。于是计数器由 1001 回到 0000 状态，实现了二-十进制的计数。

10.4.3　集成计数器

集成计数器使用方便、灵活，下面介绍常用集成计数器的功能及应用。

1. 集成二进制计数器 74LS161、74LS163

74LS161 是四位二进制同步加法计数器。其符号如图 10-31 所示。

其中 $\overline{CR}$ 是异步清零端；$\overline{LD}$ 是同步预置数控制端；D_3、D_2、D_1、D_0 是预置数据输入端；T_T、T_P 是计数使能端；C_0 是进位输出端。表 10-11 是 74LS161 的功能表。

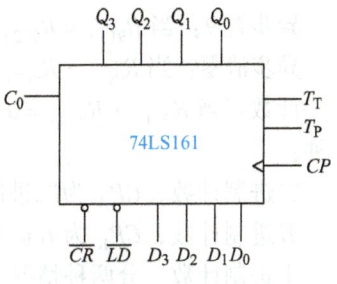

图 10-31　74LS161 的符号

表 10-11　74LS161 的功能表

输　　　　入									输　　出				功能说明
$\overline{CR}$	$\overline{LD}$	T_T	T_P	CP	D_3	D_2	D_1	D_0	Q_3	Q_2	Q_1	Q_0	
0	×	×	×	×	×	×	×	×	0	0	0	0	异步清零
1	0	×	×	↑	d_3	d_2	d_1	d_0	d_3	d_2	d_1	d_0	同步置数
1	1	0	×	×	×	×	×	×	保持				保持
1	1	×	0	×	×	×	×	×	保持				保持
1	1	1	1	↑	×	×	×	×	当计到 1111 时，$C_0 = 1$				计数

异步清零：当 $\overline{CR} = 0$ 时，不管其他输入端状态如何，计数器输出将被直接置零 $Q_3Q_2Q_1Q_0 = 0000$，时钟脉冲 CP 不起作用。

同步并行置数：当 $\overline{CR} = 1$，$\overline{LD} = 0$ 时，在 CP 的上升沿作用下，预置好的数据 $d_3d_2d_1d_0$ 被并行送到输出端，此时 $Q_3Q_2Q_1Q_0 = d_3d_2d_1d_0$。

保持：当 $\overline{CR} = 1$，$\overline{LD} = 1$ 时，只要 $T_T \cdot T_P = 0$，即两个使能端中有 0 时，则计数器保持原来状态不变。

计数：当 $\overline{CR} = 1$，$\overline{LD} = 1$ 时，只要 $T_T \cdot T_P = 1$，在 CP 脉冲的上升沿作用下，计数器进行二进制加法计数。当计到 $Q_3Q_2Q_1Q_0$ 为 1111 时，进位输出端 C_0 变为 1，$C_0 = 1$ 的时间是从 $Q_3Q_2Q_1Q_0$ 为 1111 时起，到 $Q_3Q_2Q_1Q_0$ 的状态变化时止。

74LS163 是四位二进制同步加法计数器，外形及引脚与 74LS161 相同，所不同的是 74LS163 是同步清零。当 $\overline{CR} = 0$ 时，在 CP 脉冲的上升沿到来时，$Q_3Q_2Q_1Q_0 = 0000$，即同步清零。其余功能与 74LS161 相同。

2. 集成十进制计数器 74LS160

74LS160 除了计数为十进制外，其他功能都与二进制同步加法计数器 74LS161 一样，其逻辑图和引脚图也与 74LS161 相同。

3. 二-五-十进制异步加法计数器 74LS290

74LS290 可分别实现二进制、五进制和十进制计数，具有清零、置数和计数功能。其符号如图 10-32 所示，功能表见表 10-12。

异步置 9：当 $R_{9(1)} = R_{9(2)} = 1$ 时，电路输出 $Q_DQ_CQ_BQ_A = 1001$。

异步清零：当 $R_{9(1)} \cdot R_{9(2)} = 0$ 时，若 $R_{0(1)} \cdot R_{0(2)} = 1$，则电路输出为 $Q_DQ_CQ_BQ_A = 0000$。

计数：当 $R_{9(1)} \cdot R_{9(2)} = 0$，且 $R_{0(1)} \cdot R_{0(2)} = 0$ 时，电路为计数状态。计数方式有以下三种：

二进制计数，CP_A 为二进制计数脉冲输入端，Q_A 为二进制计数状态输出端。

五进制计数，CP_B 为五进制计数脉冲输入端，Q_D、Q_C、Q_B 为五进制计数状态输出端。

十进制计数，分两种情况：若计数脉冲从 CP_A 端输入，将 Q_A 与 CP_B 端相连接，输出按 8421BCD 码计数，从高位到低位依次是 Q_D、Q_C、Q_B、Q_A；若计数脉冲从 CP_B 端输入，将 Q_D 与 CP_A 端相连接，输出按 5421BCD 码计数，从高位到低位依次是 Q_A、Q_B、Q_C、Q_D。

表 10-12　74LS290 的功能表

输入				输出			
$R_{0(1)}$	$R_{0(2)}$	$R_{9(1)}$	$R_{9(2)}$	Q_D	Q_C	Q_B	Q_A
1	1	0	×	0	0	0	0
1	1	×	0	0	0	0	0
×	×	1	1	1	0	0	1
×	0	×	0	计数			
0	×	×	0				
0	×	×	0				
×	0	0	×				

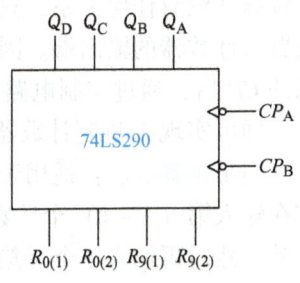

图 10-32　74LS290 的符号

4. 集成计数器的应用

利用二进制或十进制计数器，外加适当的门电路可以组成任意进制计数器。常用的方法有清零法或预置数法。

异步清零法：适用于具有异步清零端的集成计数器，只要异步清零端出现清零有效信号，计数器便立即被清零。因此，在输入第 N 个计数脉冲后，通过控制电路产生一个清零信号加到异步清零端上，使计数器回零，则可获得 N 进制计数器。图 10-33 所示是七进制计数器。74LS161 具有异步清零端，当 74LS161 从 0000 状态开始计数，输入第 7 个计数脉冲（上升沿）时，输出 $Q_3Q_2Q_1Q_0 = 0111$，与非门输出端变低电平，反馈给 $\overline{CR}$ 端一个清零信号，立即使 $Q_3Q_2Q_1Q_0$ 返回 0000 状态，接着与非门输出端变高电平，$\overline{CR}$ 端清零信号随之消失，74LS161 重新从 0000 状态开始新的计数周期，可见 0111 状态仅在极短的瞬间出现，为过渡状态。该电路的有效状态是 0000～0110，共 7 个状态，所以为七进制计数器。

同步清零法：同步清零法适用于具有同步清零端的集成计数器。与异步清零不同，同步清零输入端获得有效信号后，计数器并不能立即清零，只是为清零创造条件，还需要再输入一个计数脉冲 CP，计数器才能被清零。因此利用同步清零端获得 N 进制计数器时，应在输入第 $(N-1)$ 个计数脉冲 CP 时，在同步清零输入端获得清零信号，这样，在输入第 N 个计数脉冲 CP 时，计数器才被清零，从而实现 N 进制计数器。图 10-34 所示是集成计数器 74LS163 和与非门组成的七进制计数器。由图知，当 74LS163 从 0000 状态开始计数，输入第 6 个计数脉冲（上升沿）时，输出 $Q_3Q_2Q_1Q_0 = 0110$，与非门输出端变低电平，使 $\overline{CR}$ 端有效，为清零做好准备，再输入一个脉冲，即第 7 个脉冲（上升沿）时，使 $Q_3Q_2Q_1Q_0$ 返回 0000 状态，同时 $\overline{CR}$ 端的有效信号消失。74LS163 重新从 0000 状态开始新的计数周期。

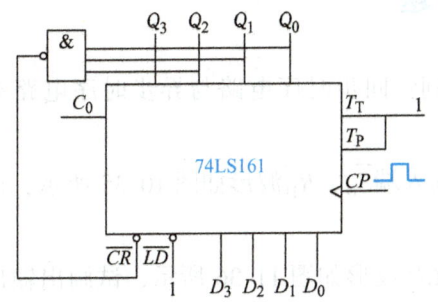

图 10-33　74LS161 异步清零法组成七进制计数器

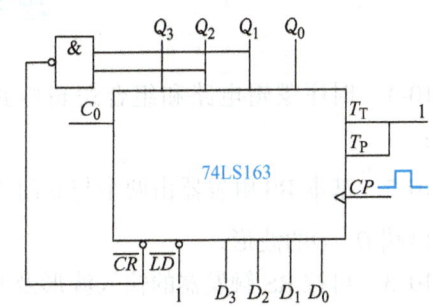

图 10-34　74LS163 同步清零法组成七进制计数器

异步预置数法：适用于具有异步预置数端的集成计数器。和异步清零一样，异步置数与时钟脉冲没有任何关系，只要异步置数控制端出现置数有效信号时，并行输入的数据便立即被置入计数器的输出端。因此，异步置数控制端先预置一个初始状态，在输入第 N 个计数脉冲 CP 后，通过控制电路产生一个置数信号加到置数控制端上，使计数器返回到初始状态。即可实现 N 进制计数器。

同步预置数法：适用于具有同步预置数端的集成计数器。方法与异步预置数法类似。但应在输入第 ($N-1$) 个计数脉冲 CP 后，通过控制电路产生一个置数信号，使置数控制端有效。然后再输入一个（第 N 个）计数脉冲 CP 时，计数器执行预置操作，重新将预置状态置入计数器，从而实现 N 进制计数器。图 10-35 所示是集成计数器 74LS160 和与非门组成的七进制计数器。由图可知，电路的预置数为 $D_3D_2D_1D_0=0011$，当输入第 6 个 CP 脉冲后计数到 1001 状态时，进位输出端 $C_0=1$，$\overline{LD}=0$，在第 7 个 CP 脉冲到来，计数器执行预置操作，重新将 0011 状态置入计数器。同时使 $C_0=0$，$\overline{LD}=1$，新的计数周期又从 0011 开始。

本 章 小 结

1. 任意时刻的稳定输出不仅取决于该时刻的输入，而且和电路原来的状态有关的电路叫作时序逻辑电路，简称时序电路。时序逻辑电路具有记忆功能。

2. 构成时序逻辑电路的基本单元是触发器，常用的触发器有：RS 触发器、JK 触发器、D 触发器、T 触发器等。

3. 基本 RS 触发器结构简单，是构成各种性能更为完善的触发器的基础，但存在直接控制的缺点，且输出状态不定；同步 RS 触发器是在基本 RS 触发器基础上加入了控制门和 CP 脉冲信号，其抗干扰能力比基本 RS 触发器高，但存在空翻现象。

4. JK 触发器和 D 触发器具有计数功能且不会产生空翻现象，应用灵活方便。

5. 寄存器、计数器是常用的时序逻辑电路。

寄存器按其功能特点分为数码寄存器和移位寄存器，数码寄存器用来存放二进制代码，移位寄存器除了存储二进制代码外，还具有移位功能。

计数器按触发信号可分为同步式和异步式，按计数规律可分为加法计数器、减法计数器和可逆计数器，按数制不同可分为二进制计数器、十进制计数器和 N 进制计数器等。

思 考 与 习 题

10-1 时序逻辑电路和组合逻辑电路有何区别？同步时序电路与异步时序电路有何不同？

10-2 基本 RS 触发器由两个与非门构成，当输入端 $\overline{S_D}$、$\overline{R_D}$ 波形如图 10-35 所示，试画出输出端 Q、$\overline{Q}$ 的波形。

10-3 可控 RS 触发器的输入波形及时钟脉冲 CP 波形如图 11-36 所示，试画出输出端 Q、$\overline{Q}$ 的波形。

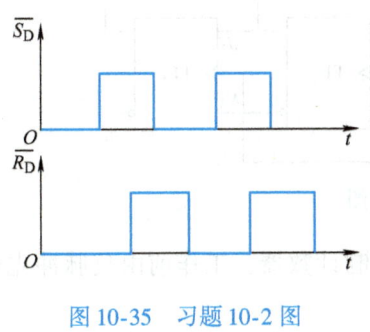

图 10-35　习题 10-2 图

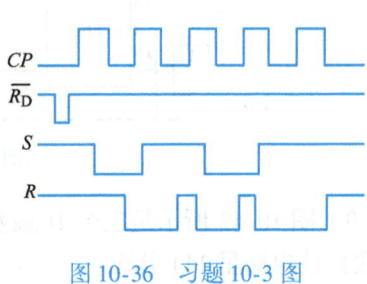

图 10-36　习题 10-3 图

10-4　有一同步 RS 触发器，若其初态为 0 态，根据图 11-37 所示 CP、R、S 端的波形，画出与之相对应的 Q 和 $\overline{Q}$ 端的波形。

10-5　有一同步 RS 触发器，若其初态为 1 态，根据图 11-38 所示 CP、R、S 端的波形，画出输出 Q 和 $\overline{Q}$ 端的波形。

图 10-37　习题 10-4 图

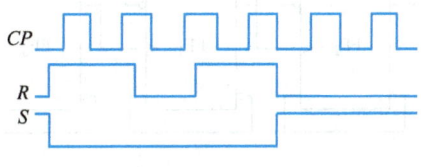

图 10-38　习题 10-5 图

10-6　试分析如图 10-39 所示时序逻辑电路的逻辑功能。写出它的驱动方程、状态方程和输出方程，并画出它的状态转换图和 Q_0、Q_1、Q_2 的波形图。

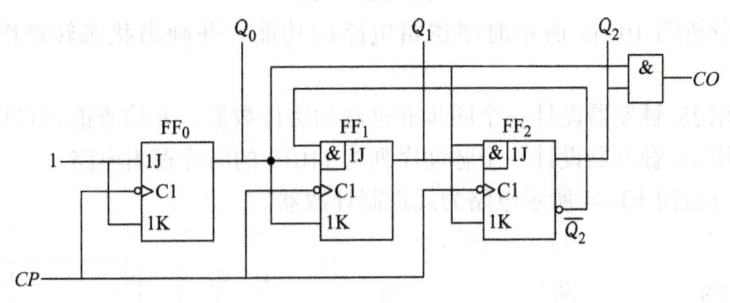

图 10-39　习题 10-6 图

10-7　按图 10-40 中 T 触发器与 D 触发器的逻辑符号，画出 Q 端相应输出波形。设初态为 1。

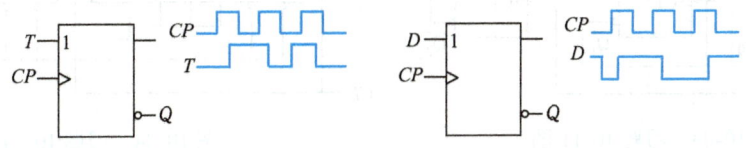

图 10-40　习题 10-7 图

10-8　由 JK 触发器组成的右移位寄存器如图 10-41 所示，设初态全为零，且 D_{SR} 始终为 1，试分析第一个和第二个时钟脉冲 CP 作用后 $Q_0 \sim Q_3$ 的输出状态。

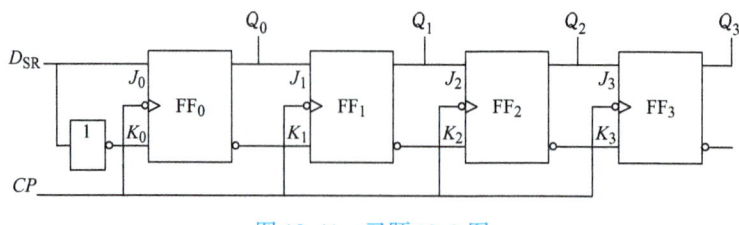

图 10-41 习题 10-8 图

10-9 图 10-42 所示是三个 D 触发器组成的二进制计数器，工作前由负脉冲先通过 $\overline{S_D}$（置 1 端）使电路呈 111 状态。

（1）按输入脉冲 CP 顺序在表 11-13 中填写 Q_2、Q_1、Q_0 相应的状态（0 或 1）；
（2）此计数器是二进制加法计数器还是减法计数器？

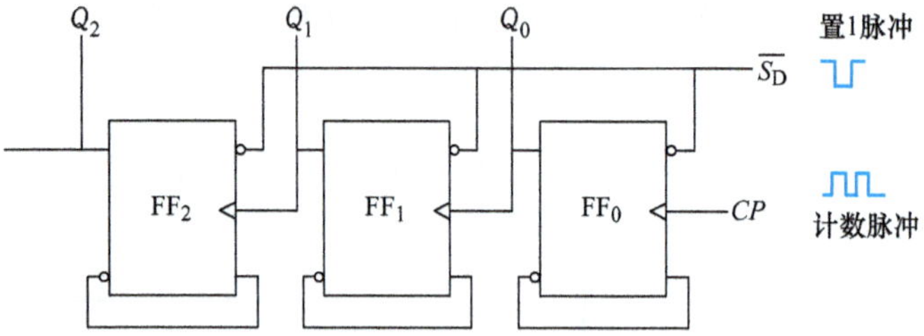

表 10-13 习题 10-9 状态表

CP 个数	Q_2	Q_1	Q_0
0			
1			
2			
3			
4			
5			
6			
7			

图 10-42 习题 10-9 图

10-10 二进制加法计数器从 0 计到下列各数，需要多少个触发器？
（1）3   （2）17   （3）27

10-11 试分析图 10-43 所示时序逻辑电路的功能。并画出状态转换图，检查能否自启动。

10-12 试用 JK 触发器设计一个同步五进制加法计数器，并检查能否自启动。

10-13 试用 JK 触发器设计一个脉冲序列为 11010 的时序逻辑电路。

10-14 试分析图 10-44 所示电路为几进制计数器。

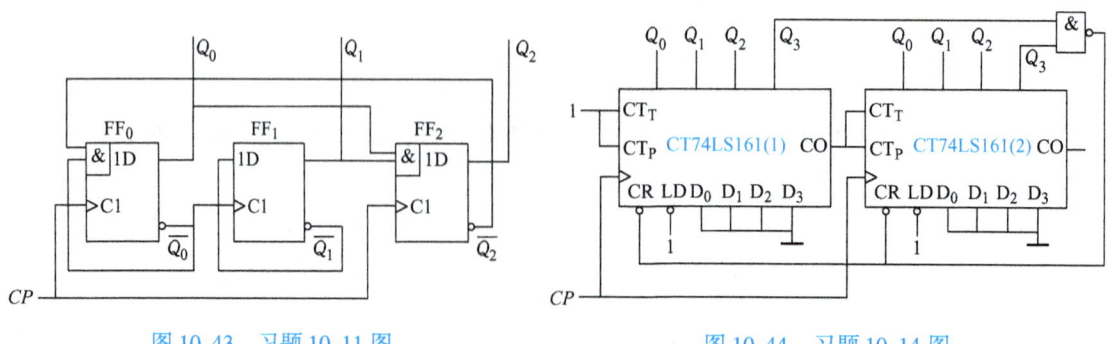

图 10-43 习题 10-11 图   图 10-44 习题 10-14 图

第 11 章 技能实训

11.1 电路元件伏安特性的测定

11.1.1 实训目的

1）熟悉直流电压表、电流表及万用表的使用方法，学会选择合适的仪表量程进行测量，并能够正确读数。
2）增强对线性电阻、非线性电阻及电源伏安特性的感性认识。
3）学会绘制实验曲线。

11.1.2 实训知识要点

1）电阻元件的伏安特性是指元件两端电压与通过该元件电流之间的函数关系。线性电阻元件的伏安特性满足欧姆定律，其伏安特性曲线是一条过坐标原点的直线；非线性电阻元件的阻值不是常量，其伏安特性曲线不是直线。

2）实际电源的伏安特性是指实际电压源（或实际电流源）的输出电压、电流关系曲线。由于直流稳压电源的内阻很小，可近似看作恒压源。

3）电压表应并联在被测元件两端，电流表应串联在被测支路中，应严格注意正确的极性（对直流电表）和合适的量程。

11.1.3 实训内容及要求

1. 元件伏安特性的测试

1）将200Ω绕线电阻作为待测元件 R_L，按图 11-1a 所示电路接线，将稳压电源输出电压调至 10V，改变滑线变阻器 RP 的滑动触头位置，使电压表的读数从 0 开始缓慢增加到 10V，每隔 2V，记下电压表读数和对应的电流表读数，填入表 11-1 中。

表 11-1 电阻实测数据

U/V	0	2	4	6	8	10
I/mA						

2）按图 11-1a 将 200Ω 绕线电阻改为 10V 白炽灯，重复上述步骤，实测数据填入表 11-2 中。

表 11-2 白炽灯实测数据

U/V	0	2	4	6	8	10
I/mA						

注：白炽灯阻值过小，电流表读数超出量程可在白炽灯上串联一个适当大小的定值电阻，将它们看作一个整体测量其伏安特性。

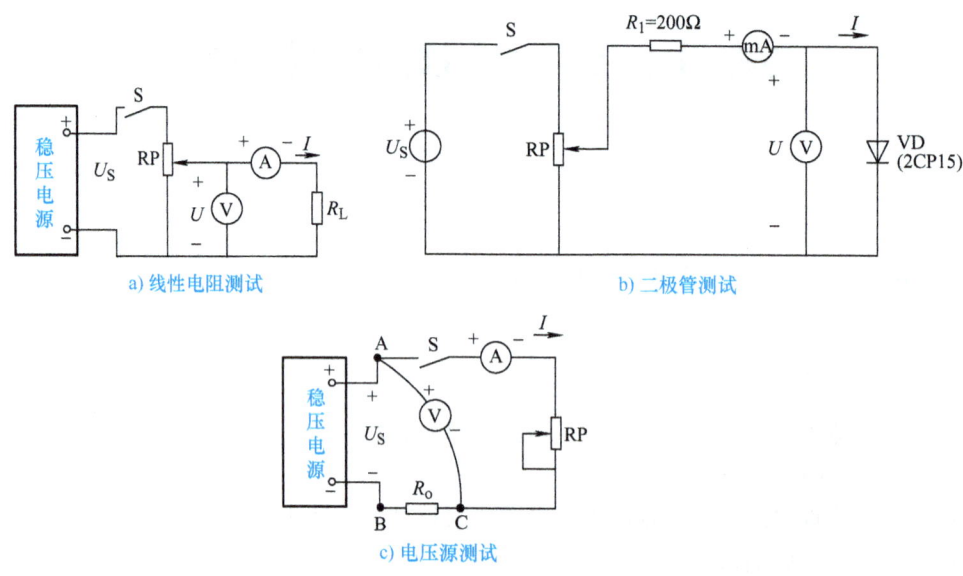

图 11-1 元件伏安特性测试电路

3) 按图 11-1b 接线，R_1 为限流电阻器，测二极管的正向特性时，正向电流不得超过 25mA，二极管的正向压降在 0~0.75V 之间取值。反向特性测试时，只需将图 11-1b 中的二极管反接，反向电压可加至 30V。正反向特性测试数据分别填入表 11-3 和表 11-4 中。

表 11-3 二极管正向特性实测数据

U/V	0	0.2	4	4.5	6	6.5	7	7.5
I/mA								

表 11-4 二极管反向特性实测数据

U/V	0	-5	-10	-15	-20	-25	-30
I/mA							

2. 电源伏安特性的测定

1) 按图 11-1c 所示电路接线，图中的 R_0 用 200Ω 的线绕电阻，作为实际电压源的内阻。测试前将滑线电阻 RP 的滑动触头置于最大电阻值的位置上。

2) 断开开关 S，将直流稳压电源的输出电压 U_S 调至 10V，测量电压 U_{AC}；合上开关 S，调节滑线电阻滑动触头的位置使毫安表指示值分别为 10mA、20mA、30mA、40mA、50mA，并测量相应的电压值 U_{AC}，将测试数据记入表 11-5 中。

表 11-5 电源伏安特性实测数据

I/mA	0	10	20	30	40	50
U/V						

11.1.4 实训器材及设备

直流稳压电源 [0~30V];滑线变阻器 [0~1kΩ, 1.0A];万用表 [MF-30 或其他];直流电压表 [10V, 1.0 级];直流电流表 [100mA, 1.0 级];白炽灯 [12V];绕线电阻 [200Ω, 15W];二极管 [2CP15];单刀开关或拨动开关。

11.1.5 实训报告要求

1)记录主要实训内容与步骤,并记录各项实测数据。
2)用坐标纸分别绘制各电阻元件的伏安特性曲线及电压源的输出特性曲线。分析各电阻元件和电压源的伏安特性关系。
3)根据测量数据,用公式表示绕线电阻及电压源的端电压 U 与电流 I 的关系式。

11.2 基尔霍夫定律的验证

11.2.1 实训目的

1)验证基尔霍夫定律的正确性,加深对 KCL、KVL 的理解。
2)理解电路中参考点的含义,掌握电位的测量方法。
3)学会使用电流插座板测量多条支路电流的方法。

11.2.2 实训知识要点

1)电路中某点到参考点(也称零电位点或接地点)之间的电压称为该点的电位,电位是个相对量;电压是两点电位之差,是个绝对量。
2)基尔霍夫电流定律(KCL):任一瞬时,流入电路中任一节点的各支路电流的代数和为零,即 $\Sigma I = 0$。在列 KCL 方程时,电流的参考方向指向节点的,则该电流项前取 " + "号,否则取 " - "号。
3)基尔霍夫电压定律(KVL):任一瞬时,沿电路的任一回路绕行一周,各段电压的代数和为零,即 $\Sigma U = 0$。在列 KVL 方程时,若某段电压的参考方向与回路的绕行方向一致,则该电压项前取 " + "号,否则取 " - "号。

11.2.3 实训内容及要求

按图 11-2 所示实训电路进行接线,各条支路中都串接一个电流插孔,以便测量各支路电流,将稳压电源的输出电压调至 $U_{S1} = 15V$,$U_{S2} = 6V$,电路中 $R_1 = R_2 = 100Ω$,$R_3 = 200Ω$。

1. 电位测定

1)选 A 点为参考点,用万用表分别测试 B、C、D 点的电位。
将万用表红表笔置于待测点 B,将黑表棒置于参考点 A,测量电压 U_{BA}。如果指针反偏,说明 A 点的实际电位高于 B 点的电位,立即对调两表笔测出电压 U_{AB}。则 $V_B = U_{BA} = -U_{AB}$。

C 点和 D 点的电位,用同样方法进行测量。

2) 以同样方法,选 B 点为参考点,用万用表测试 A、C、D 点的电位。

将以上测量结果填于表 11-6 中,并计算电压 U_{CA}、U_{AB}、U_{AD} ($U_{CA} = V_C - V_A$,$U_{AB} = V_A - V_B$,$U_{AD} = V_A - V_D$)。

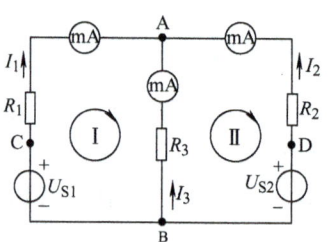

图 11-2　基尔霍夫定律验证电路

表 11-6　万用表测试值与计算值

参考点	电位测试值/V				计算电压/V		
	V_A	V_B	V_C	V_D	U_{CA}	U_{AB}	U_{AD}
A							
B							

2. 验证 KCL

电流 I_1、I_2、I_3 的参考方向如图 11-2 所示,测量 I_1、I_2、I_3 时,如果电流表指针反偏,说明仪表极性接反,调换插棒在电流表上的两个接线脚,即可重新测量。应注意 I_1、I_2、I_3 的数值正负取决于其实际方向与参考方向的关系。由节点电压法可知节点电压 $U_{AB} > 0$,因此,电流 I_3 的实际方向应由 A 点到 B 点(所以 I_3 的值应为负值)。先测量 I_3,再测量 I_1 和 I_2,比较后可判断 I_1、I_2 的实际方向。

U_{S2} 分别取 6V、12V,U_{S1} 保持 15V,分别测量各支路电流值,并与用公式计算值进行比较,将结果填入表 11-7。

表 11-7　验证 KCL 的测量值与计算值

U_{S1}/V	U_{S2}/V	I_1/mA		I_2/mA		I_3/mA		$\Sigma I = I_1 + I_2 + I_3$
		测量值	计算值	测量值	计算值	测量值	计算值	测量值
15	6							
	12							

3. 验证 KVL

电路及元件参数同上。用万用表分别测量 U_{AB}、U_{BC}、U_{CA}、U_{AD}、U_{DB}、U_{BA} 的值,并计算回路Ⅰ和Ⅱ的 ΣU,将结果填入表 11-8 中。

表 11-8　验证 KVL 的测量值与计算值

U_{S1}/V	U_{S2}/V	U_{AB}/V	U_{BC}/V	U_{CA}/V	回路Ⅰ ΣU/V	U_{AD}/V	U_{DB}/V	U_{BA}/V	回路Ⅱ ΣU/V
15	6								
	12								

11.2.4 实训器材及设备

直流双路稳压电源[0~30V];直流电流表[100mA,1.0级];万用表[MF-30或其他];电流插座板[3孔以上];定值电阻三个[$R_1 = R_2 = 100\Omega$,$R_3 = 200\Omega$]。

11.2.5 实训报告要求

1) 记录实训内容步骤与实测结果,说明电路中两点间的电压与参考点的选择有无关系。

2) 用公式法计算各支路电流 I_1、I_2、I_3,并与测量值进行比较,计算测量值的绝对误差(ΔI)和相对误差($\frac{\Delta I}{I} \times 100\%$)。

3) U_{S2} 从 6V 改为 12V 后,电流 I_1、I_2 的实际方向有无改变,实验中如何判别?

11.3 验证戴维南定理及电路最大功率传输定理

11.3.1 实训目的

1) 验证戴维南定理性,加深对该定理的理解。
2) 学习有源二端线性网络等效电路的参数测量方法。
3) 验证负载获得最大功率的条件,学会负载功率曲线的测绘。

11.3.2 实训知识要点

1) 戴维南定理:任何一个线性有源二端网络,对外电路而言,总可以用一个理想电压源和电阻串联的等效电路来代替。该理想电压源 U_S 等于有源二端网络端口处的开路电压 U_{OC},该电阻 R_0 等于原网络中所有独立电源均置零时,其端口间的等效电阻。

等效电阻 R_0 的测量方法如下:

① 直接测量法:使有源二端网络中所有独立源作用为零(去掉电压源,用短路线代替;断开电流源),用万用表电阻档直接测量有源二端网络的等效电阻 R_0。

② 短路电流法:测量有源二端网络的开路电压和短路电流,根据公式 $R_0 = U_{OC}/I_{SC}$,计算出等效电阻 R_0。

③ 伏安法:使有源二端网络中所有独立源作用为零,变成无源二端网络,给网络加一电压 U,测量其电流 I,则等效电阻 $R_0 = U/I$。

④ 外特性法:用电压表、电流表测出有源二端网络的外特性曲线,如图11-3所示,则等效电阻 $R_0 = \dfrac{U_{OC} - U_1}{I_1}$。

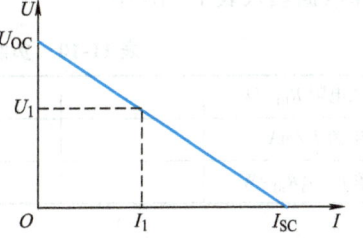

图 11-3 外特性法测量等效电阻

2) 一个有源二端线性网络可等效为一个实际电压源(U_S 串联 R_0),当端口间接入负载 R_L 时,R_L 从有源二端网络内获得功率 P_L。最大功率传输定理:当负载电阻 R_L 等于电源内

阻 R_0 时，电源的输出功率最大，即负载所获得功率最大。

11.3.3 实训内容及要求

按图 11-4a 所示电路接线，取 $U_{S1}=7V$，$U_{S2}=12V$，$R_1=200\Omega$，$R_2=300\Omega$，RP 为滑线变阻器。

1. 验证戴维南定理

1）将 RP 视为负载电阻，其余部分为有源二端网络（如图 11-4a 点画线框内所示部分电路），测出其开路电压 U_{OC} 及短路电流 I_{SC}。记录并计算出等效电压源内阻 R_0。

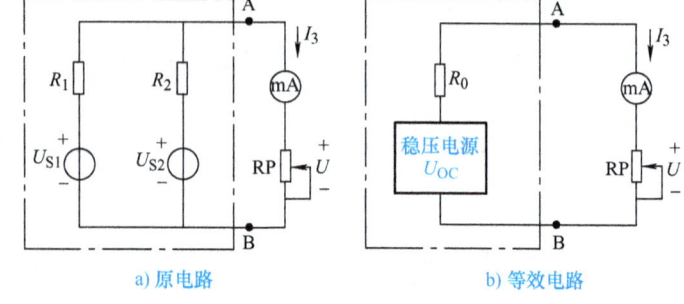

a) 原电路　　　　　　　　b) 等效电路

图 11-4　验证戴维南定理和最大功率传输定理原理图

接入滑线变阻器 RP，改变其滑动触头位置，使电流表读数（I_3）依次如表 11-9 中所列值，分别用万用表测量 RP 上相应的电压 U 填入表 11-9 中原电路一行。

2）用一标准电阻箱将其值调整到等于 R_0。按图 11-4b 接线，稳压电源的输出电压取有源二端网络的开路电压 U_{OC}，接入滑线变阻器 RP，调整其滑动触头位置，重复上述测量过程，把 RP 上各实测电压 U 填入表 11-9 中等效电路一行。

表 11-9　滑线变阻器阻值改变前后的电压值

I/mA		0	10	20	30	40	50	$I_{SC}=$
原电路	U/V	$U_{OC}=$						
等效电路	U/V	$U_{OC}=$						

2. 验证电路最大功率传输定理

将图 11-4b 电路中 RP 换为电阻箱，改变 RP 的值，分别取 R_0 及 R_0 附近的阻值（至少取 5 点），由电流表测出负载上的电流 I_3，由 $P=I_3^2 R_{RP}$ 计算负载 RP 获得的功率 P，将测量和计算数据填入表 11-10 中。

表 11-10　负载获得最大功率的测量数据与计算值

负载电阻 R_{RP}/Ω					
电流 I_3/mA					
功率 $P=I_3^2 R_{RP}$/W					

11.3.4 实训仪器及设备

直流双路稳压电源 [0~30V]；直流电流表 [100mA，1.0 级]；万用表 [MF-30 或其他]；电阻箱 2 只 [0~99999Ω]；定值电阻 2 个 [$R_1=200\Omega$，$R_2=300\Omega$]；滑线变阻器 RP [1kΩ，1A]。

11.3.5 实训报告要求

1) 记录实训主要内容与步骤，整理实测数据和计算数据。

2) 根据表 11-9 的数据，在同一张坐标纸上分别绘制有源二端线性网络和其等效电路的输出特性曲线，并将实验结果进行比较，有何结论。

3) 根据表 11-10 的数据，在坐标纸上绘制出负载电阻的功率与负载电阻值之间的关系曲线，说明当负载电阻 R_3 的阻值等于何值时，其所获功率最大。

4) 在求有源二端网络的等效电源内阻 R_0 时，如何理解网络中所有独立电源为零值；实验中如何置零。

11.4 荧光灯电路及功率因数的提高

11.4.1 实训目的

1) 了解荧光灯电路的组成和工作原理。
2) 掌握提高功率因数的方法及其意义。
3) 学会使用功率表测量功率。

11.4.2 实训知识要点

1. 荧光灯的组成及工作原理

荧光灯由灯管、辉光起动器、镇流器等组成，如图 11-5 所示。

荧光灯的工作原理：荧光灯管内壁上涂荧光物质，管内抽成真空，并有少量的汞蒸气。管的两端各有一灯丝串联在电路中，灯管的起辉电压为 400～500V，起辉后管压降约为 110V（40W 荧光灯的管压降），所以荧光灯不能直接接在 220V 的电压上使用。辉光起动器相当于一个自动开关，它有两个电极，靠得很近，其中一个电极由双金属片制成，加电源电压时，两电极之间

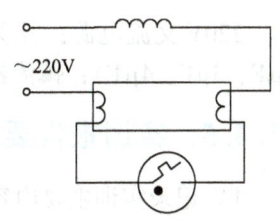

图 11-5 荧光灯电路

会产生放电，双金属片电极热膨胀后使两电极接通，此时灯丝也被通电加热。当两电极接通后，两电极放电现象消失，双金属片降温后收缩，两极分开。在两极断开的瞬间，镇流器将产生很高的自感电压，该自感电压和电源电压一起加到灯管两端，使灯管两端灯丝被加热，产生紫外线，涂在管壁上的荧光粉发出可见光。当灯管起辉后，镇流器又起降压限流的作用。

2. 功率因数的提高

荧光灯电路功率因数较低，采用并联电容的方法可以提高整个电路的功率因数，从而使电源得到充分利用，还可以降低线路的损耗，从而提高传输效率。

11.4.3 实训内容及要求

1) 按图 11-6 所示接线，正确选择测量仪器的量程与接线极性。对于功率表电压线圈与

电流线圈要特别注意。

2）接通电源，断开电容，记下此时的功率 P 及电流 I 值，并用万用表测量 U_R、U_L、U_C、U 的值，记入表 11-11 中。

3）接通电容，逐渐增大电容分别为 $1\mu F$、$2\mu F$、$3\mu F$、$4\mu F$ 时，测量并联不同电容值时的电流 I 与功率 P 值。同样用万用表测量不同电容时的 U_R、U_L、U_C、U 值。

4）对测量数据的科学性与准确性进行分析，对有异议的数据进行重新测量，并根据测量数据计算出对应的功率因数。

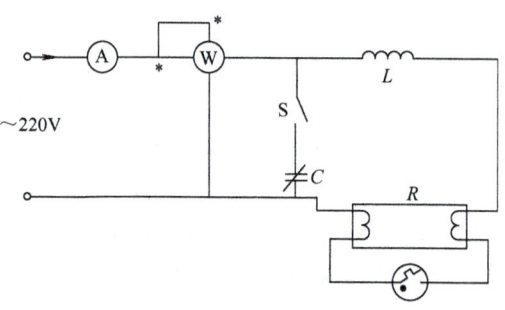

图 11-6　荧光灯功率因数提高实验图

表 11-11　功率因数测量数据

电容 $C/\mu F$	测量值						计算 $\cos\varphi$
	U/V	I/A	U_R/V	U_L/V	U_C/V	P/W	
0							
1							
2							
3							
4							

11.4.4　实训仪器及设备

220V 交流电源；开关；导线；交流电流表；交流电压表；功率表；电容 4 只（$1\mu F$、$2\mu F$、$3\mu F$、$4\mu F$）；镇流器 1 个；辉光起动器 1 个；荧光灯管一只。

11.4.5　实训报告要求

1）记录实训主要内容与步骤，整理实测数据和计算数据。
2）根据测量数据，在绘图纸上绘制 $I=f(C)$ 曲线，并说明功率因数的变化情况。
3）说明提高功率因数的方法及意义。

11.5　RLC 串联谐振电路特性

11.5.1　实训目的

1）加深对正弦交流电路谐振特性的认识，掌握测试通用谐振曲线的方法。
2）理解电路发生谐振的条件，研究电路参数对串联谐振电路特性的影响。
3）掌握低频信号发生器、双踪示波器、交流毫伏表等仪器的使用方法。

11.5.2　实训知识要点

1）RLC 串联电路中，当电路元件的参数满足一定条件时，电路会出现谐振。谐振时，

正弦交流电源（或正弦信号源）的角频率 ω_0 或频率 f_0 满足条件

$$\omega_0 = \frac{1}{\sqrt{LC}} \quad \text{或} \quad f_0 = \frac{1}{2\pi\sqrt{LC}}$$

2）RLC 串联谐振电路谐振时的特点如下：

① 电源电压 u 与电路中电流 i 同相，电路呈电阻性。

② 电路阻抗最小，且 $Z = R$，当端口电源电压的有效值 U 一定时，电路有最大电流，即

$$I_0 = \frac{U}{R}$$

③ 电阻电压 u_R 等于电源电压 u，电感电压 u_L 与电容电压 u_C 等值反向（$u_L = -u_C$）且 $U_L = U_C = QU$。工程上把谐振时线圈上的电压（或电容上的电压）与电源电压的比值称为品质因数 Q，即

$$Q = \frac{U_R}{U} = \frac{\omega_0 L}{R} = \frac{1}{\omega_0 RC}$$

3）RLC 串联电路的电流 I 随电源频率 f 变化的关系曲线称为谐振曲线，如图 11-7 所示。从谐振曲线图可以看出，品质因数 Q 值越大，通用谐振曲线形状越尖，则选频特性越好；反之，Q 值越小，曲线形状越平坦，选频特性越差，但通频带宽。

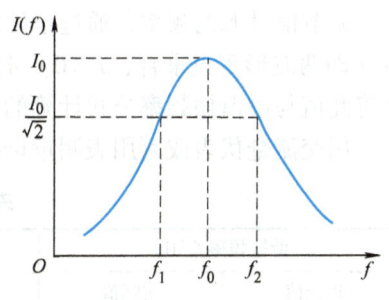

图 11-7 谐振曲线

11.5.3 实训内容及要求

1. 用双踪示波器测量正弦波的幅值和频率

按图 11-8 所示电路接线，信号源为低频信号发生器（内阻很小，视为理想电压源），信号源输出电压为 1V 的正弦波。$R = 50\Omega$，$L = 16.5\text{mH}$，$C = 1\mu\text{F}$。

将电阻 R 上的电压 u_R 送入双踪示波器通道 CHA 输入端，由显示波形测量 u_R 的频率，并与信号发生器的输出信号 u 的频率做比较；用示波器的显示波形测出 u_R 的正、负最大值之间的电压 U_{PP}（峰–峰值），则 $U_m = U_{PP}/2$，$U = U_{PP}/2\sqrt{2}$，用交流毫伏表测出 u_R 的有效值 U_R，并与示波器测得的结果做比较。

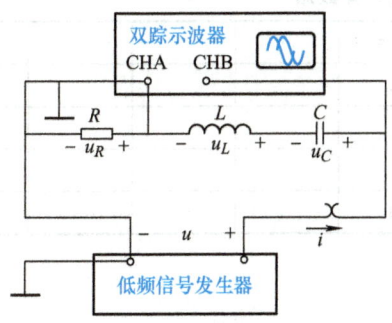

图 11-8 RLC 串联谐振实验电路图

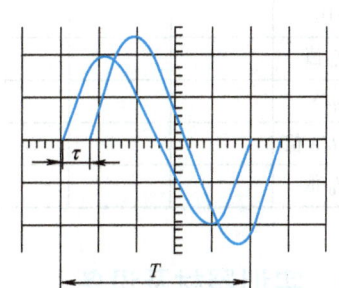

图 11-9 由 u、i 的波形计算相位差 φ

2. 测量电压 u 和电流 i 的相位差 φ

将信号发生器输出电压 u 送入双踪示波器的通道 CHB 输入端，并利用已送入双踪示波器通道 CHA 输入端的电压 u_R 代替电流 i 波形（因为电流 $i=u_R/R$，所以 i 与 u_R 是同频率同相位的）。调节示波器显示出清晰稳定的波形，并使两波形的水平中心线与屏幕上水平刻度线重合，如图 11-9 所示。图中 τ 为 u 与 u_R 两电压相距最近的上升段零点间的时间间隔，T 为周期，则 u 与 i 的相位差 φ（也是阻抗角）为

$$\varphi = \frac{\tau}{T} \times 360° = \frac{l_\tau}{l_T} \times 360°$$

式中，l_τ 是 τ 所占的格数；l_T 是 T 所占的格数。

3. 观察 RLC 串联电路的谐振现象并确定谐振频率 f_0 和其他参数

调节信号源的频率，通过示波器观察电压 u 和电流 i 相位差 φ 的变化情况。当相位差为零（即两波形零点重合，$\tau=0$）时，信号源的输出信号频率 f_0 即为电路的实际谐振频率，并将此值与由谐振频率公式计算的谐振频率理论值进行比较。

用交流毫伏表或万用表测量谐振时的 U_R、U_L、U_C 和 U。把上述数据填入表 11-12。

表 11-12 谐振特性测量数据

谐振频率 f_0/Hz		U_R/V	U_L/V	U_C/V	U/V
理论值	实际值				

4. 测定 RLC 串联电路的谐振曲线

实训电路如图 11-8 所示，以谐振频率 f_0 为中心，改变信号源频率 f，在 f_0 左右各扩展若干测量点，将测量与计算结果填入表 11-13 中。（注意：在 f_0 附近，频率改变量要小些，离 f_0 较远处，频率改变量可大些。电路中电流 I 采用间接测量法，即先用毫伏表测得电阻 R 上的电压 U_R，再由式 $I=U_R/R$ 算出电流 I。）

根据表 11-13 中的数据，在方格纸上作出 RLC 串联电路的通用谐振曲线（I—f 曲线）。

表 11-13 谐振曲线测量与计算数据

频率 f/Hz				$f_0=$				
计算 f/f_0 值				1				
电压 U_R/V								
计算电流 I/A 值				$I_0=$				
计算 I/I_0 值				1				

11.5.4 实训器材及设备

低频信号发生器；双踪示波器；交流毫伏表；RLC 元件各一只（$R=50\,\Omega$，$L=16.5\,\text{mH}$，$C=1\,\mu\text{F}$）。

11.5.5　实训报告要求

1）记录实训主要内容与步骤，按实训内容和要求完成并整理有关数据表格和实测曲线。

2）思考哪些方法能判别 RLC 串联电路处于谐振状态。

3）计算谐振时品质因数 Q，并说明 Q 值的意义。

4）解释在实训过程中，为什么要保持串联电路的端口电压 u（即信号源的输出电压）不变。

5）实验中测量电路的交流电流 i，为什么先用交流毫伏表测出电阻上电压，再求出电流，而不直接用交流电流表测量？

6）总结 RLC 串联谐振电路的特点。

11.6　三相交流电路的测量

11.6.1　实训目的

1）学会判断三相电源的相序。

2）掌握三相负载作星形联结、三角形联结的方法；研究这两种接法下线电压和相电压、线电流和相电流之间的关系。

3）充分理解三相四线制供电系统中中性线的作用。

4）掌握交流电压表和电流表的使用。

5）观察三相负载的故障现象，学会故障处理方法。

11.6.2　实训知识要点

1）在三相交流电路中，三相负载是星形（Y）联结或三角形（△）联结。

当三相负载对称作 Y 联结时，有

$$U_L = \sqrt{3}\, U_P \qquad I_L = I_P$$

流过中性线的电流 $I_{NN'} = 0$，所以可以省去中性线。

当三相负载对称作三角形联结时，有

$$I_L = \sqrt{3}\, I_P \qquad U_L = U_P$$

2）三相不对称负载作星形联结时，必须采用三相四线制接法。而且中性线必须牢固连接，不能安装熔断器，以保证三相不对称负载的每相电压维持对称不变。

3）对于三相不对称负载作三角形联结时，$I_L \neq \sqrt{3}\, I_P$。但只要电源的线电压 U_L 对称，加在三相负载上的电压仍是对称的，对各相负载工作没有影响。

4）三相电源的相序可根据中性点位移的原理用实验方法来测定。实验中所使用的相序仪是一个无中性线星形联结不对称负载，负载的一相是电容器，另外两相是两个同样的白炽灯。适当选择电容器 C 的值，可使两相灯泡的亮度有明显的差别。根据理论分析可知，灯泡较亮的一相相位超前于灯泡较暗的一相，而滞后于接电容的一相。

11.6.3 实训内容及要求

1. 注意事项

开始实训之前，首先应牢记以下注意事项：
1）每次接线完毕，同组同学应自查一遍，然后由指导教师检查后，方可接通电源。
2）必须严格遵守先接线、后通电；先断电、后拆线的操作原则，以确保人身安全。
3）每一项实训做完，应将调压器调回零位，电容要放电。

2. 实训室电源相序的判定

按图 11-10 所示电路接线，在 U 相灯泡负载上并联一个 4μF/400V 电容，断开中性线，并断开 U 相的灯泡，观察 V、W 两相灯泡的亮度，判定实验室电源相序。图中三个灯泡均为 40W/220V。

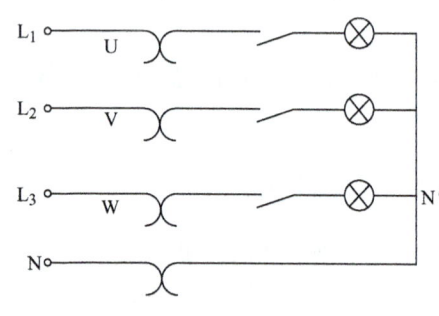

图 11-10　三相负载丫联结

3. 三相负载丫联结的测定

按图 11-10 所示电路接线，即三相灯泡负载经三相自耦调压器接通三相对称电源，并将三相调压器的旋钮置于三相电压输出为 0V 的位置（即逆时针旋到底的位置）。经指导教师检查合格后，方可合上三相电源开关。然后调节调压器的输出，使输出的三相线电压为 220V。

按表 11-14 的要求，完成各项测试，分别测量三相负载的线电压 U_L、相电压 U_P、线电流 I_L、相电流 I_P、中性线电流 $I_{NN'}$、电源与负载中性点间的电压 $U_{NN'}$ 等，将所得数据记入表 11-14 中，观察各相灯泡亮暗的变化程度，特别要注意观察中性线的作用。

表 11-14　负载丫联结时各项实测数据

测量项目	不对称负载		对称负载	
	U 相为电容	U 相断路	四线制	三线制
U_{UV}/V				
U_{VW}/V				
U_{WU}/V				
U_U/V				
U_V/V				
U_W/V				
I_U/A				
I_V/A				
I_W/A				
$I_{NN'}$/A				
$U_{NN'}$/V				

4. 三相负载△联结的测定

按图 11-11 所示电路改接电路,经指导教师检查合格后接通三相电源,并调节调压器,使其输出线电压为 220V,然后按表 11-15 的内容要求进行各相测定。

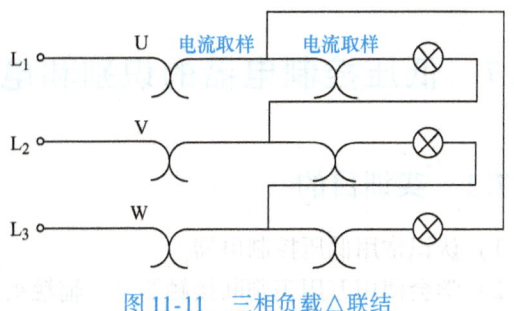

图 11-11　三相负载△联结

表 11-15　负载△联结时各项实测数据

测量项目	对称负载 (纯灯泡)	不对称负载	
		对称灯泡负载断开 A 相	A 相负载断开
U_{UV}/V			
U_{VW}/V			
U_{WU}/V			
U_U/V			
U_V/V			
U_W/V			
I_U/A			
I_V/A			
I_W/A			

11.6.4　实训器材及设备

三相交流调压器;三相负载(40W/220V 白炽灯三只,4μF/400V 电容器一只)一套;交流电压表;交流电流表。

11.6.5　实训报告要求

1) 记录实训主要内容与步骤,整理实测数据表格,验证对称三相电路中各电压、各电流间的关系。

2) 用实测数据和观察到的现象,试分析三相丫联结不对称负载在无中性线情况下,当某相负载开路或短路时会出现什么情况;如果接上中性线,情况又如何;总结三相四线制供电系统中中性线的作用。

3) 不对称△联结的负载,各相能否正常工作,实验是否能证明这一点?

4) 根据不对称负载△联结时的相电流作相量图,并求出线电流值,然后与实测的线电流值比较分析。

11.7 低压控制电器的识别和电动机的点动、长动控制

11.7.1 实训目的

1) 认识常用低压控制电器。
2) 学会使用万用表判断接触器主、辅触头及其吸引线圈的通断。
3) 学会使用万用表判断按钮、热继电器触头的通断。
4) 熟悉三相异步电动机的点动、长动控制的电路原理和接线，加深对自锁的理解。

11.7.2 实训知识要点

1) 选择熔断器（主电路和控制电路）、接触器、按钮、热继电器的型号与规格，以及电动机的接线方式，主要是根据电动机的参数和电源电压及控制要求。
2) 继电器-接触器控制电路由两部分组成，包括主电路和控制电路。主电路是指由电源开关、熔断器、接触器主触头、电动机等构成的提供电能的电路。而控制电路是指由按钮、接触器线圈、热继电器常闭触头等产生控制逻辑的电路。
3) 电动机控制的自锁、互锁是通过接触器的辅助触头实现的。
4) 继电器-接触器控制电路具有短路、过载和失电压保护能力。

11.7.3 实训内容要求

1. 设备器件的认识

1) 认识有关的低压电器，包括熔断器、接触器、热继电器及按钮等。
2) 阅读三相笼型异步电动机的铭牌数据，明确单相、三相电源电压和电动机的接法。
3) 利用万用表电阻档观察校验按钮、接触器和继电器的常开、常闭触头通断情况。
4) 将接触器的吸引线圈接上额定电压，合上电源，观察接触器的动作情况及其触头的通断变化情况。

2. 点动控制电路

1) 分析图 11-12 的工作原理。在明确控制原理和目的的前提下，按图 11-12 接线。要求先接控制电路，接线顺序从上往下，接好的线用红笔做记号，养成良好的习惯。
2) 检查无误后，在教师监督下，合上电源开关 QS。
3) 操作按钮，观察接触器的动作是否正常，是否按设计的逻辑要求动作。若不按逻辑要求动作时，应断电排除故障。直到满足要求为止。
4) 将电源断开。按图 11-12 接好电路，并将电动机接入。
5) 检查主电路和控制电路，无误后，合上 QS，分别按下和释放点动按钮 SB，观察电动机 M 的运行情况。

3. 具有过热保护的长动控制电路

1）分析图 11-13 的工作原理，在明确控制原理和目的的前提下，按图 11-13 接线。（注意：先拆去点动控制电路，操作时要断开电源。）

2）检查无误后，在教师监督下，合上 QS，分别按下起动按钮 SB_2 和停止按钮 SB_1，观察电动机 M 的运行情况。

4. 具有点动、长动双重互锁功能的控制电路

1）实训之前预先设计好具有点动、长动的电动机控制电路。

2）经过教师检查通过后方可接线。其他要求同前。图 11-14 所示为控制电路部分。

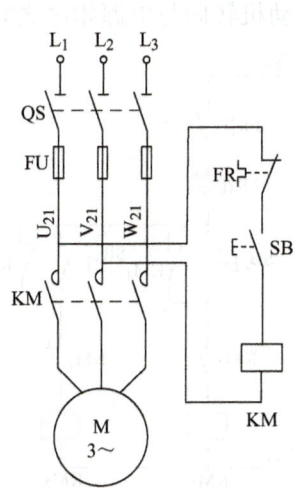

图 11-12　点动控制电路

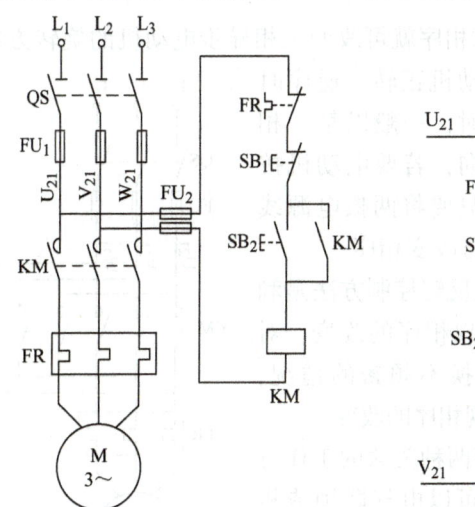

图 11-13　长动控制电路　　　图 11-14　点动、长动
　　　　　　　　　　　　　　双重互锁控制电路

11.7.4　实训器材及设备

1）元器件：接触器、热继电器、按钮、中间继电器、三极刀熔开关。

2）工具：实验配线板、万用表、电笔、螺钉旋具、剥线钳、导线若干。

3）设备：三相笼型异步电动机、急停保护电源箱或继电器-接触器控制实验台。

11.7.5　实训报告

1）记录主要实训步骤。

2）分析实训电路的工作原理，对结果、故障现象做出分析。

3）完成以下思考题：

① 若按图 11-12 接好线，通电后并无不正常现象发生，但一按按钮 SB 后，熔断器立即烧断，分析原因。

② 若按图 11-13 接线后，按起动按钮 SB_2，电动机正常起动，但松开 SB_2 时，电动机 M 跟着停车，分析原因。

③ 具有点动、长动双重控制功能的电路，除图 11-14 给出的外，是否还有其他方法？

11.8 三相笼型异步电动机的正反转控制

11.8.1 实训目的

1) 掌握三相异步电动机的转向改变原理。
2) 熟悉三相异步电动机的正、反转控制电路及其接法。
3) 熟悉电气、机械联锁的原理和方法。

11.8.2 实训知识要点

1) 改变电源相序就可改变三相异步电动机的旋转方向。电动机转向与电源相序之间的关系：正序时电动机正转，逆序时反转。实际使用时，一般以某一相序接入，观察转向，若要电动机按相反方向转动，只要将两根电源线的接线端对调即可改变相序。

2) 常用的正反转控制方法是利用两个接触器实现相序的改变，对于容量较小，切换不频繁的情况，可用倒顺开关实现相序的改变。

3) 联锁是指两种关联的工作方式的互相保护，可以电气联锁或机械联锁，图 11-15 就是利用两个接触器的辅助触头实现电气联锁的。

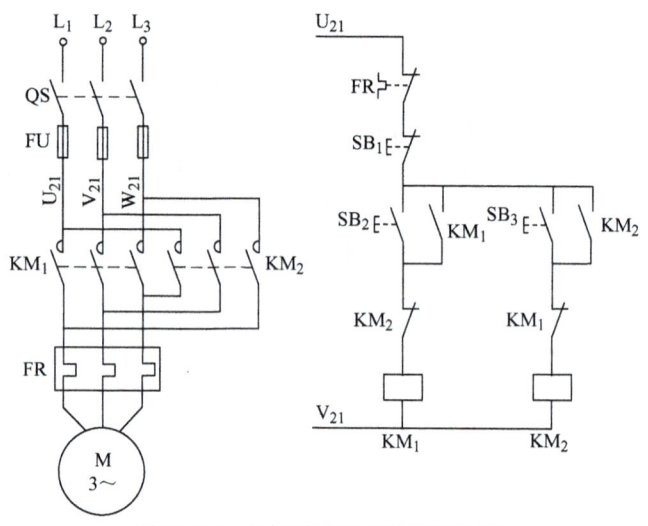

图 11-15 电气联锁正反转控制电路

11.8.3 实训内容及要求

1) 按图 11-15 先接控制电路。
2) 检查并确认无误后，在教师指导下合上电源开关。轮流按下按钮 SB_1、SB_2、SB_3，观察控制电路中 KM_1、KM_2 的动作情况。
3) 控制电路调试通过后，再接主电路，确认无误后，在教师指导下通电起动电动机，观察电动机运行情况。

11.8.4 实训器材及设备

1) 元器件：接触器、热继电器、复合按钮、三极刀熔开关。
2) 工具：实验配线板、万用表、电笔、螺钉旋具、剥线钳、导线若干。
3) 设备：三相笼型异步电动机、急停保护电源箱或继电器-接触器控制实验台。

11.8.5 实训报告

1) 记录主要实训步骤。

2）分析实训电路的工作原理，对结果、故障现象做出分析。
3）完成以下思考题：
① 如何改变三相异步电动机的旋转方向？
② 图 11-15 的正向接触器 KM_1 和反向接触器 KM_2 同时吸合，后果如何？
③ 分析电气联锁、机械联锁的含义和特点？

11.9　单管共射极放大电路的测试

11.9.1　实训目的

1）掌握用万用表测试与调整静态工作点的方法。观察静态工作点对放大电路输出波形的影响，理解设置合适静态工作点的重要性。
2）掌握用仪器测量放大电路动态指标 A_u、A_{us}、R_i、R_o 的方法。观察负载对放大电路电压放大倍数的影响，加深理解动态指标的意义。
3）了解用仪器测试放大器幅频特性的方法。

11.9.2　实训知识要点

1）晶体管具有电流放大特性。
2）在放大电路中，根据静态工作点的不同，晶体管将工作于三个不同的工作区域。正确理解三个工作区域对放大输入信号的影响。
3）对放大电路的基本要求是对输入的信号进行不失真地放大，信号的变化范围应在线性放大区，晶体管必须工作在放大区。放大电路应满足放大条件，且放大电路必须有合适的静态工作点。
4）放大电路的动态指标可以实际测量，也可以用微变等效电路分析法计算求得。

11.9.3　实训内容及要求

1）按图 11-16 所示电路图连接实训电路。元件参数为：
$R_S = 1\text{k}\Omega$；$R_{B1} = 62\text{k}\Omega$；$R_{B2} = 20\text{k}\Omega$；$R_C = 3\text{k}\Omega$；$R_E = 1.5\text{k}\Omega$；$R_L = 5.1\text{k}\Omega$；$C_1 = 10\mu\text{F}$；$C_2 = 10\mu\text{F}$；$C_E = 47\mu\text{F}$；$U_{CC} = 15\text{V}$

2）测试并计算放大电路的静态工作点（此时交流输入信号为零），并将测量数据填入表 11-16 中。

表 11-16　静态工作点的测量值与理论值

参数名称	U_B/V	U_C/V	U_E/V	U_{BE}/V	U_{CE}/V	I_C/A	I_E/A
测量值							
理论值							

3）输入交流信号（$f = 1\text{kHz}$，$U_i = 5\text{mV}$），观察输入电压、输出电压波形是否失真，如果输出波形失真，是什么失真，分析失真原因。

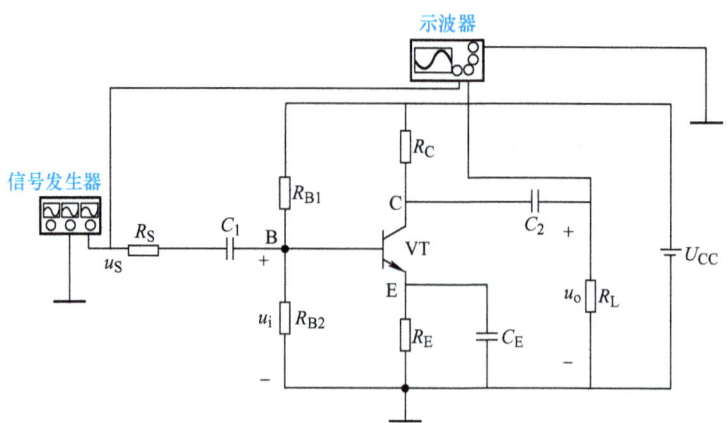

图 11-16　单管共射极放大实验电路

4）根据分析的原因采取措施消除失真（如调节电阻 R_{B1}，调节输入信号的大小等）。

5）放大电路动态指标测试。将电路保持在最大不失真输出时的静态工作点状态，测试并计算放大器的电压放大倍数 A_u、A_{us}、输入电阻 R_i、输出电阻 R_o 等动态指标，并观察输出电压与输入电压的相位关系。把结果填入表 11-17 中。

表 11-17　静态工作点及动态指标的测量值与理论值

参数名称	U_S/V	U_i/V	U_o/V	U'_o/V	A_u	A_{us}	R_i/Ω	R_o/Ω	输入输出相位关系
测量值									
理论值									

注：本表中电压应为有效值，须在不失真状态下测得，U'_o 为 R_L 开路时测得的不失真有效值。

11.9.4　实训器材及设备

模拟电子技术实验装置及图 11-16 所需元器件。

万用表；直流稳压电源；晶体管毫伏表；信号发生器；双踪示波器。

11.9.5　实训报告要求

1）画出实训电路图，并标明元器件数值。
2）记录主要实训步骤，将实训数据填入数据表格，并做相应的计算。
3）比较理论值和实验结果，并分析原因。

11.10　运算放大器基本电路测试

11.10.1　实训目的

1）理解用运算放大器构成的反相比例运算电路、同相比例运算电路的工作原理。
2）掌握集成运算放大器基本电路的测试方法。
3）理解直流放大器与交流放大器的区别。加深对运放特性的理解，学会灵活运用运放电路。

11.10.2 实训知识要点

1) 运算放大器具有高放大倍数、高输入电阻和低输出电阻的特点。
2) 理想运放的两个重要基本概念:"虚断"和"虚短"。
3) 测量放大电路动态指标的方法。
4) 运放可以构成许多运算放大电路和信号处理电路,由运放构成的电路动态稳定性好。

11.10.3 实训内容及要求

1. 反相比例运算电路

图 11-17 所示为反相比例运算实训电路,电路元件参数为:运算放大器 LM741,电阻 $R_1 = 10\text{k}\Omega$, $R_\text{f} = 51\text{k}\Omega$, $R_\text{P} = 10\text{k}\Omega$, 电源电压 $U_\text{CC} = 15\text{V}$;$U_\text{EE} = 15\text{V}$。

测试对于不同输入信号 U_i,其输出 U_o 的值,并将数据填入表 11-18 中。

表 11-18 反相比例运算电路的参数值

参数名称	理论值	测量值1	测量值2	测量值3	测量值4
U_i/V	0	1	−1	4	−4
U_o/V					
A_uf					

2. 同相比例运算电路

图 11-18 所示为同相比例运算实训电路,电路元件参数为:运算放大器 LM741,$R_1 = 10\text{k}\Omega$, $R_\text{f} = 51\text{k}\Omega$, $R_2 = 10\text{k}\Omega$, 电源电压 $U_\text{CC} = 15\text{V}$;$U_\text{EE} = 15\text{V}$。

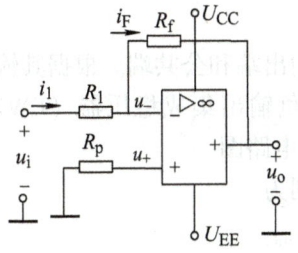

图 11-17 反相比例运算实训电路   图 11-18 同相比例运算实训电路

测试对于不同输入信号 U_i,其输出 U_o 的值,并将数据填入表 11-19 中。

表 11-19 同相比例运算电路的参数值

参数名称	理论值	测量值1	测量值2	($R_1 = \infty$时)测量值3	($R_1 = \infty$时)测量值4
U_i/V	0	1	−1	1	−1
U_o/V					
A_uf					

注:以上表格中的电压可以为直流电压,也可以为交流电压有效值,若测得的结果与理论值相差很大,必须分析原因。

11.10.4 实训器材及设备

图 11-17 和图 11-18 所示电路所需的元器件。
万用表；直流稳压电源；晶体管毫伏表；信号发生器；双踪示波器。

11.10.5 实训报告要求

1) 画出实训电路图，并标明各元器件数值。
2) 记录主要实训步骤，将测量数据填入数据表格，并做相应的计算。
3) 对理论计算值和实验结果进行分析比较。
4) 总结运放用作"反相运算"、"同相运算"及其他应用电路时的信号传输规律。

11.11 集成稳压器测试

11.11.1 实训目的

1) 了解三端集成稳压器的工作原理。
2) 熟悉常用三端集成稳压器，掌握其典型应用方法。
3) 掌握三端集成稳压器特性的测试方法。

11.11.2 实训知识要点

采用集成工艺，将调整管、基准电压、取样电路、误差放大和保护电路等集成在同一块芯片上，就构成了集成稳压电源。集成稳压电源按工作方式可分为并联型、串联型和开关型；按输出电压可分为固定式和可调式两种。

1. 三端固定输出集成稳压器

三端固定输出集成稳压器有三个引出端：输入端、输出端和公共端。根据其输出电压极性可分为固定正输出集成稳压器（CW78 系列）和固定负输出集成稳压器（CW79 系列）。图 11-19 所示为 CW78××型三端固定集成稳压器的应用电路图。

对三端固定输出集成稳压器，其输入电压的选取原则为

$$U_o + (U_i - U_o)_{\min} < U_i < U_{i\max}$$

式中，U_o 为集成稳压器的固定输出电压值；$U_{i\max}$ 为集成稳压器规定的最大允许输入电压值；$(U_i - U_o)_{\min}$ 为集成稳压器规定允许的最小输入、输出电压差，一般为 2V。

2. 三端可调输出集成稳压器

三端可调输出集成稳压器分为正可调输出集成稳压器（如 CW117、CW217、CW317）和负可调输出集成稳压器（如 CW137、CW237、CW337），正可调输出集成稳压器的输出电压范围为 1.2~37V，输出电流可调范围为 0.1~1.5A。它同样有三个端子，即输入端、输出端和调整端，在输出端与调整端之间为 $U_{REF} = 1.25V$ 的基准电压，从调整端流出电流。常用基本三端可调输出集成稳压电路如图 11-20 所示。

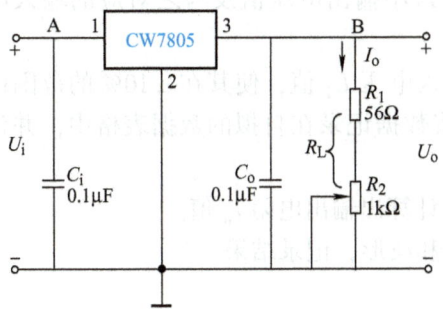
图 11-19 三端固定集成稳压器应用电路

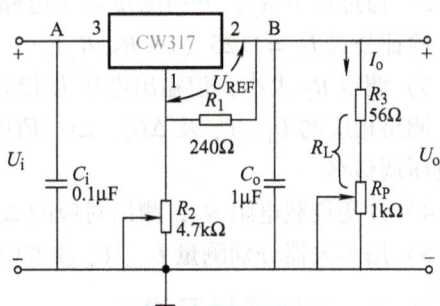
图 11-20 三端可调输出集成稳压电路

为保证稳压器空载时也能正常工作,要求流过 R_1 的电流不能太小,一般可取 $I_{R1} = 5 \sim 10\text{mA}$,故 $R_1 = U_{REF}/I_{R1} \approx 120 \sim 240\Omega$。输出电压的表达式为 $U_o = 1.25(1 + R_2/R_1)$,调节 R_2 可改变输出电压的大小。

11.11.3 实训内容及要求

1. 三端固定输出集成稳压器

按图 11-19 所示电路接线,经检查无误后接通工作电源。

1)调整图 11-19 中的输入信号源,使 U_i 分别为 12V、15V 和 9V 时,用万用表测量输出电压 U_o 的大小。

2)用差值测量法测量电路的电压稳定系数 S_r,将测量数据填入表 11-20 中。

表 11-20 测量电压稳定系数(测量条件 $R_L = 470\Omega$)

输入电压 U_i/V	U_o/V	$\Delta U_o/\text{V}$	$S_r = \Delta U_o/U_o \times 100\%$
12			
15			
9			

3)保持输入电压 $U_i = 12\text{V}$,改变负载电阻 R_L 大小,按表 11-21 中内容测量,记录数据,计算输出电阻 r_o 值。

表 11-21 测量输出电阻(测量条件 $U_i = 12\text{V}$)

I_o/mA	10	20	40	60	80
U_o/V					

4)用示波器测量 $U_o = 5\text{V}$、$I_o = 50\text{mA}$ 时纹波电压的大小和波形,记录结果。

2. 三端可调输出集成稳压器

按图 11-20 所示电路接线,经检查无误后接通工作电源。

1)在图 11-20 所示电路中,加入 $U_i = 20\text{V}$ 的直流电压信号,分别测 A 点(稳压电路输入)和 B 点(稳压电路输出)的直流电压值,调节 R_2,观察输出电压 U_o 的变化情况,若有变化则说明电路工作正常。

2) 通过调节 R_2，分别测量稳压电路的最大、最小输出电压值及与之对应的输入电压值，验证公式 $U_o = 1.25(1 + R_2/R_1)$。

3) 调整 R_2 大小，使输出电压为 12V，改变输入电压 U_i 值，使其在 ±10% 的范围内变化，测出相应的 U_i、U_o 及 ΔU_i、ΔU_o 值的大小，将数据记录在自拟的数据表格中，并计算出电压调整率。

4) 改变负载电阻 R_L，测出对应的 ΔU_o 大小，计算出输出电阻 r_o 值。

5) 用示波器分别测量 U_i、U_o 纹波电压的大小和波形，记录结果。

11.11.4 实训器材及设备

电子电工实验台（含有可调交流电压）；整流二极管；稳压二极管；高频瓷片电容（0.33μF、0.1μF）；三端固定集成稳压电器 CW7805；三端可调集成稳压电器 CW317；电阻器、电位器。

11.11.5 实训报告要求

1) 记录主要实训步骤，整理测量数据，根据测量结果验证相对应的公式。
2) 列表比较实训内容中几种稳压电路的特点及主要性能指标。
3) 总结实训过程中出现的问题及解决办法。

11.12 基本逻辑门功能测试及使用

11.12.1 实训目的

1) 能正确使用数字电路实训装置平台。
2) 掌握各种常用门电路的逻辑符号及逻辑功能。
3) 了解 TTL、CMOS 集成电路的识别标志和外引脚排列。
4) 了解 TTL、CMOS 集成电路正确的使用方法。
5) 熟悉常用 TTL、CMOS 集成门电路的逻辑功能。
6) 熟悉常用集成门电路的典型应用。

11.12.2 实训知识要点

1) 几种常用门电路的逻辑符号及逻辑功能如图 11-21 所示。
2) TTL、CMOS 集成电路外引脚排列：将集成电路正面对准使用者，以凹口侧小标志点为起始脚 1，逆时针方向数 1，2，3，4，…，N 脚。如图 11-22 所示的双列直插 14 脚集成电路，7 脚为接地端（GND），14 脚为电源正极（+5V），其余引脚为输入引脚和输出引脚。

11.12.3 实训内容及要求

1) 验证与门、或门、非门、与非门的逻辑功能。

找到相应的门电路，在数字电路实训装置平台上，把输入端接逻辑开关，输出端接发光二极管，接线图如图 11-23 所示。改变逻辑开关的状态，观测输出结果并填入表 11-22。

第11章 技能实训

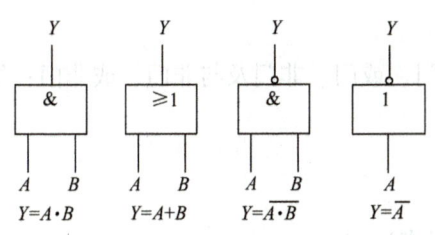

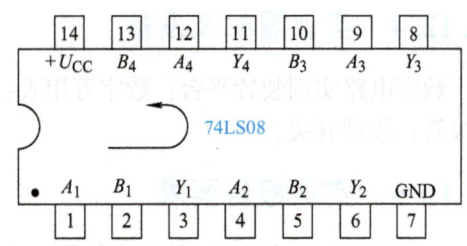

图 11-21 基本门电路逻辑符号及逻辑功能

图 11-22 集成电路管脚排列

表 11-22 门电路逻辑功能表

输入		输出			
		与门	或门	非门	与非门
B（S_2）	A（S_1）	$Q=AB$	$Q=A+B$	$Q=\overline{A}$	$Q=\overline{AB}$
0	0				
0	1				
1	0				
1	1				

2）验证 CMOS 或非门 CD4002 的逻辑功能

找到相应的门电路，在数字电路实训装置平台上，把输入端接逻辑开关，输出端接发光二极管，接线图如图 11-24 所示。改变逻辑开关的状态，观测输出结果并填入自己设计的表格中。

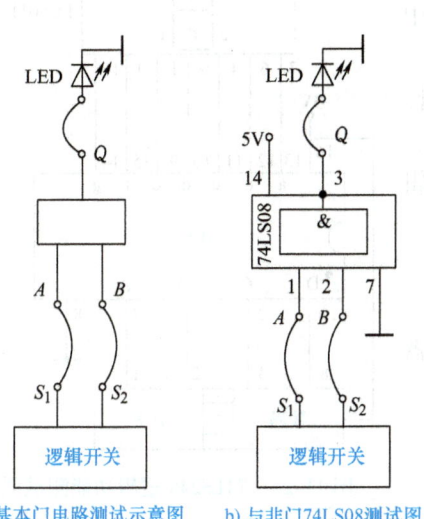

a）基本门电路测试示意图　　b）与非门74LS08测试图

图 11-23 门电路功能测试接线图

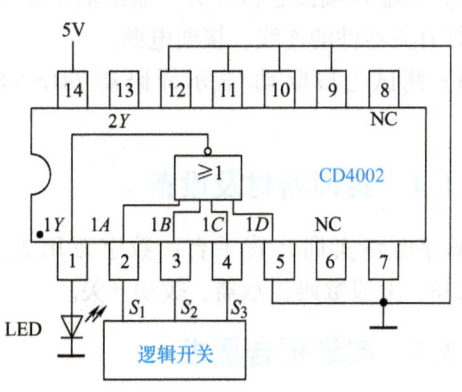

a）或非门逻辑符号与功能

b）或非门CD4002测试图

图 11-24 CD4002 逻辑功能接线图

233

11.12.4 实训器材及设备

数字电路实训装置平台；数字万用表；集成与门、或门、非门及与非门、或非门；发光二极管；拨动开关。

11.12.5 实训报告要求

1）画出实训用逻辑门的逻辑符号，并写出逻辑表达式。
2）整理测量数据和结果。
3）总结 TTL 和 CMOS 器件的特点及实训体会。

11.13 译码器及其应用

11.13.1 实训目的

1）掌握译码器的工作原理。
2）熟悉常用译码器的逻辑功能和典型应用。

11.13.2 实训知识要点

1）译码器是一种常用的组合逻辑电路，其功能就是将每个输入的代码"翻译"成原对应信号的电路。
2）驱动/显示译码器是用来译码并带驱动输出的译码器，如 74LS248 等。
3）七段数码显示器是常见的数码显示器件，常与译码器配套使用。

11.13.3 实训内容及要求

1）根据图 11-25 所示逻辑电路，在实训系统中找到相应的逻辑器件。
2）把输入端接逻辑开关，输出端接发光二极管。连接好有关器件的连线，接通电源。
3）测试七段驱动/显示译码器 74LS248 的逻辑功能。

11.13.4 实训器材及设备

数字电路实训装置平台；数字万用表；译码器 74LS248、七段数码显示器、拨动开关。

11.13.5 实训报告要求

1）整理实训电路图和主要操作步骤。
2）整理测量数据，并绘成数据表格。

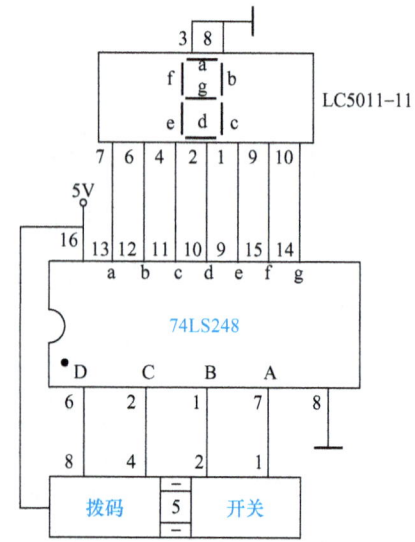

图 11-25 74LS248 逻辑功能测试图

11.14 触发器特性测试

11.14.1 实训目的

1) 学会测试触发器逻辑功能的方法。
2) 进一步熟悉基本 RS 触发器、集成 JK 触发器和 D 触发器的逻辑功能及触发方式。

11.14.2 实训知识要点

1) 触发器是一个双稳态记忆器件，它的输出状态只有在时钟触发脉冲的作用下，才能按逻辑功能发生改变。

2) 触发器根据触发方式、逻辑功能等的不同有多种类型，但都有"稳态记忆，触发驱动"的特点。

3) 掌握集成 JK 触发器 74LS76 的引脚功能和 D 触发器 74LS74 的引脚功能。

74LS76 的内部电路和引脚如图 11-26 所示，74LS76 是带有置位和清零的双 JK 触发器，每个触发器都有一个单独清零置 1 输入端和 Q 互补输出端，是下降沿触发型 JK 触发器。74LS74 的内部电路和引脚如图 11-27 所示，74LS74 是带置位和清零的双 D 型触发器，每个触发器都有一个单独清零置 1 输入端并且有 Q 互补输出端。数据输入端的信息只在时钟脉冲的上升沿被传递到 Q 端输出。

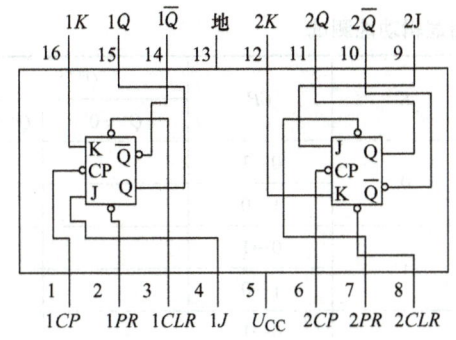

图 11-26　74LS76 内部电路和引脚图

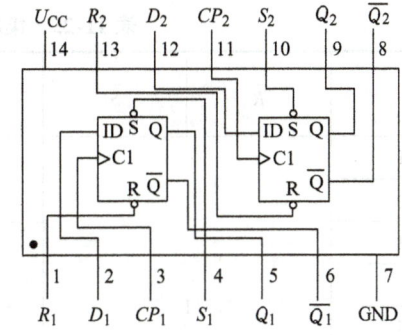

图 11-27　74LS74 内部电路和引脚图

11.14.3 实训内容及要求

1. 基本 RS 触发器逻辑功能测试

测试由与非门组成的基本 RS 触发器的逻辑功能，将测试结果记录在表 11-23 中。

表 11-23　基本 RS 触发器的逻辑功能测试

	$\overline{R}$	$\overline{S}$	Q	$\overline{Q}$	功能	备注
1	0	0				
2	0	1				
3	1	0				
4	1	1				

2. 集成 JK 触发器 74LS76 逻辑功能测试

（1）直接置 0 和置 1 端的功能测试　按表 11-24 的要求改变 $\bar{R}$ 和 $\bar{S}$（J、K 及 CP 处于任意状态），在 $\bar{S}=0$ 或 $\bar{R}=0$ 期间任意改变 J、K 及 CP 的状态，观察对结果有无影响？观察和记录 Q 及 $\bar{Q}$ 的状态。

表 11-24　集成 JK 触发器直接置 0 和置 1 端的功能测试

	CP	J	K	$\bar{S}$	$\bar{R}$	Q	$\bar{Q}$	备注
1				1	1	0	1	1	0	
2				1	1→0			
3				1	0→1			
4		×		1→0	1			
5				0→1	1			
6				1→0				$\bar{R}$、$\bar{S}$ 用同一逻辑开关
7				0→1				

（2）集成 JK 触发器逻辑功能测试　按表 11-25 测试并记录集成 JK 触发器的逻辑功能（表中 CP 信号由实验箱操作板上的单次脉冲发生器提供，手按下产生 0→1，手松开产生 1→0）。

表 11-25　集成 JK 触发器逻辑功能测试

	$\bar{R}$	$\bar{S}$	J	K	CP	Q^{n+1}	
						$Q^n=0$	$Q^n=1$
1			0	0	0→1		
2			0	0	1→0		
3			0	1	0→1		
4	1	1	0	1	1→0		
5			1	0	0→1		
6			1	0	1→0		
7			1	1	0→1		
8			1	1	1→0		

（3）集成 JK 触发器计数功能测试　使触发器处于计数状态（$J=K=1$），$\bar{S}=\bar{R}=1$，CP 信号由连续脉冲（矩形波）发生器提供，可分别用低频（$f=1\sim10\mathrm{Hz}$）和高频（$f=20\sim150\mathrm{kHz}$）两档进行输入，同时用 LED 电平显示器和双踪示波器观察工作情况，记入表 11-26 中。高频输入时，记录 CP 与 Q 的工作波形，并回答：Q 状态更新发生在 CP 的哪个边沿？Q 和 CP 信号的周期有何关系？若 $\bar{R}=0$ 会怎样？

表 11-26　用 LED 电平显示器和双踪示波器观察工作情况

	用 LED 电平显示器观察工作情况	用双踪示波器观察工作情况
低频		
高频		

3. D 触发器 74LS74 逻辑功能测试

(1) D 触发器逻辑功能测试　按表 11-27 测试并记录 D 触发器的逻辑功能（表中 CP 信号由实验箱操作板上的单次脉冲发生器提供）。

表 11-27　D 触发器逻辑功能测试

	$\overline{R}$	$\overline{S}$	D	CP	Q^{n+1}	
					$Q^n = 0$	$Q^n = 0$
1	1			0	0→1	
2				0	1→0	
3				1	0→1	
4				1	1→0	

(2) D 触发器计数功能测试　使触发器处于计数状态（$D = \overline{Q}$），$\overline{S} = \overline{R} = 1$，$CP$ 端由连续脉冲（矩形波）发生器提供，可分别用低频（$f = 1 \sim 10\text{Hz}$）和高频（$f = 20 \sim 150\text{kHz}$）两档进行输入，分别用实验箱上的 LED 电平显示器和双踪示波器观察工作情况，记录 CP 与 Q 的工作波形，并回答：Q 状态更新发生在 CP 的哪个边沿？Q 和 CP 信号的周期有何关系？若 $\overline{S} = 0$ 会怎样？

11.14.4　实训器材及设备

数字电路实训装置平台；双踪示波器；集成 JK 触发器 74LS76；集成 D 触发器 74LS74；LED 电平显示器；拨动开关；实验箱等。

11.14.5　实训报告要求

1) 写出实训步骤，画出实训电路，整理测量数据，并绘成数据表格，画出工作波形图。
2) 比较各种触发器的逻辑功能及触发方式。

11.15　计数器测试

11.15.1　实训目的

1) 学习用触发器构成二进制加、减法计数器。

2) 学习用触发器构成十进制加法计数器。

11.15.2 实训知识要点

1) 计数器是常见的时序逻辑电路，利用触发器可构成不同形式的计数器。
2) 计数器是利用时序逻辑电路的有效状态来记录输入时钟脉冲个数的时序逻辑电路。

11.15.3 实训内容及要求

1. 由上升沿触发的 D 触发器构成的三位二进制异步加法计数器

选用 D 触发器搭接电路，如图 11-28 所示，完成状态转换表，用示波器观察并记录 Q_0、Q_1、Q_2 的波形。

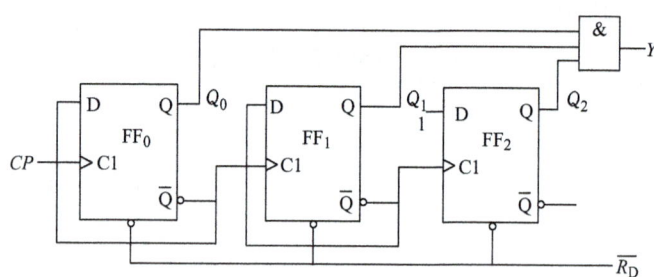

图 11-28　三位二进制异步加法计数器

2. 由下降沿触发的 JK 触发器构成的三位二进制同步减法计数器（并行借位）

图 11-29 所示为三位二进制同步减法计数器，选用 JK 触发器搭接电路，完成状态转换表，用示波器观察并记录 Q_0、Q_1、Q_2 的波形。

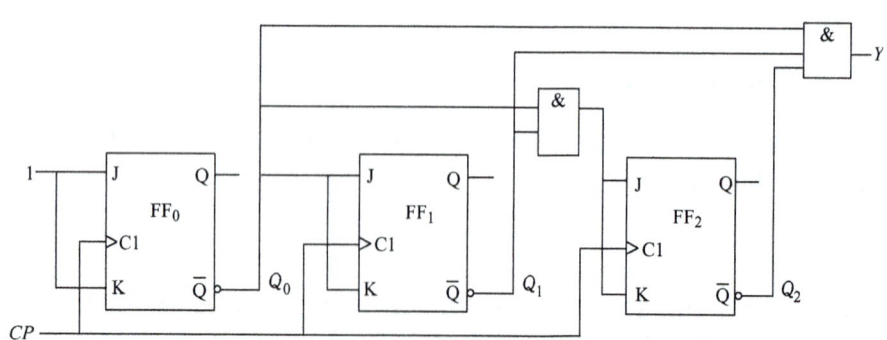

图 11-29　三位二进制同步减法计数器

3. 由 JK 触发器构成的异步十进制加法计数器

图 11-30 所示为异步十进制加法计数器。用 JK 触发器搭接电路，完成状态转换表，用示波器观察并记录 Q_0、Q_1、Q_2、Q_3 的波形。

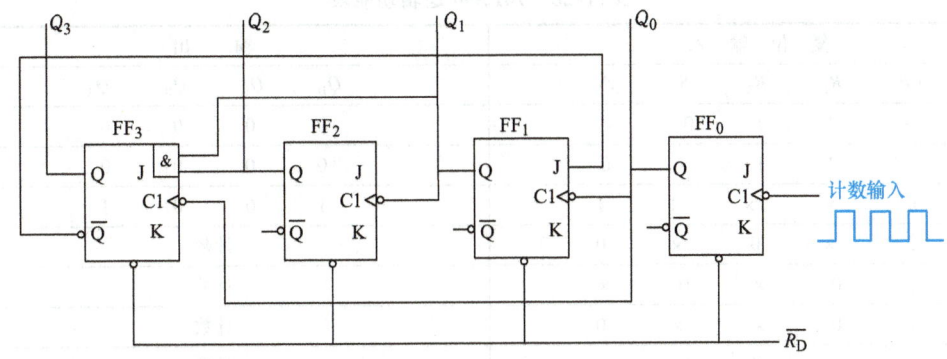

图 11-30　异步十进制加法计数器

11.15.4　实训器材及设备

数字电路实训装置平台；双踪示波器；集成 JK 触发器 74LS76；集成 D 触发器 74LS74；LED 电平显示器；显示译码器；拨动开关；实验箱等。

11.15.5　实训报告要求

1）写出主要实训内容和步骤。
2）整理实验数据。写出计数器的状态转换表，判断三种电路是否具有自启动功能。

11.16　中规模集成计数器与译码、显示电路

11.16.1　实训目的

1）熟悉常用中规模集成计数器的逻辑功能和构成具体计数器的方法。
2）掌握计数、译码、显示电路整体应用时的工作原理和连接方式。
3）掌握利用中规模集成电路进行简单时序电路设计和调试的方法。

11.16.2　实训知识要点

1）中规模集成计数器是一种连接灵活方便、可靠性高的通用集成计数器芯片，可以用"置数法"或"复位法"构成各种进制的计数器。
2）8421BCD 码十进制计数器与译码电路、显示器配合使用，可以获得人们熟悉的十进制字符显示。

11.16.3　实训内容及要求

1. 中规模集成计数器的使用与测试

中规模集成计数器 74LS90 是二-五-十进制通用集成计数器，它的内部电路与引脚排列如图 11-31 所示。逻辑功能表列于表 11-28 中。

表 11-28　74LS90 逻辑功能表

复位输入					输出			
CP	R_1	R_2	S_1	S_2	Q_D	Q_C	Q_B	Q_A
×	1	1	0	×	0	0	0	0
×	1	1	×	0	0	0	0	0
×	×	×	1	1	1	0	0	1
↓	×	0	×	0	计数			
↓	0	×	0	×	计数			
↓	0	×	×	0	计数			
↓	×	0	0	×	计数			

实训电路如图 11-32 所示，在数字电路实验实训系统中插入集成芯片，连接好电路。检查无误后接通电源。

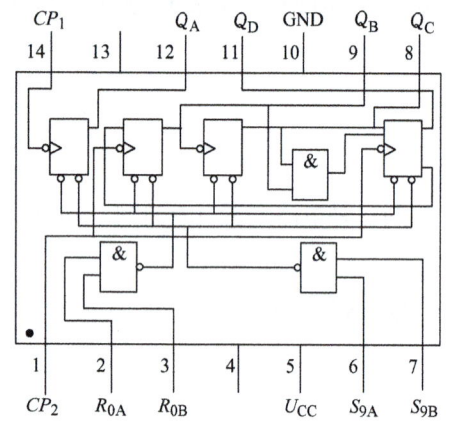

图 11-31　74LS90 内部电路和引脚排列图

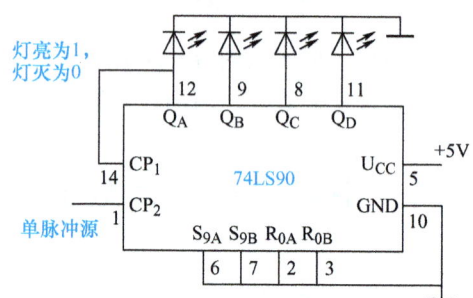

图 11-32　74LS90 应用电路

用信号发生器产生的单步脉冲信号作为计数器电路的触发脉冲 CP，通过观察指示灯亮暗情况，记录 Q_D、Q_C、Q_B、Q_A 按 8421BCD 码变化的规律，填入表 11-29 中，并分析说明电路是采用什么接线法实现的是几进制计数器。

表 11-29　状态表

脉冲序列	Q_D	Q_C	Q_B	Q_A
0				
1				
2				
3				
4				
5				
6				
7				
8				
9				

2. 计数、译码、显示电路的实现

实训中使用 74LS90 二-五-十进制通用集成计数器、74LS48BCD 码七段译码驱动器和 TS547 共阴极七段数码显示器。后两种器件的引脚图如图 11-33 和图 11-34 所示。

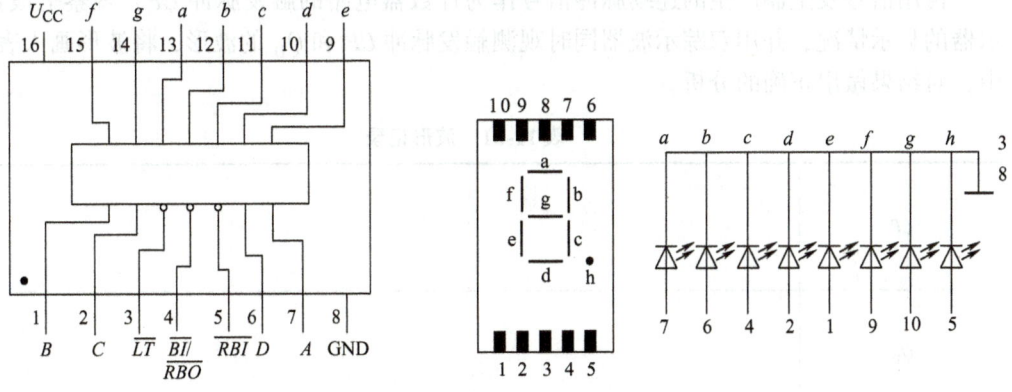

图 11-33　74LS48 管脚引脚图　　　　　图 11-34　TS547 管脚引脚图

按图 11-35 所示在数字电路实验实训系统中插上所用器件，连接好电路。检查无误后接通电源。

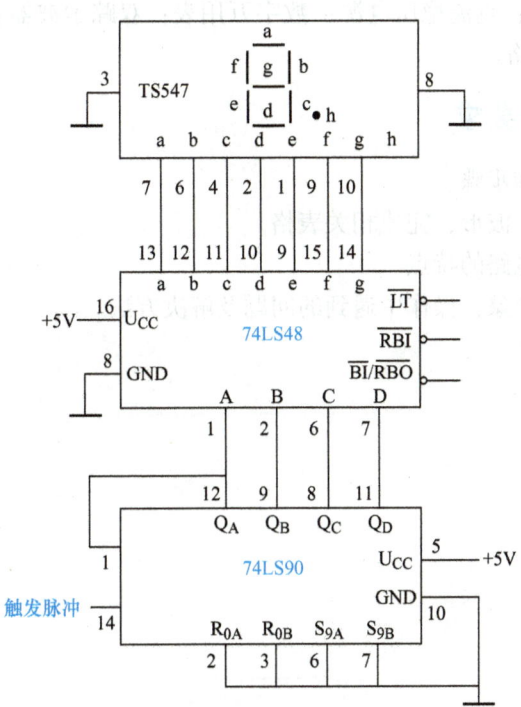

图 11-35　计数、译码及显示电路

先用信号发生器产生的单步脉冲信号作为计数器电路的触发脉冲 *CP*，逐次观察七段数码显示器的显示情况，把显示结果依此填入表 11-30 中。

表 11-30　字形记录

时间/s	0	1	2	3	4	5	6	7	8	9
显示字形										

再用信号发生器产生的连续脉冲信号作为计数器电路的触发脉冲 CP，观察七段数码显示器的显示情况，并用双踪示波器同时观测触发脉冲 CP 和 Q_D 的波形，将波形画入表 11-31 中，对结果做出正确的分析。

表 11-31　波形记录

CP	
Q_D	

11.16.4　实训器材及设备

数字电路实训系统；直流稳压电源；数字万用表；双踪示波器；信号发生器；74LS90、74LS48、TS547 集成电路。

11.16.5　实训报告要求

1）记录实训内容和步骤。
2）整理实训数据、波形，完成相关表格。
3）总结所用集成电路的特点。
4）分析实训中的现象，操作中遇到的问题及解决方法。

附　　录

附录 A　半导体分立器件型号命名方法

1. 型号组成原则

半导体分立器件的型号五个组成部分的基本意义如下：

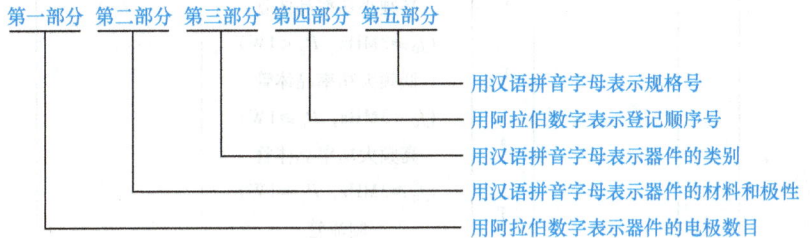

半导体分立器件的型号一般由第一部分到第五部分组成，也可以由第三部分到第五部分组成。

2. 型号组成部分的符号及其意义

1）由第一部分到第五部分组成的器件型号的符号及其意义见表 A-1。

表 A-1　由第一部分到第五部分组成的器件型号的符号及其意义

第一部分		第二部分		第三部分		第四部分	第五部分
用阿拉伯数字表示器件的电极数目		用汉语拼音字母表示器件的材料和极性		用汉语拼音字母表示器件的类别		用阿拉伯数字表示登记顺序号	用汉语拼音字母表示规格号
符号	意义	符号	意义	符号	意义		
2	二极管	A	N型，锗材料	P	小信号管		
		B	P型，锗材料	V	混频管		
		C	N型，硅材料	V	检波管		
		D	P型，硅材料	W	电压调整管和电压基准管		
		E	化合物或合金材料	C	变容管		
				Z	整流管		

243

（续）

第一部分		第二部分		第三部分		第四部分	第五部分
用阿拉伯数字表示器件的电极数目		用汉语拼音字母表示器件的材料和极性		用汉语拼音字母表示器件的类别		用阿拉伯数字表示登记顺序号	用汉语拼音字母表示规格号
符号	意义	符号	意义	符号	意义		
3	三极管	A	PNP 型，锗材料	L	整流堆		
		B	NPN 型，锗材料	S	隧道管		
		C	PNP 型，硅材料	K	开关管		
		D	NPN 型，硅材料	N	噪声管		
		E	化合物或合金材料	F	限幅管		
				X	低频小功率晶体管 ($f_0 < 3\text{MHz}, P_c < 1\text{W}$)		
				G	高频小功率晶体管 ($f_0 \geq 3\text{MHz}, P_c < 1\text{W}$)		
				D	低频大功率晶体管 ($f_0 < 3\text{MHz}, P_c \geq 1\text{W}$)		
				A	高频大功率晶体管 ($f_0 \geq 3\text{MHz}, P_c \geq 1\text{W}$)		
				T	闸流管		
				Y	体效应管		
				B	雪崩管		
				J	阶跃恢复管		

示例：

硅 NPN 型高频小功率晶体管

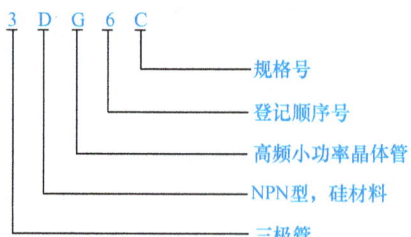

2）由第三部分到第五部分组成的器件型号的符号及其意义见表 A-2。

表 A-2 由第三部分到第五部分组成的器件型号的符号及其意义

第三部分		第四部分	第五部分
用汉语拼音字母表示器件的类别		用阿拉伯数字表示登记顺序号	用汉语拼音字母表示规格号
符号	意义		
CS	场效应晶体管		

附 录

（续）

第三部分		第四部分	第五部分
用汉语拼音字母表示器件的类别		用阿拉伯数字表示登记顺序号	用汉语拼音字母表示规格号
符号	意义		
BT	特殊晶体管		
FH	复合管		
JL	晶体管阵列		
PIN	PIN 二极管		
ZL	二极管阵列		
QL	硅桥式整流器		
SX	双向三极管		
XT	肖特基二极管		
CF	触发二极管		
DH	电流调整二极管		
SY	瞬态抑制二极管		
GS	光电子显示器		
GF	发光二极管		
GR	红外发射二极管		
GJ	激光二极管		
GD	光电二极管		
GT	光电晶体管		
GH	光电耦合器		
GK	光电开关管		
GL	成像线阵器件		
GM	成像面阵器件		

示例：
场效应晶体管

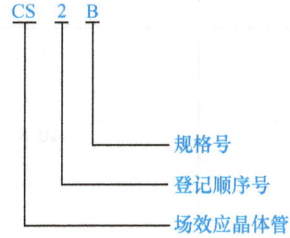

附录 B 常用半导体器件的参数

1. 二极管

（1）检波与整流二极管

参数		最大整流电流	最大整流电流时的正向压降	最高反向工作电压
符号		I_{OM}	U_F	U_{RM}
单位		mA	V	V
型号	2AP1	16	≤1.2	20
	2AP2	16		30
	2AP3	25		30
	2AP4	16		50
	2AP5	16		75
	2AP6	12		100
	2AP7	12		100
	2CP10	100	≤1.5	25
	2CP11			50
	2CP12			100
	2CP13			150
	2CP14			200
	2CP15			250
	2CP16			300
	2CP17			350
	2CP18			400
	2CP19			500
	2CP20			600
	2CP21	300		100
	2CP21A	300		50
	2CP22	300		200
	2CP31	250		25
	2CP31A	250		50
	2CP31B	250		100
	2CP31C	250		150
	2CP31D	250		250
	2CZ11A	1000	≤1	100
	2CZ11B			200
	2CZ11C			300
	2CZ11D			400
	2CZ11E			500
	2CZ11F			600
	2CZ11G			700
	2CZ11H			800
	2CZ12A	3000	≤0.8	50
	2CZ12B			100
	2CZ12C			200
	2CZ12D			300
	2CZ12E			400
	2CZ12F			500
	2CZ12G			600

（2）稳压二极管

参数	稳定电压	稳定电流	耗散功率	最大稳定电流	动态电阻
符号	U_Z	I_Z	P_Z	I_{ZM}	r_Z
单位	V	mA	mW	mA	Ω
测试条件	工作电流等于稳定电流	工作电压等于稳定电压	-60 ~ +50	-60 ~ +50	工作电流等于稳定电流
2CW11	3.2 ~ 4.5	10		55	≤70
2CW12	4 ~ 5.5	10		45	≤50
2CW13	5 ~ 6.5	10		38	≤30
2CW14	6 ~ 7.5	10		33	≤15
2CW15	7 ~ 8.5	5		29	≤15
2CW16	8 ~ 9.5	5		26	≤20
2CW17	9 ~ 10.5	5		23	≤25
2CW18	10 ~ 12	5	250	20	≤30
2CW19	11.5 ~ 14	5		18	≤40
2CW20	13.5 ~ 17	5		15	≤50
2DW7A	5.8 ~ 6.6	10		30	≤25
2DW7B	5.8 ~ 6.6	10		30	≤15
2DW7C	6.1 ~ 6.5	10	200	30	≤10

型号列：2CW11~2CW20、2DW7A~2DW7C

（3）开关二极管

参数	反向击穿电压	最高反向工作电压	反向压降	反向恢复时间	零偏压电容	反向漏电流	最大正向电流	正向压降
单位	V	V	V	ns	pF	μA	mA	V
2AK1	30	10	≥10	≤200			≥100	
2AK2	40	20	≥20	≤200			≥150	
2AK3	50	30	≥30	≤150	≤1		≥200	
2AK4	55	35	≥35	≤150			≥200	
2AK5	60	40	≥40	≤150			≥200	
2AK6	75	50	≥50	≤150			≥200	
2CK1	≥40	30	30					
2CK2	≥80	60	60					
2CK3	≥120	90	90	≤150	≤30	≤1	100	≤1
2CK4	≥150	120	120					
2CK5	≥180	180	180					
2CK6	≥210	210	210					

2. 晶体管

(1) 3DG6

参数符号		单位	测试条件	型号			
				3DG6A	3DG6B	3DG6C	3DG6D
直流参数	I_{CBO}	μA	$U_{CB}=10V$	≤0.1	≤0.1	≤0.1	≤0.1
	I_{EBO}	μA	$U_{EB}=1.5V$	≤0.1	≤0.1	≤0.1	≤0.1
	I_{CEO}	μA	$U_{CE}=10V$	≤0.1	≤0.1	≤0.1	≤0.1
	U_{BES}	V	$I_B=1mA$ $I_C=10mA$	≤1.1	≤1.1	≤1.1	≤1.1
	h_{FE}		$U_{CB}=10V$ $I_C=3mA$	10~200	20~200	20~200	20~200
交流参数	f_T	MHz	$U_{CE}=10V$ $I_C=3mA$ $f=30MHz$	≥100	≥150	≥200	≥150
	G_P	dB	$U_{CB}=10V$ $I_C=3mA$ $f=100MHz$	≥7	≥7	≥7	≥7
	G_{od}	pF	$U_{CB}=10V$ $I_C=3mA$ $f=5MHz$	≤4	≤3	≤3	≤3
极限参数	$U_{CBO(BR)}$	V	$I_C=100μA$	30	45	45	45
	$U_{CEO(BR)}$	V	$I_C=200μA$	15	20	20	20
	$U_{EBO(BR)}$	V	$I_E=-100μA$	4	4	4	4
	I_{CM}	mA		20	20	20	20
	P_{CM}	mW		100	100	100	100
	T_{IM}	℃		150	150	150	150

(2) 3DK4

参数符号		单位	测试条件	型号			
				3DK4A	3DK4B	3DK4C	3DK4D
直流参数	I_{CBO}	μA	$U_{CB}=10V$	≤1	≤1	≤1	≤1
	I_{EBO}	μA	$U_{EB}=10V$	≤10	≤10	≤10	≤10
	I_{CES}	μA	$I_B=50mA$ $I_C=500mA$	≤1	≤1	≤1	≤1
	U_{BES}	V	$I_B=500mA$ $I_C=500mA$	≤1.5	≤1.5	≤1.5	≤1.5
	h_{FE}		$U_{CB}=10V$ $I_C=3mA$	20~200	20~200	20~200	20~200
交流参数	f_T	MHz	$U_{CE}=1V$ $I_C=50mA$ $f=30MHz$ $R=5Ω$	≥100	≥100	≥100	≥100
	G_{od}	pF	$U_{CB}=10V$ $I_E=0$ $f=5MHz$	≤15	≤15	≤15	≤15

（续）

参数符号		单位	测试条件	型号			
				3DK4A	3DK4B	3DK4C	3DK4D
开关参数	t_{on}	ns	$U_{CE}=26V$　$U_{EB}=1.5V$ 脉冲幅度 7.5V 脉冲宽度 1.5μs 脉冲重复频率 1.5kHz	50	50	50	50
	t_{off}	ns		100	100	100	100
极限参数	$U_{CBO(BR)}$	V	$I_C=100\mu A$	20	40	60	40
	$U_{CEO(BR)}$	V	$I_C=200\mu A$	15	30	45	30
	$U_{EBO(BR)}$	V	$I_E=-100\mu A$	4	4	4	4
	I_{CM}	mA		800	800	800	800
	P_{CM}	mW	不加散热片	700	700	700	700
	T_{IM}	℃		175	175	175	175

参 考 文 献

[1] 刑迎春. 电工电子技术基础 [M]. 2版. 大连：大连理工大学出版社，2010.
[2] 顾永杰. 电工电子技术基础 [M]. 北京：高等教育出版社，2005.
[3] 时会美. 电工电子技术 [M]. 北京：科学出版社，2010.
[4] 胥卫东. 电工电子技术基础 [M]. 天津：天津大学出版社，2009.
[5] 王瑾. 电工技术实训 [M]. 西安：西安电子科技大学出版社，2005.
[6] 李妍. 数字电子技术 [M]. 3版. 大连：大连理工大学出版社，2009.
[7] 黄忠琴. 电工技术基础 [M]. 北京：机械工业出版社，2009.
[8] 李加升. 电路基础 [M]. 北京：冶金工业出版社，2008.
[9] 徐洁. 电子测量与仪器 [M]. 2版. 北京：机械工业出版社，2008.
[10] 赵景波. 电子技术 [M]. 北京：人民邮电出版社，2008.
[11] 林平勇，高嵩. 电工电子技术（少学时）[M]. 北京：高等教育出版社，2016.